AF551609

EUL
VERLAG

Analyse und Gestaltung technischer Leistungspotentiale herstellerunabhängiger Instandhaltungsdienstleister

Vom Promotionsausschuss der
Technischen Universität Hamburg-Harburg
zur Erlangung des akademischen Grades
Doktor-Ingenieur (Dr.-Ing.)
genehmigte Dissertation

von

Markus Klotzbach

aus

Düsseldorf

2016

1. Gutachter: Prof. Dr. Dr. h. c. Wolfgang Kersten
Institut für Logistik und Unternehmensführung
Technische Universität Hamburg-Harburg

2. Gutachter: Prof. Dr.-Ing. Volker Gollnick
Institut für Lufttransportsysteme
Technische Universität Hamburg-Harburg

Tag der mündlichen Prüfung: 12. Februar 2016

Reihe: Supply Chain, Logistics and Operations Management · Band 23
Herausgegeben von Prof. Dr. Dr. h. c. Wolfgang Kersten, Hamburg

Markus Klotzbach

Analyse und Gestaltung technischer Leistungspotentiale herstellerunabhängiger Instandhaltungsdienstleister

Mit einem Geleitwort von Prof. Dr. Dr. h. c. Wolfgang Kersten,
Technische Universität Hamburg-Harburg

Bibliografische Information der Deutschen Nationalbibliothek

Die Deutsche Nationalbibliothek verzeichnet diese Publikation in der Deutschen Nationalbibliografie; detaillierte bibliografische Daten sind im Internet über <http://dnb.d-nb.de> abrufbar.

Dissertation, Technische Universität Hamburg-Harburg, 2016

ISBN 978-3-8441-0458-5
1. Auflage April 2016

JOSEF EUL VERLAG GmbH
Brandsberg 6
53797 Lohmar
Tel.: 0 22 05 / 90 10 6-6
Fax: 0 22 05 / 90 10 6-88
E-Mail: info@eul-verlag.de
http://www.eul-verlag.de

Bei der Herstellung unserer Bücher möchten wir die Umwelt schonen. Dieses Buch ist daher auf säurefreiem, 100% chlorfrei gebleichtem, alterungsbeständigem Papier nach DIN 6738 gedruckt.

Geleitwort

Technische Servicebetriebe nehmen in Zeiten schlanker und hocheffizienter Produktions- und Leistungssysteme eine zunehmend wichtige Rolle ein. Durch die Bereitstellung produktionsunterstützender Dienstleistungen, wie z.B. der Instandhaltung oder der Materialversorgung, sind sie heute eher integrativer Bestandteil der Wertschöpfung als reiner Kostenfaktor. Um ihre Leistungsbereitschaft systematisch auf die dynamischen technischen und wettbewerblichen Rahmenbedingungen einzustellen, müssen technische Servicebetriebe ihre technischen Ressourcen und Fähigkeiten mit Hilfe geeigneter Methoden proaktiv analysieren und gestalten. Herstellerunabhängige Instandhaltungsdienstleister stehen in diesem Zusammenhang vor der besonderen Herausforderung, dass ihr Zugang zu kritischen technischen Ressourcen und Fähigkeiten aufgrund des Markteintritts der Originalteilehersteller in das After Sales-Geschäft zunehmend erschwert wird.

Vor diesem Hintergrund entwickelt Herr Klotzbach im Rahmen seiner Dissertation ein Verfahren, das herstellerunabhängige Instandhaltungsdienstleister bei der Analyse und Gestaltung ihrer technischen Leistungsbereitschaft unterstützt. Ausgehend von der Problemstellung, die im Rahmen einer mehrjährigen Vorstudie in der Instandhaltungspraxis identifiziert und spezifiziert wurde, untersucht Herr Klotzbach zunächst im Rahmen einer profunden Literaturstudie die problemrelevanten Theorien sowie verwandte Ansätze, um anschließend in problemzentrierten Experteninterviews die konkreten Anforderungen an eine Methode zu ermitteln. Gleichzeitig identifiziert er die erfolgskritischen Elemente technischer Leistungspotentiale, die die Basis der Methode darstellen. Die Methode selbst ist darauf ausgelegt, die zum Planungszeitpunkt verfügbaren qualitativen und/oder quantitativen Informationen bestmöglich zu nutzen, um schließlich valide Handlungsempfehlungen zur Gestaltung der technischen Leistungspotentiale zu erhalten. Die Methode orientiert sich dazu an Entscheidungsfällen, die sich aus dem technischen Reifegrad des Instandhaltungsobjekts sowie der Wertschöpfungstiefe des Dienstleisters zum Planungszeitpunkt ergeben. Ein wesentlicher Forschungsbeitrag der Arbeit von Herrn Klotzbach besteht darin, dass neben Eingliederungs- insbesondere auch Ausgliederungsentscheidungen technischer Leistungspotentiale unterstützt werden, die sich in späten Lebenszyklusphasen ergeben.

Im Sinne der Entwicklung einer wissenschaftlich fundierten und gleichzeitig den Anforderungen der Instandhaltungspraxis entsprechenden Methode kombiniert Herr Klotzbach sowohl empirische als auch konzeptionelle Elemente. Die Evaluation der Methode erfolgte im Rahmen von Fallstudien in der Instandhaltungspraxis und zeigt sowohl die Funktionalität der Methode als auch die Plausibilität der Handlungsempfehlungen. Die Dissertation von Herrn Klotzbach stellt somit einen wichtigen Beitrag zur Entwicklung einer Methodenbasis für herstellerunabhängige technische Primärdienstleister dar und liefert gleichermaßen einen Erkenntnisgewinn für Wissenschaftler und Praxisvertreter.

Hamburg, im Februar 2016 Prof. Dr. Dr. h. c. Wolfgang Kersten

Vorwort

Die vorliegende Dissertation entstand während meiner Tätigkeit als wissenschaftlicher Mitarbeiter am Institut für Unternehmensführung und Logistik an der Technischen Universität Hamburg-Harburg (TUHH). Sie wurde vom Promotionsausschuss der TUHH im September 2015 angenommen.

Mein besonderer Dank gilt zunächst Herrn Prof. Dr. Dr. h.c. Wolfgang Kersten für die Möglichkeit zur Promotion, sein Vertrauen in meine Arbeit und die Gelegenheiten zum fachlichen Austausch. Bei Herrn Prof. Dr. Volker Gollnick bedanke ich mich recht herzlich für die Übernahme des Koreferats und Herrn Prof. Dr. Ralf God danke ich für die Übernahme des Vorsitzes der Prüfungskommission.

Weiterhin möchte ich mich bei den zahlreichen Projektpartnern und Industrievertretern bedanken, die mir spannende Einblicke in die Praxis gewährt und mir als Experten für Diskussionen zur Verfügung gestanden haben.

Meinen ehemaligen Kollegen am Institut danke ich für die angenehme, stets kollegiale Zusammenarbeit. Nicht zuletzt aufgrund der zahlreichen gemeinsamen (auch sportlichen) Aktivitäten wird mir die Institutszeit in bester Erinnerung bleiben. Mein besonderer Dank gilt an dieser Stelle Moritz Petersen, insbesondere für den wertvollen fachlichen Austausch und seine stets kritisch-konstruktiven Anmerkungen. Schließlich sei auch meiner studentischen Hilfskraft Alejandro Ibáñez gedankt, der mich vor allem in der Schlussphase mit großem Einsatz unterstützt hat.

Ein ganz besonderer Dank gebührt meiner Familie und in erster Linie meinen Eltern. Sie haben mir jegliche Freiräume gewährt und mich stets bedingungslos mit Rat und Tat unterstützt.

Mein größter Dank gilt meiner Frau Isabelle. Sie steht mir mit bedingungsloser Unterstützung und Liebe in allen Lebenslagen zur Seite und hat einen bedeutenden Anteil am Gelingen dieser Dissertation. Ihr widme ich diese Arbeit.

Hamburg, im Februar 2016 Markus Klotzbach

INHALTSVERZEICHNIS

Abbildungsverzeichnis

Tabellenverzeichnis

ABKÜRZUNGSVERZEICHNIS

AHP	Analytic Hierarchy Process
AMM	Aircraft Maintenance Manual
ARINC	Aeronautical Radio Incorporated (Unternehmen)
ATA	Air Transport Association
ATE	Automatic Test Equipment
B2B	Business-to-Business
CAC	Cabin Air Compressor
CAN	Controller Area Network
CBV	Competence-based View
CE	Communauté Européenne
CMM	Component Maintenance Manual
CMSC	Common Motor Starter Controller
c.p.	ceteris paribus
DIBt	Deutsches Institut für Bautechnik
DIN	Deutsches Institut für Normung
EBA	Eisenbahn-Bundesamt
EASA	European Aviation Safety Agency
ECM	Entity in Charge of Maintenance
EC	European Commission
EDV	Elektronische Datenverarbeitung
EIS	Entry into Service
EN	Europäische Norm
ESD	Electrostatic discharge
EU	Europäische Union
EVA	Economic Value Added
FAA	Federal Aviation Administration
FMS	Flight Management System
F&E	Forschung und Entwicklung
IATA	International Air Transport Association
IDG	Integrated Drive Generator
IP	Intellectual Property
IPC	Illustrated Parts Catalogue
ISO	International Organization for Standardization

JAA	Joint Aviation Authorities
KBV	Knowledge-based View
KMU	Kleine und mittlere Unternehmen
K.O.	Knock out
kVA	Kilovoltampere
MAXQDA	Produktname (Software for Qualitative Data Analysis)
MBV	Market-based View
MDC	Motor Driven Compressor
MPD	Maintenance Planning Document
MRO	Maintenance, Repair, Overhaul
MTBR	Mean Time Between Repair/Removal
NDT	Non-destructive testing
NPV	Net Present Value
OEM	Original Equipment Manufacturer
p.a.	per annum
PAO	Polyalphaolefin
PC	Personal Computer
RBV	Resource-based View
t	Tonnen
TCO	Total Cost of Ownership
TRL	Technology Readiness Level
TÜV	Technischer Überwachungsverein
UI	User Interface
VBA	Visual Basic for Applications
VDI	Verein Deutscher Ingenieure
VRIN	valuable, rare, inimitable, non-substitutable
ZEvS	Zukunftsfähigkeits-Evaluations-System

1 EINLEITUNG

1.1 Ausgangssituation

Aufgrund der öffentlichen Wahrnehmung Deutschlands als Industrienation und Exportweltmeister tritt die volkswirtschaftliche Bedeutung des Dienstleistungssektors regelmäßig in den Hintergrund. Dabei sind Dienstleistungsunternehmen für rund 68% der jährlichen Bruttowertschöpfung verantwortlich (in 2012) und beschäftigen ca. drei Viertel aller Erwerbstätigen (73,6% in 2012) (Destatis 2013). Die Erbringung technischer Dienstleistungen *durch* Unternehmen *für* Unternehmen (B2B) wiederum macht einen großen Anteil am Dienstleistungssektor aus. Als technische Dienstleistungen werden Leistungen bezeichnet, die an technischen Objekten erbracht werden (z.B. Montage, Ersatzteilversorgung, Instandhaltung) und für deren Durchführung technische Ressourcen und Fähigkeiten erforderlich sind (vgl. Burr 2002, S. 7).

Im Zuge der Entwicklung schlanker, hocheffizienter Wertschöpfungssysteme nimmt insbesondere die **Instandhaltung** als technische Dienstleistung eine zunehmend wichtige Rolle ein. So stellt die bedarfsgerechte Verfügbarkeit der zur Leistungserstellung erforderlichen technischen Ressourcen (z.B. Betriebsmittel, Werkstoffe) nicht nur im Kontext der industriellen Produktion einen Erfolgsfaktor dar, sondern ist z.B. auch für die Erbringung von Logistikdienstleistungen oder bei der Energieerzeugung erfolgskritisch (vgl. Kersten et al. 2013a, S. 222). Aus diesem Grund hat sich die unternehmerische Wahrnehmung der Instandhaltung von einem notwendigen Kostenfaktor zu einem integralen Bestandteil der Wertschöpfung gewandelt (vgl. Horn 2009, S. 253). Aufgrund der Heterogenität des Anwendungsspektrums und ihrer unzureichenden Erfassung in der volkswirtschaftlichen Gesamtrechnung ist ihre Bedeutung nur abschätzbar; differenzierte Schätzungen beziffern die jährlichen Instandhaltungsaufwendungen auf über 255 Mrd. €[1] (vgl. Eick et al. 2011, S. 6).

Instandhaltungsleistungen können durch den Betreiber eines Instandhaltungsobjekts[2] (z.B. durch eine interne Serviceabteilung) selbst erbracht werden. Alternativ können Leistungen extern von Serviceabteilungen der Hersteller oder Fremdinstandhaltungsdienstleistern bezogen werden. Neben Eigenerstellung und Fremdbezug ist in der Praxis eine Vielzahl von Mischformen der Bereitstellung von Instandhaltungsleistungen etabliert, wie z.B. Joint Ventures oder eine verteilte Leistungserstellung. Un-

[1] Summe beinhaltet die Instandhaltungsaufwendungen der *Bauten des Anlagevermögens*, der *Ausrüstungen und sonstiger Anlagen des Anlagevermögens* sowie *privater Haushalte* und *Kraftfahrzeuge*. Horn (2009, S. 254) und Loth (2011, S. 4) verweisen darauf, dass die Instandhaltung damit neben Automobilbau und Bauwirtschaft zu den volkswirtschaftlich bedeutendsten Branchen zu zählen ist.

[2] Teile technischer Anlagen oder Systeme an denen Instandhaltungsleistungen durchgeführt werden (vgl. Freund 2010, S.4)

terschiede sind dabei maßgeblich branchenspezifisch und historisch bedingt (vgl. Kuhn et al. 2006, S. 40 f.; Gassner 2013, S. 1).

Für **Hersteller technischer Objekte** sind Serviceaktivitäten eine Möglichkeit, zusätzliche Umsatzpotentiale zu erschließen und somit etwaige zyklische Schwankungen des Kerngeschäfts auszugleichen. Weiterhin können sich produzierende Betriebe über ein produktbezogenes Dienstleistungsangebot vom Wettbewerb differenzieren und Kunden über den Lebenszyklus des technischen Objekts binden. Bei **technischen Instandhaltungsdienstleistern** handelt es sich hingegen um Unternehmen, deren Unternehmenszweck in der Bereitstellung und Erbringung technischer Instandhaltungsdienstleistungen besteht. Viele Instandhaltungsdienstleister entstanden im Zuge der Outsourcingaktivitäten der 1990er Jahre. Ein Grund hierfür war, dass zahlreiche Unternehmen im Zuge der Fokussierung auf Kernkompetenzen ihre internen Instandhaltungsbereiche in eigenständige Unternehmen ausgliederten (vgl. u.a. Kalaitzis und Kneip 1997, S. 1 ff.; Otten und Vogelsang 2009, S. 272; Horn 2009, S. 253 f.). Diese Unternehmen emanzipierten sich in der Folge von den ursprünglichen Unternehmensbezügen und erweiterten ihr Kundenspektrum (vgl. u.a. Siebiera 2004, S. 3). Zudem haben sich in verschiedenen Branchen, wie z.B. im Bereich der Instandhaltung von Windenergieanlagen, Schienenfahrzeugen oder Industrieanlagen zahlreiche **herstellerunabhängige Instandhaltungsdienstleister** etabliert, die mit den genannten Akteuren in der Serviceindustrie im Wettbewerb stehen.

Ein Großteil der Instandhaltungs-bezogenen Literatur fokussiert auf die Entwicklung und Vermarktung *produktbegleitender Dienstleistungen* (auch: *Service Engineering*) und bezieht sich dabei stets auf produzierende Unternehmen als **Forschungsobjekt** (vgl. hierzu Bullinger und Scheer 2006; Luczak et al. 2000; Oliva und Kallenberg 2003; Reichwald et al. 2000). Obwohl ihr Anteil am Instandhaltungsmarkt wächst, sind Konzepte und Methoden nur selten auf die spezifischen Anforderungen herstellerunabhängiger Instandhaltungsdienstleister ausgerichtet. Diese Unternehmen stellen das Forschungsobjekt der vorliegenden Arbeit dar.

1.2 Problemstellung

Die Unternehmensrealität herstellerunabhängiger Instandhaltungsdienstleister ist von zahlreichen spezifischen Herausforderungen in den Dimensionen ***Markt und Wettbewerb*** sowie ***Technologie/Technik*** geprägt (vgl. Abbildung 1). Einige Hersteller nutzen insbesondere ihre Monopolstellung bei der Informations- und Ersatzteilversorgung als strategischen Hebel, um herstellerunabhängigen Instandhaltungsdienstleistern Marktanteile streitig zu machen[3] (vgl. Andrich et al. 2012, S. 475; Spafford und Rose 2013, S. 5 ff.; BMW 2012). Der Zugang zu instandhaltungsrelevanten Informationen, aber auch zu Ersatzteilen und Instandhaltungsbetriebsmitteln, ist für herstellerunabhängige Instandhaltungsdienstleister erfolgskritisch (vgl. z.B. Brumby 2010, S. 15).

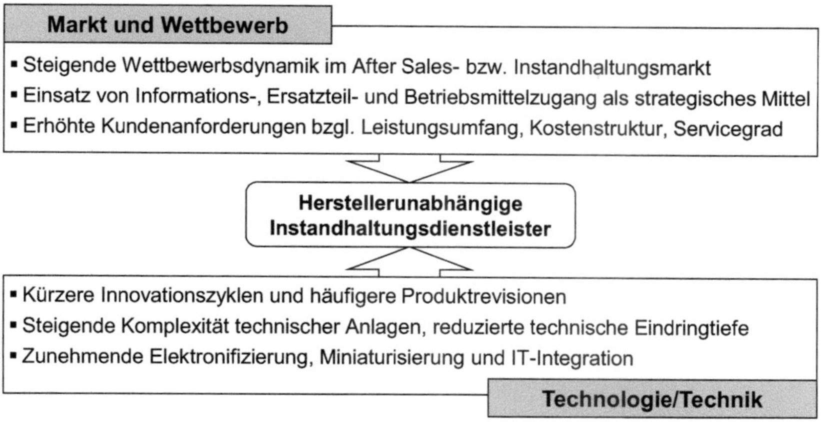

Markt und Wettbewerb

- Steigende Wettbewerbsdynamik im After Sales- bzw. Instandhaltungsmarkt
- Einsatz von Informations-, Ersatzteil- und Betriebsmittelzugang als strategisches Mittel
- Erhöhte Kundenanforderungen bzgl. Leistungsumfang, Kostenstruktur, Servicegrad

Herstellerunabhängige Instandhaltungsdienstleister

- Kürzere Innovationszyklen und häufigere Produktrevisionen
- Steigende Komplexität technischer Anlagen, reduzierte technische Eindringtiefe
- Zunehmende Elektronifizierung, Miniaturisierung und IT-Integration

Technologie/Technik

Abbildung 1: Herausforderungen für unabhängige Instandhaltungsdienstleister

Aus dem Verhalten der Hersteller resultieren für herstellerunabhängige Instandhaltungsdienstleister Engpässe und Planungsprobleme; während früher die instandhaltungsrelevante Dokumentation umfassend vorhanden bzw. fehlende Informationen nur ein Telefonat entfernt waren, werden diese Informationen heute nur gegen Lizenzgebühren bereitgestellt oder stehen nicht mehr zur Verfügung. Eine weitere Herausforderung sind steigende Kundenanforderungen. Neben der Erwartung kostengünstiger, flexibler und kundenindividueller Instandhaltungskonzepte wächst insbesondere die Nachfrage nach Full-Service-Angeboten stetig (vgl. Kuhn et al. 2006, S. 29; Otten und Vogelsang 2009, S. 272 ff.; Glenn 2011, S. 9; Knoll 2012).

Auch müssen sich technische Instandhaltungsdienstleister zunehmend technologischen Herausforderungen stellen. Aufgrund kürzerer Innovationszyklen bei den Herstellern sind Instandhalter gezwungen, die zur Leistungserstellung erforderlichen technischen Ressourcen und Fähigkeiten systematisch zu planen. Technologische Entwicklungspfade, wie die zunehmende Elektronifizierung und Miniaturisierung technischer Systeme und die damit einhergehende erhöhte **technologische Komplexität**, stellen für Instandhaltungsdienstleister weitere Herausforderungen dar (vgl.

[3] Im Bereich der Kfz-Instandhaltung führte die Entwicklung in 2011 zu einer EU-Verordnung, die die Bereitstellung instandhaltungsrelevanter Informationen für herstellerunabhängige Instandhaltungsbetriebe regelt (vgl. EU 2011).

Biedermann 2008: S. 9 f.; Brumby 2010, S. 13 f.; Butz 2007, S. 2; Loth 2011, S. 7; Roboam et al. 2012, S. 6 ff.). Durch die verstärkte Integration von Funktionalitäten auf Bauteilebene und den zunehmenden Anteil von Softwarekomponenten wird die Eingriffstiefe sukzessive reduziert und damit die Wertschöpfungsanteile von Instandhaltungsdienstleistern limitiert. In der Konsequenz müssen Instandhaltungsdienstleister die Qualifikationsprofile und Fähigkeiten ihrer Mitarbeiter systematisch an die veränderten Rahmenbedingungen anpassen (vgl. Book et al. 2012, S. 13). So werden klassische Ausbildungsprofile wie Mechaniker und Elektriker zunehmend durch kombinierte bzw. spezialisierte Qualifikationsprofile, wie z.B. Mechatroniker oder Softwareingenieure, abgelöst.

Vor dem Hintergrund steigender Kundenanforderungen müssen Instandhaltungsdienstleister als **Full-Service-Lieferanten am Markt** auftreten, auch wenn sie die Leistungserstellung nicht vollständig intern darstellen können. Somit ist es für unabhängige Instandhaltungsdienstleister erfolgskritisch über Methoden zu verfügen, mit denen sie technologieabhängige Bereitstellungsalternativen systematisch bewerten und auswählen können. Der beschriebenen **Problemstellung aus der Praxis** steht ein Methodendefizit in der instandhaltungsbezogenen Literatur gegenüber. Erst seit wenigen Jahren rücken Unternehmen zur Erbringung von Instandhaltungsdienstleistungen in den Forschungsfokus. Einige Autoren verweisen auf den mangelnden Einsatz moderner Planungs- und Steuerungsverfahren in Instandhaltungsunternehmen (vgl. Siebiera 2004, S. 12; Schröder 2010, S. 11 ff.; Horn 2009, S. 255). Auch Glenn (2011, S. 2) konstatiert in diesem Zusammenhang, dass die Methodenforschung für technische Dienstleistungen noch wenig entwickelt ist. Insbesondere für Bereitstellungsentscheidungen in Instandhaltungsunternehmen stellt Gassner (2013, S. 6) ein bestehendes Methodendefizit fest. Demnach sind Entscheidungsprozesse nur **wenig strukturiert und formalisiert** und werden nicht kontinuierlich durchgeführt. Dies ist insbesondere vor dem Hintergrund der skizzierten dynamischen Rahmenbedingungen als problematisch einzustufen.

Die vorliegende Arbeit soll daher einen Beitrag zur Entwicklung einer Methodenbasis liefern, die es unabhängigen Instandhaltungsdienstleistern ermöglicht, ihre technischen Ressourcen und Fähigkeiten systematisch an den technologischen und marktinduzierten Rahmenbedingungen auszurichten.

1.3 Zielsetzung und Forschungsfrage

Das **Ziel der Arbeit** ist die Entwicklung einer generischen Methode zur Analyse und Gestaltung technischer Leistungspotentiale herstellerunabhängiger Instandhaltungsdienstleister. Die Methode soll technische Instandhaltungsdienstleister dabei unterstützen, ihre Wertschöpfungsstrukturen systematisch an die sich wandelnden technologischen und wettbewerblichen Rahmenbedingungen anzupassen und somit ihre Leistungsbereitschaft sicherzustellen. Mit Hilfe der Methode soll die folgende **Fragestellung** beantwortet werden:

- *Wie können herstellerunabhängige Instandhaltungsdienstleister ihre technischen Ressourcen und Fähigkeiten systematisch auf die sich ändernden Rahmenbedingungen einstellen?*

Um die Forschungsfrage vollständig erfassen und beantworten zu können, ist sie in die folgenden Teilfragestellungen untergliedert:

- *Welche **Anforderungen** werden von der Instandhaltungspraxis an eine Methode zur Analyse und Gestaltung technischer Leistungspotentiale gestellt?*
- *Welche **technischen Ressourcen** und **Fähigkeiten** sind für die interne Leistungserstellung erforderlich und erfolgskritisch?*
- *Welche **Entscheidungsfälle** gilt es bei der Analyse und Gestaltung technischer Leistungspotentiale zu unterscheiden?*
- *Anhand welcher Kriterien ist die **Vorteilhaftigkeit** der internen oder externen Leistungserstellung zu bewerten?*
- *Welche Methoden sind zur Bewertung geeignet und wie lassen sich aus Bewertungsergebnissen **Handlungsempfehlungen** ableiten?*
- *Wie kann der **Entscheidungsprozess strukturiert** werden und wie ist er im Unternehmen **organisatorisch** zu **verankern**? Welche Informations- und Entscheidungsträger im Unternehmen sind einzubinden?*

Zur Beantwortung der skizzierten Fragestellungen wird im folgenden Abschnitt zunächst der forschungsmethodische Rahmen erläutert.

1.4 Forschungsmethodischer Rahmen und Struktur der Arbeit

Der vorliegenden Arbeit liegt ein Wissenschaftsverständnis nach Kubicek zugrunde, das den Forschungsprozess als Lernprozess begreift. Einen Ausgangspunkt dessen bildet das Vorverständnis der Forschenden, das es ermöglicht eine Problemstellung zu erfassen, zu präzisieren, anhand theoretischer Leitfragen zu systematisieren und mit Hilfe wissenschaftlicher Methoden zu lösen (vgl. Kubicek 1977, S. 14 ff.). Ziel dieses pragmatischen Forschungsprozesses ist nicht der Zuwachs an Erkenntnissicherung, sondern ein profundes Verständnis realer Phänomene und deren Beherrschung (vgl. Kubicek 1977, S. 7).

Anhand ihrer Themenstellung und Zielsetzung ist die vorliegende Arbeit als realwissenschaftliche Arbeit mit ingenieurswissenschaftlichem Charakter zu klassifizieren.

Im Unterschied zu Formalwissenschaften, deren Forschungsinhalt die Analyse von Zeichensystemen ist (z.B. Logik, Mathematik), zielen Realwissenschaften auf die „Beschreibung, Erklärung und Gestaltung empirisch (sinnlich) wahrnehmbarer Wirklichkeitsausschnitte“ (vgl. Ulrich und Hill 1976, S. 305). Nach Ulrich und Hill (1976) lassen sich Realwissenschaften abhängig von der Zielsetzung in *Grundlagenwissenschaften* und *angewandte (Handlungs-)Wissenschaften* unterscheiden. Der Fokus der Grundlagenwissenschaften, wie z.B. der Naturwissenschaften, liegt auf der Entwicklung von Erklärungsmodellen für reale Phänomene bzw. bestehender Realitäten. Die Zielsetzung der angewandten Wissenschaften hingegen liegt in der Generierung von Wissen, das zur Lösung praxisrelevanter Probleme beiträgt und somit hilft, „zukünftige Realitäten“ zu gestalten (vgl. Ulrich 1981, S. 6).

Der **Forschungsprozess der angewandten Handlungswissenschaften** beginnt und endet in der Praxis. Somit stellt der Praxisbezug eine notwendige Voraussetzung für angewandte Forschung dar (vgl. Ulrich 1981, S. 5). Da im Rahmen der vorliegenden Arbeit ein Entscheidungsprozess zur Anleitung menschlichen Handelns im Praxiskontext entwickelt wird, ist sie eindeutig den Handlungswissenschaften zuzuordnen (vgl. Ulrich und Hill 1976, S. 305). Die Rolle der Grundlagenwissenschaften ist für die vorliegende Arbeit zwar als sekundär, jedoch nicht als unbedeutend zu bewerten. So ist das Verständnis naturwissenschaftlich-technischer Zusammenhänge erforderlich, um die technischen Aspekte der Problemstellung erfassen und in geeigneter Weise methodisch abbilden zu können. Diese Dualität ist charakteristisch für ingenieurwissenschaftliche Arbeiten.

Anhand der vorgenommenen Kategorisierung der Arbeit ergeben sich nach Ulrich (1981, S. 6 ff.) verschiedene Implikationen für den Forschungsprozess. So kann das Aufstellen bzw. die Falsifikation von Theorien und Hypothesen (Empirie) nicht als alleiniges Ziel angewandter Forschung gelten (vgl. Ulrich 1981, S. 7). Vielmehr stehen bei angewandter Forschung die Erfassung praxisrelevanter Probleme und die Entwicklung von praktisch nutzbarem Problemlösungswissen im Mittelpunkt. Empirie dient in diesem Zusammenhang zur Identifikation typischer Probleme sowie zur Illustration der praktischen Anwendbarkeit entwickelter Methoden (vgl. Ulrich 1981, S. 7).

Der **Aufbau der vorliegenden Arbeit** orientiert sich an dem Forschungsprozess nach Ulrich (1984, S. 192 ff.) (vgl. Abbildung 2). Ausgehend von einer praxisrelevanten Problemstellung kombiniert dieses Vorgehen sowohl *terminologisch-deskriptive* als auch *empirisch-induktive* und *analytisch-deduktive Schritte.*

Nach der Darstellung von Problemstellung und Zielsetzung der Arbeit werden in **Kapitel 2** die relevanten terminologischen Grundlagen und Begriffe eingeführt.

Anschließend werden in **Kapitel 3** anhand einer Literaturstudie der Stand der Forschung zur Planung und Steuerung technischer Instandhaltungsdienstleistungen erörtert, die Forschungslücke identifiziert und der Handlungsbedarf formuliert.

Abbildung 2: Aufbau der vorliegenden Arbeit

Der Handlungsbedarf aus Sicht der Instandhaltungspraxis wird in **Kapitel 4** ermittelt. So werden anhand problemzentrierter Experteninterviews mit Vertretern herstellerunabhängiger Instandhaltungsunternehmen Kategorien technischer Ressourcen und Fähigkeiten diskutiert. Weiter wird der Begriff des technischen Leistungspotentials für die Instandhaltung konkretisiert. Eine Anforderungsanalyse bildet schließlich die Grundlage der Methodenkonzeption, die Inhalt von **Kapitel 5** ist. In diesem Abschnitt werden zunächst Entscheidungsfälle differenziert und darauf aufbauend ein modulares Grobkonzept entwickelt. Weiterhin werden geeignete Methoden zur Bewertung und Ergebnisaggregation kriterienbasiert ausgewählt.

Die Konkretisierung der qualitativen und quantitativen Bewertungsmodule erfolgt in **Kapitel 6**. Dazu wird u.a. ein generisches multikriterielles Entscheidungssystem entwickelt, das an unternehmensspezifische Ziel- und Präferenzsysteme angepasst werden kann. Ergänzt durch ein dynamisches Verfahren der Investitionsrechnung lassen sich damit Handlungsempfehlungen zur Leistungstiefengestaltung für Instandhaltungsdienstleister ableiten. Die Verifizierung der Methode erfolgt anhand der Anforderungen aus Literatur und Praxis.

Im Rahmen der praktischen Anwendung der Methode in **Kapitel 7** wird anschließend anhand von Fallstudien untersucht, ob sich die Methode im Praxiseinsatz bewährt und konstruktive Handlungsempfehlungen ausgibt.

Die Arbeit schließt in **Kapitel 8** mit einer Zusammenfassung und kritischen Reflexion der Ergebnisse. Darüber hinaus wird ein Ausblick auf anknüpfende Fragestellungen gegeben, die im Rahmen der vorliegenden Arbeit nicht behandelt werden konnten, aber Gegenstand zukünftiger Forschungsaktivitäten sein sollten.

2 THEORETISCHE GRUNDLAGEN

Anhand der eingangs formulierten Zielsetzung der vorliegenden Arbeit wird in diesem Kapitel zunächst ein theoretischer Bezugsrahmen entwickelt. Anschließend werden die für die Problemstellung und den Anwendungszusammenhang relevanten Grundlagen und Begriffe eingeführt und abgegrenzt.

2.1 Erklärungsansätze für den Unternehmenserfolg

Das **Ziel der vorliegenden Arbeit** besteht in der Entwicklung einer Methode, die Instandhaltungsdienstleister zur systematischen Analyse und Gestaltung der technischen Leistungspotentiale einsetzen können. Die Methode soll dabei unterstützen, durch eine langfristig orientierte Planung und Steuerung der technischen Ressourcen und Fähigkeiten den Unternehmenserfolg langfristig zu sichern und auszubauen. Dazu sind neben marktbezogenen insbesondere auch technologiebezogene Kriterien bei der Entscheidungsfindung zu berücksichtigen.

Als zentraler Baustein des **theoretischen Bezugsrahmens** ist der Arbeit somit eine Theorie zugrunde zu legen, die Erklärungsmuster für die Entstehung von Wettbewerbsvorteilen bietet. In den vergangenen Jahrzehnten haben sich mit dem **Resource-based View of Strategy** und dem **Market-based View of Strategy** zwei dominierende Erklärungsansätze für den Unternehmenserfolg sowie die Entstehung von Wettbewerbsvorteilen herausgebildet. Als konzeptionelle Basis beider Ansätze gelten die Überlegungen von Mason (1939) und Bain (1956) zur Funktionsweise unvollkommener Märkte. Demnach liegen die Gründe für den Unternehmenserfolg in den strukturellen Charakteristika einer jeweiligen Branche[4]. So haben die Eigenschaften eines Marktes, wie z.B. der Grad der Wettbewerbskonzentration oder die Höhe der Markteintrittsbarrieren, direkten Einfluss auf den Erfolg der Marktakteure (vgl. McWilliams und Smart 1993, S. 65).

2.1.1 Marktorientierte Erklärungsansätze

In Anlehnung an die Kernthesen von Mason und Bain entwickelte Porter in den 1970er und 1980er Jahren das Konzept des **Market-based View** (kurz: *MBV*). Die Grundidee des MBV besagt, dass der Erfolg eines Unternehmens durch die Struktur der Branche und der Position des Unternehmens innerhalb dieser beeinflusst wird. Diese an industrieökonomische Grundsätze angelehnte Sicht der Unternehmung, die die Erfolgspotentiale eines Unternehmens als durch den Markt bzw. die Umwelt beeinflusst annimmt, wird allgemein als *Outside-In-Perspektive* bezeichnet (vgl. Bea

[4] Der Grundgedanke des sog. *Structure-Conduct-Performance*-Paradigmas lautet, dass der gesamtwirtschaftliche Erfolg (engl.: *performance*) einer Branche (engl.: *industry*) maßgeblich durch das Verhalten der Marktteilnehmer (engl.: *conduct*) beeinflusst wird (vgl. Bain 1956).

und Haas 2009, S. 29). Nach Porter (1979, S. 137) wird die Attraktivität einer Branche durch fünf Branchen- bzw. Wettbewerbskräfte[5] beeinflusst. Diese definieren die Intensität des Wettbewerbs und beeinflussen die Erfolgspotentiale der Unternehmen. In diesem Zusammenhang führt Porter die Bedrohung durch den *Markteintritt neuer Konkurrenten* oder die *Entwicklung von Produkten mit Substitutionspotential*, die *Verhandlungsstärke der Kunden und Lieferanten* sowie die *Rivalität innerhalb der Branche* an. Je stärker diese Branchenkräfte ausgeprägt sind, desto mehr Aufwand müssen Unternehmen zum Auf- oder Ausbau ihrer Wettbewerbsvorteile treiben und desto geringer sind gleichzeitig ihre Erfolgschancen. Die zentrale Aufgabe der Unternehmensführung besteht nach Porter darin, die Wettbewerbskräfte zunächst zu erfassen und zu bewerten, um anschließend geeignete Maßnahmen zur Generierung von Wettbewerbsvorteilen zu entwickeln. Porter (1980, S. 35) differenziert dafür zwei zentrale strategische Ausrichtungen, die als *generische Wettbewerbsstrategien* bezeichnet werden. Während die Strategie der **Kostenführerschaft** auf die Erlangung von Wettbewerbsvorteilen durch die Entwicklung einer überlegenen Kostenposition[6] abzielt, setzt die **Differenzierungsstrategie** auf Wettbewerbsvorteile, die aus einer besonderen Wahrnehmung durch den Kunden resultieren. Eine Voraussetzung hierfür ist die klare Abgrenzung des Unternehmens oder seiner Produkte vom Wettbewerb[7].

Die generischen Wettbewerbsstrategien können entweder auf das die gesamte Branche oder auf ausgewählte Marktsegmente angewendet werden[8] (vgl. Porter 1985). Porter verweist darauf, dass die Fokussierung einer Unternehmung auf eine der beschriebenen Wettbewerbsstrategien erfolgskritisch ist, um nicht in eine inferiore Ertrags- bzw. Profitabilitätsposition zu geraten[9].

Ein zentraler **Kritikpunkt am MBV** besteht darin, dass die unternehmensinternen Ressourcen und die damit verbundenen aktiven Gestaltungsmöglichkeiten eines Unternehmens in Bezug auf sein Wettbewerbsumfeld unberücksichtigt bleiben (vgl. z.B. Rühli 1995, S. 93 f.). Weiterhin ist die Prämisse kritisch zu beurteilen, dass ein Unternehmen von externen, nur bedingt beeinflussbaren Rahmenbedingungen abhän-

---

5 auch: Porter´s Five Forces (ebenda)

6 Porter (1979, S. 137 f.) führt als mögliche Methoden zur Erlangung einer dominanten Kostenposition u.a. Skaleneffekte (*Economies of Scale*), Verbundeffekte (*Economies of Scope*), Lernkurveneffekte, Produkt- und Prozessdesign, residuale Effekte der operativen Effektivität etc. an.

7 Zu den möglichen Hebeln einer Differenzierungsstrategie zählt Porter (1980, S. 38) u.a. *Preis*, *Image*, *Kundenservice*, *Design*, *Qualität*.

8 Die Strategie der Fokussierung (auch: *Nischenstrategie*) wird bei Porter als *dritte* Wettbewerbsstrategie bezeichnet. Darunter wird die Konzentration der Geschäftstätigkeit auf eine spezielle Produktkategorie, Zielmarkt oder Kundengruppe verstanden. Es können Elemente einer Kostenführerschafts- und einer Differenzierungsstrategie parallel angewandt werden.

9 Der Ausdruck „stuck in the middle" beschreibt die aus einer unzureichenden strategischen Fokussierung resultierende Wettbewerbsposition, in der Unternehmen am Markt weder als Generalist noch als Spezialist wahrgenommen werden. Nach Porter führt dieser Zustand für ein Unternehmen zu einer geringeren Kapitalverzinsung (vgl. Porter 1980, S. 43 f.).

gig ist. Bea und Haas (2009, S. 30) geben in diesem Kontext zu bedenken, dass sich der MBV nur an etablierten Branchen orientiere und somit Strategien, die zu einer Verschiebung bisheriger Marktgrenzen führten, nicht in die Betrachtungen mit einbeziehen. Krüger und Homp (1997, S. 62) bezeichnen diese statische und einseitige Sichtweise gleichzeitig als „anpassungsorientiert und defensiv“. Insbesondere in einem dynamischen Wettbewerbsumfeld erlaubt ein auf dem MBV-Paradigma basierender Strategieprozess lediglich einen kurz- bis mittelfristigen Planungszyklus (vgl. Rühli 1995, S. 93 f.).

2.1.2 Ressourcenorientierte Erklärungsansätze

Der Resource-based View (kurz: *RBV*) stellt die Bedeutung der im Unternehmen vorhandenen materiellen und humanen Ressourcen für die Entwicklung von Wettbewerbsvorteilen heraus (vgl. Penrose 1959; Wernerfelt 1984; Barney 1991). Den Ansätzen des RBV liegen zwei zentrale Annahmen zugrunde:

- Die Ausstattung von Unternehmen in Bezug auf strategisch relevante Ressourcen ist heterogen (vgl. Barney 1991, S. 101; Mahoney und Pandian 1992, S. 365).
- Aufgrund ihrer Unternehmensspezifität sind Ressourcen zwischen Unternehmen nicht vollständig übertragbar bzw. als immobil anzusehen. Sie sind somit nicht auf Faktormärkten handelbar (vgl. Barney 1991, S. 101; Dierickx und Cool 1989, S. 1505; Peteraf 1993, S. 183 f.).

Eine weitere Differenzierung des Ressourcenverständnisses[10] erfolgt bei Barney (1991), der die Rahmenbedingungen untersucht, unter denen Unternehmensressourcen zur Quelle nachhaltigen Unternehmenserfolgs werden können. Er unterscheidet allgemeine *Inputfaktoren,* die in den Leistungserstellungsprozess eingehen und *Ressourcen*, die im Gegensatz zu Inputfaktoren unternehmensspezifisch sind und einen Beitrag zur Entwicklung von Wettbewerbsvorteilen leisten. Derartige Ressourcen erfüllen nach Barney die sog. *VRIN*-Kriterien (vgl. Barney 1991, S. 106 ff.):

- **wertvoll** (engl.: *valuable*): Ressourcen können nur dann zur Entwicklung von Wettbewerbsvorteilen beitragen, wenn sie einen Wertbeitrag leisten.
- **selten** (engl.: *rare*): Ressourcen bzw. Ressourcenbündel dürfen nur begrenzt verfügbar sein, um Potentiale zur Entwicklung nachhaltiger Wettbewerbsvorteile beinhalten zu können.
- **nicht imitierbar** (engl.: *imperfectly- bzw. in-imitable*): Aufgrund potentieller Nachahmung der konstituierenden wertvollen und seltenen Ressourcen wären

[10] Als *Ressource* definiert Barney (1991, S. 101) „[...] all assets capabilities, organizational processes, firm attributes, information, knowledge, etc. controlled by a firm that enable the firm to conceive of and implement strategies that improve its efficiency and effectiveness“.

Wettbewerbsvorteile nicht nachhaltig. Um eine Grundlage nachhaltiger Wettbewerbsvorteile darzustellen, dürfen Ressourcen daher nicht imitierbar sein[11].

- **nicht substituierbar** (engl.: *non-substitutable*): Ressourcen dürfen nicht ohne weiteres durch andere Ressourcen gleicher Funktion ersetzbar sein, die die Entwicklung vergleichbarer Strategien ermöglichen.

Aufgrund der Vielfalt und Heterogenität unternehmensinterner Ressourcen ist eine Klassifizierung von Ressourcen erforderlich. In der Literatur existieren zahlreiche Kategorisierungsvorschläge für Unternehmensressourcen, die sich in weiten Teilen auf Barney (1991, S. 101) und Grant (1991, S. 119) beziehen. Demnach werden folgende Ressourcenarten unterschieden[12]:

- Unter **physischen Ressourcen** werden u.a. die zur Erstellung einer Leistung erforderlichen Maschinen und Anlagen subsummiert.
- Als **Humanressourcen** werden alle in einem Unternehmen beschäftigten Mitarbeiter und Führungskräfte bezeichnet, die z.B. Wissen, Erfahrung und Entscheidungsvermögen in den Leistungserstellungsprozess einbringen.
- **Organisationale Ressourcen** bezeichnen die ein Unternehmen konstituierenden formellen und informellen Aufbau- und Ablaufstrukturen sowie zur Koordination erforderliche Managementsysteme[13].
- **Finanzielle Ressourcen** definieren den finanziellen Handlungsspielraum eines Unternehmens.
- **Reputation des Unternehmens** wird u.a. durch die Wahrnehmung des Unternehmens durch den Kunden bestimmt.

Eine weitere Art der Klassifikation, die auf die Ressourcendefinition nach Wernerfelt (1984, S. 172) zurückgeht, sieht die Unterscheidung zwischen **materiellen** (engl.: *tangible)* und **immateriellen** (engl.: *intangible*) Ressourcen vor. Während materielle Ressourcen alle physischen und finanziellen Ressourcen einer Unternehmung bezeichnen, wird unter immateriellen Ressourcen das nicht greifbare bzw. personengebundene Vermögen einer Unternehmung gefasst. Materielle Ressourcen sind einfach identifizier- und bewertbar, da sie den Finanzberichten von Unternehmen entnommen werden können (vgl. Grant und Nippa 2006, S. 185). Immaterielle Ressour-

[11] Als Voraussetzungen für eine schlechte Imitierbarkeit der Ressourcenbasis führt Barney in Anlehnung an Dierickx und Cool (1989) die *Einzigartigkeit der Historie von Unternehmen*, die *Bedeutung von Ressourceninterdependenzen* sowie die *Komplexität von Ressourcen als soziale Gefüge* an.

[12] Barney (1991, S. 101) führt die ersten drei genannten Kategorien an. Grant (1991, S. 119) nennt zusätzlich auch die letzten beiden. Zudem führt Grant in seiner Klassifikation „technological resources" als eigenständige Ressourcenklasse an, die bei Barney unter die physischen Ressourcen (= *„physical capital resources"*) fallen.

[13] Bamberger und Wrona (1996, S. 387) subsummieren unter diesem Begriff exemplarisch das *Planungs- und Kontrollsystem*, das *Informationssystem* sowie das *Personalführungssystem*.

cen umfassen u.a. das geistige Eigentum[14] und die Reputation[15] eines Unternehmens. Sie sind in monetären Maßstäben nur begrenzt quantifizierbar und werden bilanziell nur teilweise erfasst (vgl. Grant und Nippa 2006, S. 186 ff.; Hall 1993, S. 608 f.). Allerdings repräsentieren sie einen nicht unerheblichen Anteil am Betriebsvermögen. So manifestiert sich bspw. der Markenwert eines Unternehmens in einem Preispremium, das Kunden gegenüber einem Nicht-Markenprodukt zu zahlen bereit sind (vgl. Grant und Nippa 2006, S. 186). Eine Übersicht der Ressourcenkategorien wird in Abbildung 3 dargestellt.

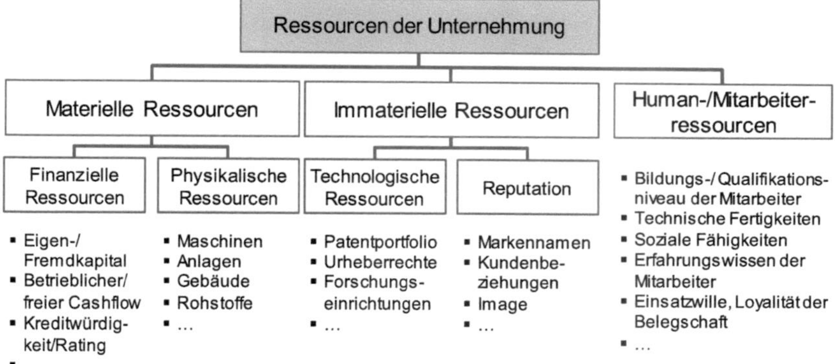

Abbildung 3: Klassifikation von Unternehmensressourcen (in Anlehnung an Grant und Nippa 2006, S. 183 f.)

Neben materiellen und immateriellen Ressourcen verfügen Unternehmen über personengebundene Fähigkeiten, Fertigkeiten und Wissen. Sie werden in der Klassifikation als Human- bzw. Mitarbeiterressourcen abgebildet[16]. Die Bedeutung dieser Ressourcenkategorie für die Entwicklung von Wettbewerbsvorteilen ist in der Literatur weitgehend anerkannt (vgl. Itami und Roehl 1987, S. 12 f.; Grant 1991, S. 119). Als Begründung wird ihre begrenzte Identifizierbarkeit angeführt, die zur eingeschränkten Imitierbarkeit durch Wettbewerber führt.

Als **zentrale Kritikpunkte des RBV** gelten u.a. die uneinheitliche Begriffsbasis und der Verweis, dass erfolgskritische Ressourcen immer erst ex post identifiziert werden können (vgl. z.B. Freiling 2009, S. 15 bzw. S. 49 ff.). Darüber hinaus stellt die weitgehende Vernachlässigung von Marktaspekten einen weiteren Kritikpunkt dar. Diese resultiert aus der Einnahme einer *inside-out*-Perspektive und führt außerdem dazu,

---

[14] u.a. Patente, Marken- und Urheberrechte, Verträge etc.

[15] Die Reputation manifestiert sich demnach in Marken oder einer besonderen Wahrnehmung des Unternehmens bzw. seiner Leistungen durch die Kunden.

[16] Weitere Ressourcenklassifikation finden sich bei Moldaschl und Fischer (2004, S. 136), die endliche, regenerative und generative Ressourcen differenzieren.

dass extern verfügbare Ressourcen keine Berücksichtigung finden. Zwar stellt der RBV mit der Herausstellung der unternehmensinternen Ressourcen als Grundlage strategischer Überlegungen durchaus einen konzeptionellen Kontrast zu marktorientierten Ansätzen dar; jedoch ist zu konstatieren, dass beide Sichtweisen zahlreiche Anknüpfungspunkte für einen ganzheitlichen Erklärungsansatz zur Entwicklung von Wettbewerbsvorteilen bieten. So wird bspw. argumentiert, dass Unternehmen die Marktaktivitäten keineswegs außer Acht lassen dürfen, auch wenn sie ein *Inside-out*-gerichtetes Strategieverständnis haben. Weiter verweisen Teece et al. (1997, S. 515) darauf, dass die Einnahme der Marktperspektive für die effektive Entwicklung und den effizienten Einsatz der internen Ressourcen unabdingbar ist.

2.1.3 Derivate ressourcenorientierter Erklärungsmodelle

Dass eine einzigartige Ressourcenbasis jedoch nicht als alleinige Ursache für performative Unterschiede zwischen Unternehmen Gültigkeit besitzt, ist ein zentraler Argumentationsstrang Kompetenz-orientierter Erklärungsmodelle. Demnach sind es die individuellen und organisationalen Fähigkeiten (engl.: *capabilities*), die Unternehmen dazu befähigen, ihre internen Ressourcen ziel- und kundenorientiert in den Faktorkombinationsprozess einzubringen und so Wettbewerbsvorteile zu erschließen (vgl. Amit und Shoemaker 1993, S. 35; Day 1994, S. 38 f.; Grant 1991, S. 119; Javidan 1998, S. 62; Teece und Pisano 1994, S. 538; Moldaschl 2012, S. 8)[17]. Diese zielgerichtete Kombination unternehmensinterner Ressourcen und Fähigkeiten wird in diesem Zusammenhang als Kompetenz bezeichnet. Sofern diese Ressourcen- und Fähigkeitsbündel einzigartig sind, zur Erfüllung eines Kundennutzens beitragen, neue Märkte erschließen und zudem weder imitierbar noch substituierbar sind, werden sie auch als **Kernkompetenzen** bezeichnet (vgl. Prahalad und Hamel 1990, S. 82; Hamel und Prahalad 1994, S. 199). Im Kompetenzansatz wird die besondere Bedeutung personengebundener Fähigkeiten und impliziten Wissens für die Entwicklung von Wettbewerbsvorteilen betont. Insbesondere Wissensbestände sind durch Wettbewerber schwer bzw. gar nicht imitierbar, da sie unternehmensspezifisch ausgeprägt sind, zumeist auf mehrere Wissensträger verteilt vorliegen und sich synergetisch ergänzen (vgl. Leonard-Barton 1992, S. 113 ff.)[18]. Das bereits angeführte Dilemma der ex ante-Identifikation erfolgskritischer Komponenten wird jedoch auch im Kompetenzansatz nicht abschließend gelöst. Zudem unterliegt der Begriff insbesondere in der Praxis einer nicht einheitlichen Interpretation (vgl. hierzu z.B. Marquardt 2003, S. 37 f.).

---

[17] So definieren Amit und Shoemaker (1993, S. 35) Fähigkeiten als „Kapazität eines Unternehmens seine Ressourcen einzusetzen [...] unter Nutzung organisatorischer Prozesse, um ein erwünschtes Ziel zu erreichen". Javidan (1998, S. 62) beschreibt Fähigkeiten als „das Vermögen einer Unternehmung, seine internen Ressourcen zu nutzen".

[18] Die zentrale Bedeutung von Wissen bzw. intellektuellem Kapital für die Unternehmensposition wird in einem weiteren Derivat des RBV propagiert, das auch als *Knowledge-based View* (kurz: *KBV*) bezeichnet wird (vgl. u.a. Grant 1996; Edvinsson und Malone 1997).

Ein **zentraler Kritikpunkt** an Ressourcen- und Kompetenz-orientierten Modellen besteht in ihrer statischen Betrachtungsweise (vgl. Priem und Butler 2001, S. 33). So liefern die Ansätze weder für die Entwicklung noch für die langfristige Etablierung von erfolgskritischen Ressourcen und Fähigkeitsbündeln unter sich ändernden Rahmenbedingungen systematische Erklärungsmodelle. Leonard-Barton (1992, S. 118) verweist darauf, dass Kompetenzen systematisch an veränderte Marktbedingungen angepasst werden müssen, da sie ansonsten obsolet werden und im schlechtesten Fall negative Effekte haben können.

Der **Dynamic Capabilities-Ansatz** greift diesen Kritikpunkt auf und begründet die Entwicklung von Wettbewerbsvorteilen mit dem Vorhandensein von Meta-Fähigkeiten bzw. Fähigkeiten „höherer Ordnung" (vgl. Winter 2003, S. 992; Helfat und Peteraf 2003, S. 999).[19] Derartige Fähigkeiten existieren in Unternehmen auf organisationaler Ebene und befähigen sie, ihr Ressourcen-, Prozess- und Produktportfolio systematisch auf die sich kontinuierlich ändernden Marktbedingungen einzustellen (vgl. Teece und Pisano 1994; Eisenhardt und Martin 2000; Helfat et al. 2007). Als Beispiele werden u.a. Standardprozesse oder organisationale Routinen angeführt.

Der **Competence-based View** (kurz: *CBV*) stellt eine Erweiterung des RBV und klassischer Kompetenz-orientierter Erklärungsansätze dar, da er die strikte *Inside-out*-Perspektive weitgehend aufweicht und mit der Marktperspektive verbindet (vgl. Freiling et al. 2006, S. 69 ff.). Weiterhin stellt der CBV die Bedeutung der organisationalen Fähigkeiten stärker heraus und berücksichtigt die Dynamik unternehmerischer Rahmenbedingungen. Als theoretisches Rahmenkonzept dient hierbei der **Open Systems View** von Sanchez und Heene (1997, S. 309) (vgl. Abbildung 4). Danach wird das Unternehmen als offenes System interpretiert, das auf die Erfüllung der Marktnachfrage ausgerichtet ist. Der Prozess der Unternehmensführung zielt ergo darauf ab, materielle und immaterielle Ressourcen zu einem Leistungsangebot zu kombinieren, um die Marktnachfrage bestmöglich zu bedienen. In Erweiterung klassischer Kompetenz-orientierter Ansätze stehen Unternehmen zur Entwicklung des Leistungsangebots neben den internen auch **extern verfügbare Ressourcen** („firm-adressable resources") zur Verfügung[20].

In Übereinstimmung mit den Prämissen des Open System View differenzieren Freiling et al. (2006, S. 54) weitere Ebenen des Kompetenzbegriffs. Demnach müssen

---

[19] Helfat und Peteraf (2003, S. 999 ff.) differenzieren zwischen *dynamic* und *operational capabilities*. Während operationale Fähigkeiten direkt mit der Leistungserstellung in Zusammenhang stehen, ermöglichen dynamische Fähigkeiten die Entwicklung bzw. Kombination operationaler Fähigkeiten.

[20] Damit wird ein zentraler Kritikpunkt des RBV relativiert, nach dem die Vernachlässigung extern verfügbarer Ressourcen und Fähigkeiten die Unternehmensrealität nicht widerspiegelt (vgl. Abschnitt 2.1.2).

Unternehmen über *Veredelungskompetenzen* verfügen, um Inputfaktoren in erfolgsrelevante Ressourcen transformieren zu können. Weiterhin unterscheiden sie *Marktzufuhr-Kompetenzen*, die für eine Übersetzung der Ressourcen- und Fähigkeitsbasis in profitable Leistungsangebote erforderlich sind (vgl. Anhang I).

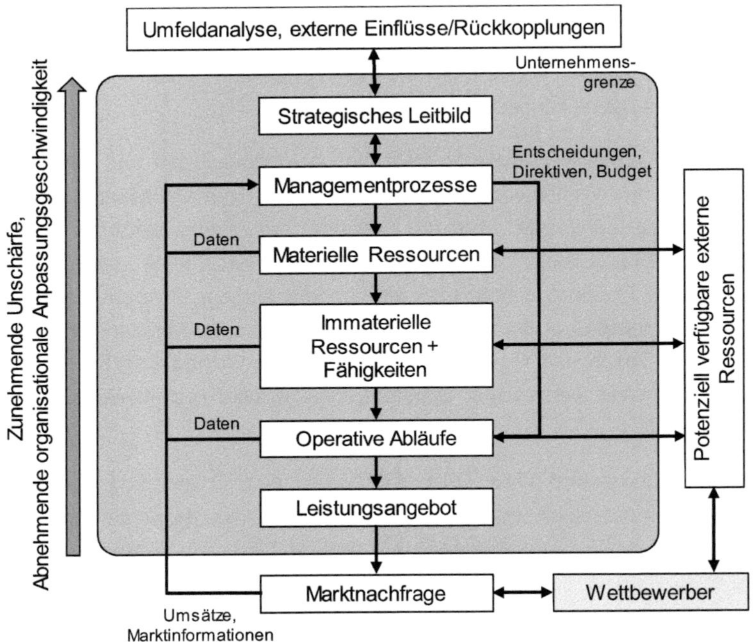

Abbildung 4: Das Unternehmen als offenes System (in Anlehnung an Sanchez und Heene 1997, S. 309)

Während im Resource-based View lediglich unternehmensspezifische Faktoren als Ressourcen bezeichnet werden, entstehen Ressourcen im Sinne des Kompetenzansatzes erst durch die Veredelung von Inputfaktoren (vgl. Freiling 2004, S. 6). Dem Argumentationsstrang von Freiling folgend bedarf es zielgerichteter Prozesse, um Ressourcen zu aktivieren. Durch ihre Nutzung unterliegt die Ressourcen- und Fähigkeitsbasis der Unternehmen einem ständigen Wandel (vgl. Freiling et al. 2006, S. 55).

Die Anpassungsfähigkeit des Ressourcen- und Fähigkeitsportfolios ist insbesondere im Dienstleistungskontext von großer Relevanz. Ursächlich hierfür ist die Integration eines externen Faktors bei der Leistungserstellung, der die erforderlichen Ressourcen und Fähigkeiten bedingt. Somit müssen Dienstleistungsunternehmen ihre Ressourcen und Fähigkeiten systematisch an den Marktanforderungen ausrichten. Der

CBV liefert eine geeignete Argumentationslogik, die die Erschließung von Wettbewerbsvorteilen durch die marktgerechte Kombination von Ressourcen und Fähigkeiten begründet. Aufgrund seiner Orientierung am Leistungserstellungsprozess anstatt an Produkten stellt der CBV zudem ein geeignetes Theoriegerüst im Kontext (technischer) Dienstleistungen dar (vgl. Burr 2008, S. 185). Der in der vorliegenden Arbeit verwendete Kompetenzbegriff wird in Abschnitt 2.3.4 eingeführt.

2.2 Einführung des Technologiebegriffs

Aufgrund seiner zentralen Bedeutung ist zunächst das der Arbeit zugrunde liegende Verständnis der Begriffe ***Technologie*** und ***Technik*** zu explizieren und die relevanten Arten von Technologie bzw. Technik abzugrenzen.

2.2.1 Abgrenzung von Technik und Technologie

Der Technologiebegriff wird in Literatur und Praxis uneinheitlich verwendet. So wird in der Literatur unter ***Technologie*** gemeinhin das „Wissen von naturwissenschaftlich-technischen Wirkbeziehungen" verstanden, die zur Herbeiführung technischer Lösungen, wie z.B. der Entwicklung von Produkten oder Prozessen, genutzt werden können (vgl. Zörgiebel 1983, S. 11; Bullinger 1999, S. 27; Wolfrum 1994, S. 4). Zahn (1995, S. 4) definiert Technologie zudem als „Anwendungs- bzw. Könnenwissen", das vom „Kennenwissen", d.h. dem erklärungsorientierten theoretischen Grundlagenwissen abzugrenzen ist. Eine ähnliche Definition wählt Bullinger (1994, S. 34), der eine systemtheoretische Perspektive bezieht. Demnach ist Technologie mit Know-how gleichbedeutend, das als Inputfaktor in einen Problemlösungsprozess eingeht. Als Output dieses Prozesses steht die *Technik* als manifestierte Problemlösung. Der Begriff ***Technik*** wird hingegen als die konkrete Anwendung einer oder mehrerer Technologien definiert, die auf die Lösung praktischer Probleme ausgerichtet ist und sich in gegenständlichen Produkten oder Verfahren manifestiert (vgl. Gerpott 2005, S. 17; Wolfrum 1994, S. 4). Eine allgemeinere Definition formulieren Bea und Haas (2009, S. 575), die Technik als „konkrete Umsetzung bzw. ökonomische Nutzung technologischen Wissens" bezeichnen. Im englischsprachigen Raum existiert die begriffliche Abgrenzung nicht in dieser Form. Vielmehr wird unter den Begriffen „technics" bzw. „technology" die systematische Anwendung wissenschaftlicher Prinzipien auf physische Objekte und Systeme gefasst (vgl. z.B. Lowe 1995, S. 9), was in etwa einer inhaltlichen Verknüpfung der beiden deutschen Begriffsbedeutungen entspricht. Diesem integrativen Begriffsverständnis folgen auch Binder und Kantowsky (1996, S. 91), die Technik als Subsystem der Technologie betrachten (vgl. Abbildung 5).

Die begriffliche Differenzierung spielt in der Unternehmenspraxis eine untergeordnete Rolle. So argumentiert Gerpott (2005, S. 19), dass Unternehmen Technologien immer im Verwertungskontext marktgängiger Technik betrachten, was ebenfalls einer inhaltlichen Verschmelzung entspricht.

Traditionelles Begriffsverständnis

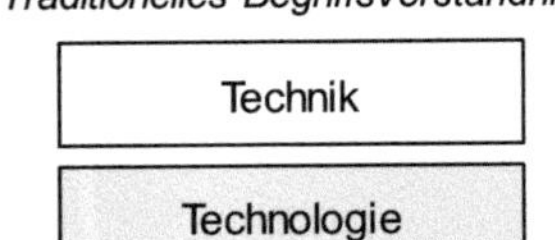

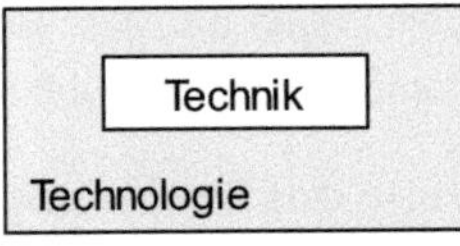

Abbildung 5: Begriffsverständnis Technologie und Technik (nach Binder und Kantowsky 1996, S. 92)

Gleichzeitig verweist er auf das Fehlen eines Kriteriengerüsts, das die Definition einer objektiven Trennlinie zwischen den beiden Begriffsdimensionen ermöglichen könnte.

Das **Technologieverständnis** der vorliegenden Arbeit ist an das integrative Technologieverständnis von Binder und Kantowsky angelehnt und steht damit in Einklang mit dem pragmatischen Forschungsziel. Technologie umfasst demnach sowohl das Know-how und die Fertigkeiten zur Lösung technischer Probleme, als auch die erforderlichen Anlagen und Prozesse, um die naturwissenschaftlichen Erkenntnisse umzusetzen.

2.2.2 Technologiearten

Je nach Betrachtungsfeld und -fokus lassen sich unterschiedliche Arten von Technologien unterscheiden. In der Literatur werden zahlreiche Systematisierungsvorschläge für Technologien beschrieben (vgl. Spur 1998, S. 87 f.; Gerpott 2005, S. 26 f.; Zahn 1995, S. 6 ff.), die sich in Art und Detaillierungsgrad der Differenzierungskriterien unterscheiden[21]. Im Folgenden werden die für die vorliegende Arbeit relevanten Arten erörtert.

In Abhängigkeit ihres **Einsatzgebiets** können *Produkt-* und *Prozesstechnologien* unterschieden werden. Während **Produkttechnologien** integraler Bestandteil der erzeugten Leistung sind, werden **Prozesstechnologien** im Rahmen des Leistungserstellungsprozesses eingesetzt und gehen somit nur indirekt in die Leistung ein (vgl. Gerpott 2005, S. 26). Diese Unterscheidung ist für die vorliegende Arbeit von Relevanz, da im Rahmen der Instandhaltung technischer Objekte beide Arten von Technologien in der Planung simultan Berücksichtigung finden müssen. So ist die Auswahl der Prozesstechnologien, wie z.B. Prüftechnologie, Reparaturmittel etc. immer direkt vom instand zu haltenden Objekt bzw. der Produkttechnologie abhängig. Wei-

[21] vgl. hierzu Gerpott (2005, S. 26 f.)

terhin lassen sich Technologien anhand ihres **Reifegrades bzw. ihrer Phase im Technologielebenszyklus** unterscheiden. Der Technologische Reifegrad (engl.: *Technology Readiness Level* - kurz: *TRL*) ist eine im Bereich der Produktentwicklung weit verbreitete Systematik, anhand derer der Entwicklungsstand von Technologien klassifiziert wird (vgl. u.a. Mankins 1995). Demnach lässt sich der Reifegrad von Technologien anhand von neun Stufen (TRL 1-9) beschreiben, die die Entwicklungsphasen von der Identifikation technischer Grundprinzipien bis hin zur Anwendungsreife beschreiben. Jeder Phase sind im Rahmenkonzept Aufgabeninhalte zugeordnet (z.B. Durchführung von Machbarkeitsstudien, Labortests, Prototypentests). Mit dem Entwicklungsfortschritt steigt der Detaillierungsgrad der Technologie während die Unsicherheiten in Bezug auf Anwendungsfähigkeit und Spezifikationen sinken. Da sich Instandhaltungsdienstleistungen auf die Anwendungsphase beziehen, sind für Instandhaltungsdienstleister grundsätzlich erst anwendungsreife Technologien von Relevanz; jedoch ist es insbesondere in Hinblick auf die Identifikation langfristiger Technologiepfade unerlässlich, technologische Trends kontinuierlich zu monitoren (vgl. Mankins 1995, S. 1 ff.).

Das **Technologielebenszykluskonzept** stellt ein weiterführendes Konzept dar, da es den Betrachtungsfokus von der Entwicklungsphase auf die Anwendungsphase bis hin zur Endphase einer Technologie richtet. Das Technologielebenszykluskonzept ist aus dem Konzept des *Produktlebenszyklus* entstanden (vgl. u.a. Pfeiffer et al. 1982) und beschreibt einen idealisierten Entwicklungsverlauf einer Technologie über die Zeit (vgl. Schuh et al. 2011, S. 37). Grundannahme der Konzepte ist, dass der Ausschöpfungsgrad des Wettbewerbspotentials von Technologien[22] über den Zeitverlauf einen S-förmigen Verlauf annimmt und dabei die Lebenszyklusphasen *Entstehung*, *Wachstum*, *Reife* und *Alter* durchläuft (vgl. Ford und Ryan 1981, S. 119 ff.; Sommerlatte und Deschamps 1985, S. 52 ff.) (vgl. Anhang II). Während die ersten beiden Phasen durch stetiges Wachstum in Bezug auf das technische Potential geprägt sind, wird in der Reifephase die technologische Grenze erreicht (vgl. hierzu z.B. Ryan 1984, S. 73). Jede Phase kann durch spezifische Ausprägungen von Indikatoren, wie z.B. *Verfügbarkeit der Technologie* oder *F&E-Investitionen* charakterisiert werden. Die Dauer des Lebenszyklus kann branchen- oder unternehmensspezifische Unterschiede aufweisen (vgl. hierzu Sommerlatte und Deschamps 1985, S. 52). Das Konzept wird im Rahmen des Technologiemanagements u.a. zur Prognose technologischer Entwicklungspfade, der Bestimmung der Technologieattraktivität oder des

[22] Andere Technologielebenszykluskonzepte setzen bspw. den *Verbreitungsgrad einer Technologie* über die Zeit (vgl. Ford und Ryan 1981, S. 119 ff.), den *Nachfrage*verlauf über die Zeit (vgl. Ansoff 1987) oder die *Leistungsfähigkeit* einer Technologie (vgl. z.B. Krubasik 1982) als zentrales Merkmal ein.

Weiterentwicklungspotentials eingesetzt[23]; zudem können den Phasen strategische Handlungsempfehlungen zugeordnet werden, um die Ressourcenallokation zu optimieren (vgl. Bullinger 1994, S. 116; Schuh et al. 2011, S. 37). Demnach lassen sich Technologien anhand zeitbezogener Kenngrößen in *Schrittmacher-*, *Schlüssel-* und *Basistechnologien* sowie *verdrängte Technologien* kategorisieren (vgl. Ford und Ryan 1981, S. 119 ff.; Wolfrum 1994, S. 112). So gilt es die Unternehmensressourcen auf die Entwicklung oder Erschließung von Schlüsseltechnologien bzw. Schrittmachertechnologien mit hohem Erfolgspotential zu fokussieren. Investitionen in Basistechnologien sollten hingegen vermieden bzw. limitiert werden (vgl. Arthur D. Little International 1988, S. 32 ff.). Der **Reifegrad und die Lebenszyklusphase** sind im Kontext der Instandhaltung technischer Objekte relevant, da die Lebenszyklusphase der instand zu haltenden Produkttechnologie Implikationen für die Entscheidungssituation aufweist (vgl. Kapitel 5).

2.3 Grundzüge der technischen Dienstleistungserstellung

Im Sinne einer systematischen Erfassung der wesentlichen Merkmale technischer Instandhaltungsleistungen, werden diese im folgenden Abschnitt in den Kontext technischer Dienstleistungsproduktion gestellt.

2.3.1 Dienstleistungscharakteristika

Aufgrund der Heterogenität der Leistungsumfänge, -inhalte und Anwendungsfelder dessen, was gemeinhin als *Dienstleistung* bezeichnet wird, hat sich bis heute in der wissenschaftlichen Literatur kein einheitliches Begriffsverständnis etablieren können. Vielmehr hat sich eine Vielzahl definitorischer Strömungen herausgebildet, die sich in die Kategorien **enumerative Definitionen**, **Negativdefinitionen** und **Definitionen auf Basis konstitutiver Faktoren** klassifizieren lassen (vgl. Corsten und Gössinger 2007, S. 21 ff.). Während die ersten beiden Kategorien konzeptionelle Schwachpunkte aufweisen[24], sind Ansätze, die Dienstleistungen über konstitutive Merkmale[25] erfassen, für die Entwicklung einer Definitionsbasis bzw. die Abgrenzung von Sachleistungen am besten geeignet (vgl. Corsten und Gössinger 2007, S. 21; Haller 2012, S. 6).

[23] Dabei sind jedoch auch methodische Schwachpunkte des Ansatzes zu beachten, wie z.B. fehlende Kriteriensysteme zur Bestimmung, Abgrenzung und Einordnung der Lebenszyklusphasen (vgl. hierzu Schuh et al. 2011, S. 37).

[24] In diesem Zusammenhang ist vor allem das Fehlen eines Kriteriensystems zu nennen, das eine nachvollziehbare und objektivierbare Kategorisierung ermöglicht. Gleichzeitig greifen die Ansätze zu kurz, da sie eine zu eindimensionale und statische Ausrichtung haben, die dem vielfältigen und dynamischen Charakter des Leistungsbegriffs nicht gerecht wird.

[25] Ein konstitutives Merkmal wird in diesem Zusammenhang als eine „prägende Eigenschaft, die den Wesenskern einer Dienstleistung grundlegend beschreibt" bezeichnet (vgl. Burr und Stephan 2006, S. 19).

So stellen **potentialorientierte Definitionen** die Leistungsbereitschaft in den Vordergrund. Demnach benötigen Dienstleister zur Einhaltung des Leistungsversprechens Bündel von Ressourcen und Fähigkeiten, die unter dem Begriff „Leistungspotential“ zusammengefasst werden[26]. In diesem Zusammenhang wird in der Literatur der **immaterielle Charakter** von Dienstleistungen betont (vgl. Maleri und Frietzsche 2008, S. 34; Corsten und Gössinger 2007, S. 21). Das konstitutive Merkmal **prozessorientierter Definitionen** ist die Integration eines vom Dienstleistungsnachfrager extern eingebrachten Faktors in den Leistungserstellungsprozess. Dabei kann es sich um ein vom Kunden oder Verwerter der Dienstleistung eingebrachtes Objekt oder den Kunden selbst handeln (vgl. Burr und Stephan 2006, S. 21; Haller 2012, S. 7). Je nach Art der Leistung kann der Grad der **Integration des externen Faktors** unterschiedlich stark ausgeprägt sein (vgl. Maleri und Frietzsche 2008, S. 105 f.); gleichzeitig hat der Dienstleister nur geringen Einfluss auf die Beschaffenheit des externen Faktors, was die Standardisierung und Qualitätskontrolle der Leistungserstellung erschwert (vgl. Haller 2012, S. 8). Weiterhin ist die **zeitliche Simultanität**[27] von Leistungserstellung und -übertragung ein wesenstypisches Merkmal von Dienstleistungen, das sie von Sachgütern abgrenzt (vgl. u.a. Berekoven 1974, S. 29; Corsten und Gössinger 2007, S. 22).

Ergebnisorientierte Ansätze ziehen die Wirkweise der mit einer Dienstleistung verbundenen Tätigkeiten in Betracht. Diesem Verständnis liegt die Annahme zugrunde, dass am Markt nicht der Prozess, sondern das Leistungsergebnis wahrgenommen wird (vgl. Maleri und Frietzsche 2008, S. 20 ff.). Grundannahme ist es dabei, dass Dienstleistungen Veränderungen an Personen oder Objekten bewirken. Diese können in der „Erhaltung oder Wiederherstellung von Merkmalen und deren Ausprägungen bei existenten Gütern oder an einer Person“ sowie der „Schaffung“ oder „Vernichtung“ bestehen (vgl. Corsten und Gössinger 2007, S. 22). Grundsätzlich lassen sich hierbei materielle und immaterielle Ergebnisse des Leistungserstellungsprozesses differenzieren.

Eine isolierte Betrachtung der skizzierten Ansätze ist für eine definitorische Erfassung des Dienstleistungsbegriffs nicht zielführend. Vielmehr bedarf es einer integrierten Sichtweise, die die beschriebenen Merkmale in Beziehung setzt. Dies gelingt Hilke (1989, S. 10 ff.), indem er die definitorische Ansätze in ein Phasenmodell einordnet (vgl. Abbildung 6).

Eine eindeutige **Abgrenzung von Sach- und Dienstleistungen** anhand der beschriebenen Charakteristika ist jedoch nur eingeschränkt möglich. Dies wird etwa am

---

[26] Für eine Systematisierung von Produktionsfaktoren sei auf Corsten und Gössinger (2007, S. 127) verwiesen.

[27] Das zeitliche Zusammenfallen von Leistungserstellung und -übertragung wird auch als *Uno-actu*-Prinzip bezeichnet (vgl. Hilke 1989, S. 12 f.; Corsten und Gössinger 2007, S. 22).

Beispiel der Instandhaltung technischer Objekte ersichtlich, die sowohl materielle als auch immaterielle Leistungskomponenten aufweist. Darüber hinaus sind die zeitliche Simultanität von Leistungserstellung und -absatz sowie die Nicht-Lagerfähigkeit nur teilweise zutreffend.

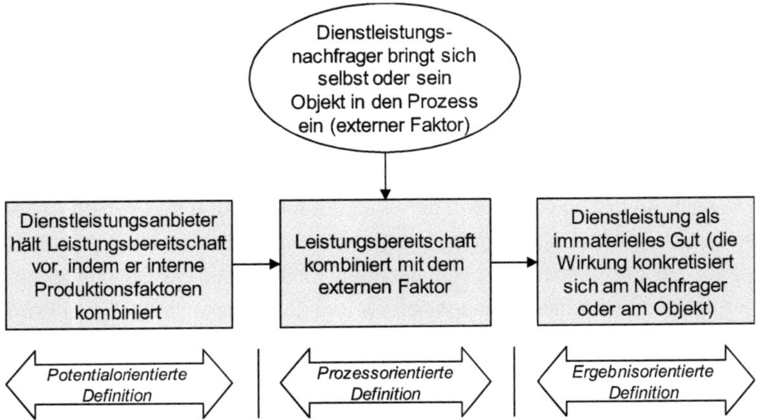

Abbildung 6: Abgrenzung etablierter Dienstleistungsdefinitionen (nach Corsten und Göttinger 2007, S. 26 in Anlehnung an Hilke 1984, S. 10)

Dies liegt darin begründet, dass sich das Ergebnis der Dienstleistung in einem einsatzfähigen technischen Objekt manifestiert, das zum einen lagerfähig ist und zum anderen (im Optimalfall) über einen längeren Zeitraum zur Verfügung steht. Engelhardt et al. (1993, S. 407 ff.) führen daher den Begriff *Leistungsbündel* ein, dem ein integratives Leistungsverständnis immanent ist. Die **zunehmende Integration** von Sach- und Dienstleistungen ist auch in der Praxis verstärkt wahrnehmbar. So kann die Verschmelzung derart weitreichend sein, dass die Dienstleistungselemente von Kunden als Produkteigenschaft wahrgenommen werden und ein maßgebliches Entscheidungskriterium für die Kaufentscheidung darstellen. Anstelle einer strikten Abgrenzung von Sach- und Dienstleistungen werden darum in der Literatur ein- und mehrdimensionale Leistungstypologien vorgeschlagen, die eine Kategorisierung von Leistungen anhand des **Grades der Materialität** (vgl. Hilke 1989, S. 8), des **Integrationsgrades eines externen Faktors** (vgl. Engelhardt et al. 1993, S. 416 f.) und/oder des **Individualisierungsgrades der Leistung** vornehmen (vgl. Meffert 1994, S. 524)[28].

Einige der voranstehenden Charakteristika von Dienstleistungen gehen für Dienstleister mit Herausforderungen im Planungs- und Erstellungsprozess einher. Die **Im-**

[28] Für eine detaillierte Übersicht ein- und mehrdimensionaler (Dienst-)Leistungstypologien sei auf Corsten und Gössinger (2007, S. 31) verwiesen.

materialität des Leistungsversprechens impliziert, dass der Faktor Know-how einen besonderen Stellenwert für Dienstleistungsbetriebe besitzt (vgl. u.a. Kuhn et al 2006, S. 20; Brumby 2010, S. 14 ff.; Gassner 2013, S. 99 f.). Somit müssen besondere Anstrengungen unternommen werden, um intern vorhandenes Wissen zu koordinieren, weiterzuentwickeln und langfristig zu binden. Gleichzeitig impliziert das immaterielle Leistungsversprechen von Dienstleistungsbetrieben, dass die zur Leistungserstellung erforderlichen Ressourcen und Fähigkeiten intern vorgehalten bzw. Mechanismen zur Einbindung extern verfügbarer Leistungspotentiale etabliert sein müssen. Daher sind hohe Fixkostenanteile ein typisches Merkmal der Kostenstruktur in Dienstleistungsbetrieben (vgl. Haller 2012, S. 20). Aufgrund der Integration eines externen Faktors ist die Leistungserstellung mit einem höheren **Grad an Unsicherheit** behaftet als etwa die Produktion von Sachleistungen. So sind ex ante oftmals keine genauen Informationen über den Zustand des externen Faktors vorhanden, was für den Leistungsanbieter mit Einschränkungen in Hinblick auf **Planbarkeit und Standardisierbarkeit** der Leistung einhergeht (vgl. Maleri 1973, S. 105; Engelhardt und Reckenfelderbäumer 2006, S. 229; Haller 2012, S. 18)[29]. Somit ist es für Dienstleistungsbetriebe erfolgskritisch, über flexible Potentialfaktoren und robuste Planungsmechanismen (u.a. zur Kapazitätsplanung) zu verfügen.

Der Dienstleistungsbegriff, der der vorliegenden Arbeit zugrunde liegt, bezieht die in Abbildung 6 dargestellten Phasen ein. So werden Dienstleistungen als „marktfähige Leistungen“ verstanden, „die ausschließlich als immaterielle Leistungsversprechen angeboten werden, deren Produktion der Einbringung mindestens eines relevanten externen Faktors durch den Nachfrager erfordert, und die auf die Erstellung eines immateriellen Ergebnisses abzielen.“ (vgl. Gassner 2013, S. 97 in Anlehnung an Hentschel 1992, S. 26; Oppermann 1998, S. 44).

2.3.2 Technische Dienstleistungen

Wie in Abschnitt 1.2 dargelegt, bezieht sich die Problemstellung der vorliegenden Arbeit auf eine **spezielle Art von Dienstleistungen**, die an technischen Objekten erbracht werden. In diesem Zusammenhang hat sich in der Literatur eine erhebliche Begriffsvielfalt entwickelt, die die Gefahr birgt, unterschiedliche Betrachtungskomplexe mit ähnlichen Begriffen zu belegen. So werden neben den Begriffen *technische* (vgl. Kuster 2004; Siebiera 2004) und *industrielle Dienstleistung* (vgl. Töpfer 1996; Homburg und Garbe 1996a/b) unter anderem auch Termini wie *technischer oder industrieller Service* (vgl. Benölken und Greipel 1990), *produktbegleitende Dienstleis-*

[29] Dieser Umstand kann am Beispiel der Reparatur eines defekten Bauteils, für das keine Fehlerdiagnose vorliegt, illustriert werden. In diesem Fall gilt es zunächst die Fehlerquelle zu lokalisieren, was unter Umständen mit einer unbestimmten Anzahl von Prozessschleifen verbunden sein kann und zu einer eingeschränkten Planbarkeit der Prozessdauer führt.

tung (vgl. Rainfurth 2003; Lay und Schneider 2005), *funktionelle Dienstleistungen* (vgl. Forschner 1989), *Kundendienst* (vgl. Teichmann 1994), *After-Sales-Service* (vgl. Baumbach 1998) oder *Independent-Service* (vgl. Seiter 2013) verwendet[30]. Die Vielfalt liegt u.a. in der Heterogenität der Inhalte, Zielsetzungen und Akteure begründet, die in diesem Zusammenhang betrachtet werden.

Das Gros der Dienstleistungsliteratur mit technischem Bezug fokussiert auf produzierende Unternehmen. Der Grundtenor dieser Beiträge lautet, dass produzierende Unternehmen durch die Entwicklung eines Dienstleistungsangebots in Zeiten steigender Kundenanforderungen und wachsenden Wettbewerbs- bzw. Margendrucks zusätzliche Umsatzpotentiale erschließen und Merkmale entwickeln können, die eine Differenzierung vom Wettbewerb ermöglichen (vgl. u.a. Casagranda 1994; Homburg und Garbe 1996a; Töpfer 1996; Luczak und Sontow 1998; Luczak et al. 2000; Oliva und Kallenberg 2003). Somit entspricht das verbreitete Verständnis industrieller Dienstleistungen der Definition von Casagranda (1994, S. 53 f.). Dieser definiert industrielle Dienst- bzw. Serviceleistungen als „die von einem Investitionsgüterhersteller angebotenen Leistungsfähigkeiten, die in einem direkten oder indirekten Zusammenhang mit der Vermarktung der investiven Sachleistung stehen und mit dem Ziel erbracht werden, Austauschbeziehungen zu den Marktpartnern aufzubauen, zu erhalten und zu verbessern". Auch die übrigen vorstehend genannten Begriffe werden im Kontext der Diversifizierung produzierender Betriebe verwendet.

Für eine Abgrenzung der vorliegenden Arbeit gegenüber bestehenden herstellerorientierten Ansätzen ist die Typologie von Homburg und Garbe (1996b, S. 259) geeignet (vgl. Abbildung 7). Demnach werden Dienstleistungen, die *von* Unternehmen *für* Unternehmen erbracht werden als ***investive*** Dienstleistungen bezeichnet. Handelt es sich beim Leistungserbringer um ein Unternehmen, dessen Unternehmenszweck die Erbringung von Dienstleistungen ist[31], werden die Dienstleistungen als ***rein investiv*** bezeichnet[32]. Darüber hinaus kann differenziert werden, ob Dienstleistungen unternehmensintern oder externen Unternehmen zur Verfügung gestellt werden und ob sie einen direkten Produktbezug aufweisen (vgl. Engelhardt und Reckenfelderbäumer 2006, S. 222 f.). Gleichzeitig können Dienstleistungen als eigenständige Absatzobjekte oder als Elemente von Leistungsbündeln, wie z.B. als produktbegleitende Dienstleistungen, angeboten werden. Stellen die Dienstleistungen eigenständige

30 Eine ähnliche Vielfalt findet sich im englischen Sprachraum, wo u.a. Begriffe wie *industrial services*, *product- bzw. business related services* oder *downstream services* Verwendung finden (vgl. hierzu Glenn 2011, S. 24).

31 Engelhardt und Reckenfelderbäumer (2006, S. 224) bezeichnen diese Unternehmen auch als „spezialisierte" bzw. „institutionelle Dienstleister".

32 Die Abgrenzung von industriellen und rein investiven Dienstleistungen ist in der Praxis oftmals nicht trennscharf, da Industriegüterhersteller auch rein investive Dienstleistungen anbieten können (z.B. Reparatur von Fremdprodukten) bzw. viele Anbieter rein investiver Dienstleistungen aus den Serviceabteilungen von Industriegüterherstellern hervorgegangen sind (vgl. Kuster 2004, S. 15 ff.).

Absatzobjekte dar, werden sie auch als ***Primärdienstleistungen*** bezeichnet (vgl. u.a. Graßy 1993, S. 87 ff.). Dies ist in der Regel bei Anbietern rein investiver Dienstleistungen der Fall. Produktbegleitende bzw. -ergänzende Leistungen werden hingegen als ***Sekundärdienstleistungen*** bezeichnet, da sie Bestandteil eines Leistungsbündels sind.

Eine weitere für die vorliegende Arbeit wesentliche Unterscheidung kann zwischen ***technischen*** und ***nicht-technischen*** Dienstleistungen getroffen werden. Dabei kann sich der Technikaspekt sowohl auf die *internen* als auch die *externen* Faktoren beziehen (vgl. Kuster 2004, S. 15). Entsprechend werden sowohl Leistungen, die an technischen Objekten erbracht werden als auch Leistungen zu deren Erstellung technische Ressourcen und Fähigkeiten erforderlich sind, als technische Dienstleistungen bezeichnet.

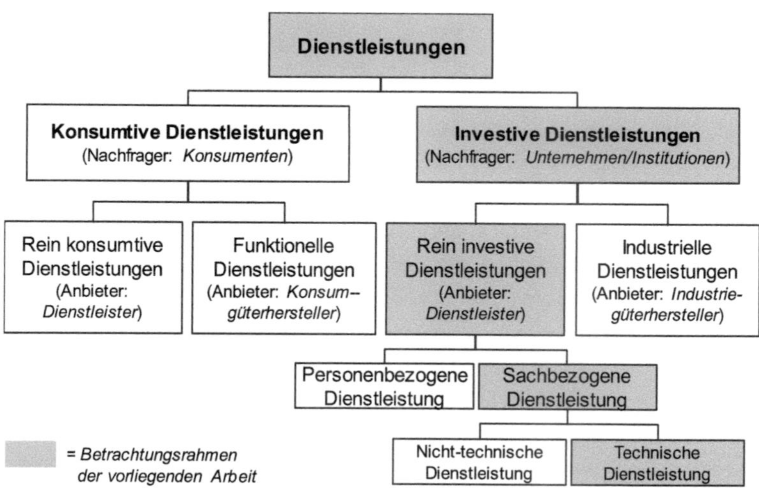

Abbildung 7: Dienstleistungstypologie (in Anlehnung an Kuster 2004, S. 16 in Erweiterung von Homburg und Garbe 1996b, S. 259)

Technische Dienstleistungen sind in allen Lebenszyklusphasen technischer Objekte von Relevanz. Neben Entwicklungs- und Konstruktionsaufgaben werden u.a. Aufgaben der (De-)Montage, Inbetriebnahme, Wartung und Reparatur aber auch der Ersatzteilversorgung oder des Recyclings unter den technischen Dienstleistungsbegriff gefasst[33]. Um die inhaltliche Vielfalt technischer Dienstleistungen zu erfassen, schlagen Oliva und Kallenberg (2003, S. 168) einen Systematisierungsansatz vor. Demnach können technische Dienstleistungen anhand der Dimensionen *Art der Ge-*

[33] Eine Verknüpfung der Phasen des Produktlebenszyklus und entsprechender investiver Dienstleistungen erfolgt in Anhang II.

schäftsbeziehung und *Orientierung der Leistung* in vier Grundtypen unterscheiden werden (vgl. Abbildung 8):

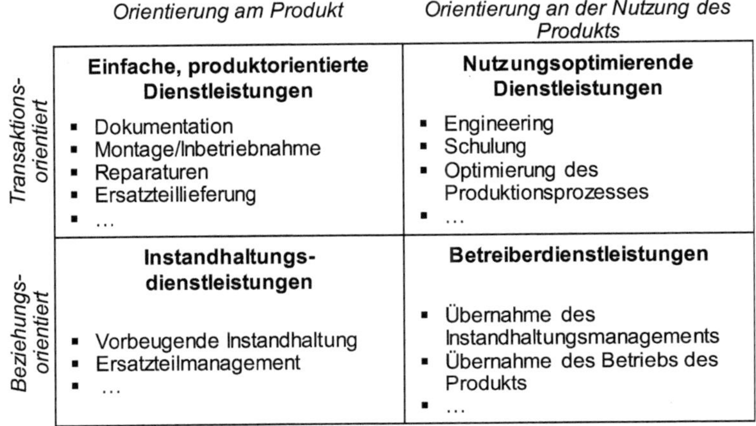

Abbildung 8: Systematisierung industrieller Dienstleistungen (Oliva und Kallenberg 2003, S. 168)

Einfache, produktorientierte Dienstleistungen haben zum Ziel, Eigenschaften eines Produkts zu ändern und werden in der Regel durch einzelne Transaktionen erbracht. Instandhaltungsleistungen haben das Ziel, Eigenschaften des Produkts zu erhalten oder zu verbessern, um somit die Funktionsfähigkeit langfristig sicherzustellen. Derartige Leistungen werden in der Regel im Rahmen längerfristiger Vertragsverhältnisse erbracht. Nutzungsoptimierende Dienstleistungen hingegen sind eher auf die Nutzung des Objekts ausgerichtet und beziehen sich nicht direkt auf das Produkt, sondern auf das nutzende System. Diese Leistungen werden in der Regel im Rahmen von Einzelleistungen erbracht. Betreiberleistungen stellen hingegen eine Form der Dienstleistung dar, die auch auf die Nutzung eines Objekts ausgerichtet ist, für die eine langfristigere Ausrichtung der Geschäftsbeziehung z.B. in Form von Rahmenverträgen etc. charakteristisch ist (vgl. Luczak und Hoeck 2004, S. 79).

2.3.3 Instandhaltung als technische Dienstleistung

Der Fokus der vorliegenden Arbeit liegt auf der Instandhaltung von Investitionsgütern; sie ist somit dem Betrachtungsfeld der rein investiven, sachbezogenen, technischen Primärdienstleistungen zuzuordnen. Unter Instandhaltung wird die *„Kombination aller technischen und administrativen Maßnahmen sowie Maßnahmen des Managements während des Lebenszyklus einer Einheit, die dem Erhalt oder der Wiederherstellung ihres funktionsfähigen Zustands dient, so dass sie die geforderte Funktion erfüllen kann […]"* gefasst (vgl. DIN 31051). Je nach Objekt und Lebenszyklusphase können Instandhaltungsmaßnahmen unterschiedliche Arbeitsinhalte bedingen bzw. unterschiedliche Zielsetzungen verfolgen. Die übergeordnete Zielsetzung von Instandhaltungsmaßnahmen liegt in der Verzögerung der Abnutzungsgeschwindigkeit, der Vermeidung von Zerstörung und Verfall oder dem Auffüllen des Abnutzungsvorrats eines Instandhaltungsobjekts (vgl. Strunz 2012, S. 2 f.), um die Verfügbarkeit, Lebensdauer oder Sicherheit von Produktionsfaktoren für Sach- oder Dienstleistungen zu optimieren. Die in diesem Zusammenhang relevanten Begriffe und Arbeitsinhalte werden in Anlehnung an DIN 31051 in Abbildung 9 systematisiert. Als Betrachtungseinheit wird „jedes Bauelement, -gerät, Teilsystem, jede Funktionseinheit, jedes Betriebsmittel oder System, das für sich allein betrachtet werden kann" angeführt[34].

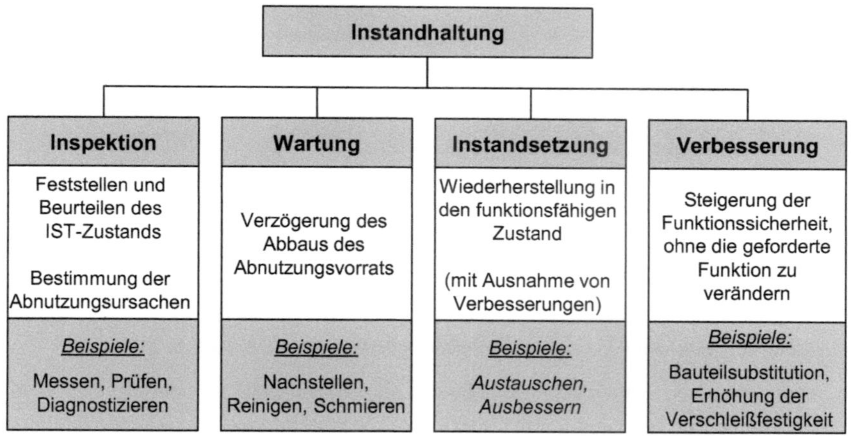

Abbildung 9: Systematisierung zentraler Instandhaltungsinhalte (in Anlehnung an DIN 31051)

In Analogie zu den technischen Dienstleistungen können Instandhaltungsleistungen grundsätzlich durch unternehmensinterne oder -externe Stellen erbracht werden. Zum einen können Kunden die Instandhaltungsleistungen von den Anlagenherstellern beziehen. Viele Hersteller haben eigene Serviceeinheiten, die Instandhaltungsleistungen für ihre eigenen, aber auch für Produkte anderer Hersteller, anbieten. Zum anderen können Kunden auf das Leistungsangebot herstellerunabhängiger Instandhaltungsdienstleister zurückgreifen. Diese weisen teils erhebliche Unterschiede in Bezug auf Unternehmensgröße und Art des Leistungsspektrums auf. Eine anschauliche Systematisierung der Anbietertypen von Instandhaltungsleistungen ist in Abbildung 10 dargestellt.

[34] Für eine Übersicht der zentralen wichtigsten Instandhaltungsarten gegliedert nach Ausführungszeitpunkt, -ort, -funktion und -person sei an dieser Stelle auf DIN EN 13306 oder Schenk (2010) verwiesen.

Je nach Größe, Produktspektrum und organisatorischer Ausrichtung der Unternehmen haben sich in der Praxis neben den Extrempolen der Eigen- und Fremdinstandhaltung unterschiedliche kooperativ ausgerichtete Mischformen der Instandhaltungsorganisation etabliert (vgl. Wald 2003, Gassner 2013).

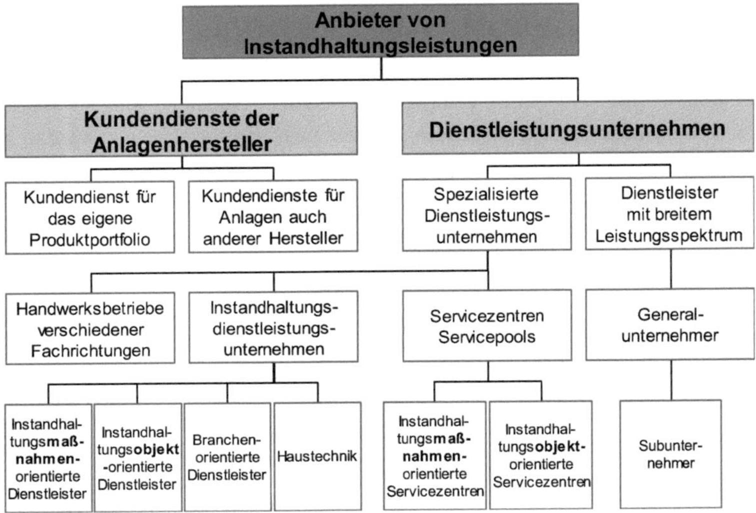

Abbildung 10: Anbieter von Instandhaltungsdienstleistungen (Wald 2003, S. 23)

In Abgrenzung zu persönlich-interaktiven Dienstleistungen, bei denen sich Leistungserstellung und -konsum direkt auf die persönliche Interaktion zwischen Anbieter und Nachfrager der Leistung beziehen (vgl. Casagranda 1994, S. 64 ff.), steht bei technischen Instandhaltungsdienstleistungen die Veränderung von Eigenschaften physischer Güter unter Einbeziehung technischer Ressourcen und Fähigkeiten im Vordergrund.

Um die Menge der technischen Ressourcen und Fähigkeiten erfassen zu können, die Instandhaltungsdienstleister zur Leistungserstellung benötigen, gilt es zunächst das **Produktionsfaktorsystem technischer Dienstleistungen** allgemein und das von Instandhaltungsdienstleistungen im Speziellen zu definieren. Das Produktionsfaktorsystem technischer Dienstleistungen beschreibt eine Menge von Input- und Outputfaktoren, die im Rahmen von Transformationsprozessen umgesetzt werden (vgl. Zäpfel 1982, S. 2 ff.). Als **Inputfaktoren** werden in Analogie zur Sachleistungsproduktion diejenigen materiellen und immateriellen Güter bezeichnet, die in den **Faktorkombinationsprozess** eingehen und dort im Rahmen der Bearbeitung eines extern eingebrachten Faktors ge- oder verbraucht werden (vgl. Corsten und Gössinger 2007, S. 111). Der Faktorkombinationsprozess der Dienstleistungsproduktion lässt sich in die Phasen der Vor- und der Endkombination aufgliedern (vgl. Corsten 1984, S. 253 ff.). Während im Zuge der **Vorkombination** Kundenwünsche antizipiert, der Leistungsbedarf abgeleitet und die zur Leistungserstellung erforderlichen technischen Ressourcen und Fähigkeiten entwickelt bzw. bereitgestellt werden, erfolgt im Rahmen der **Endkombination** die Dienstleistungsproduktion im eigentlichen Sinne (vgl. Maleri und Frietzsche 2008, S. 195 ff.; Corsten und Gössinger 2007, S. 128 f.) (vgl. Abbildung 11). Der Output einer technischen Dienstleistung besteht in der Regel in der Änderung einer Eigenschaft des extern eingebrachten Faktors (vgl. Corsten und Gössinger 2007, S. 129).

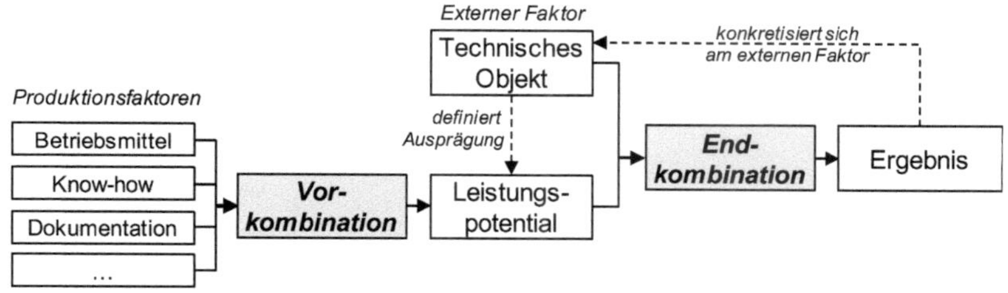

Abbildung 11: Produktionsmodell der technischen Dienstleistung Instandhaltung (in Anlehnung an Brumby 2010, S. 25)

2.3.4 Technische Leistungspotentiale für Instandhaltungsdienstleistungen

Der Fokus der vorliegenden Arbeit ist auf den Prozess der Analyse und Gestaltung **technischer Leistungspotentiale** gerichtet. Der *Leistungspotential*-Begriff ist eng mit dem englischen Begriff *Capability* verknüpft, geht aber über das deutschsprachige Verständnis von Fähigkeiten hinaus, da es auch physische Ressourcen umfasst (vgl. Stalk et al. 1992; S. 57 ff.). Ewald (1989, S. 13) definiert Leistungspotentiale als die Menge aller Aktionsmöglichkeiten eines Unternehmens. Ein ähnliches Verständnis liegt dem *Technologiepotential*-Begriff zugrunde (vgl. Binder und Kantowsky 1996, S. 70 f., Pelzer 1999, S. 9). Als Technologiepotential bezeichnen Binder und Kantowsky die unternehmensspezifische technische Problemlösungskompetenz, die auf „Wissen und Fähigkeiten in den Bereichen Produkt- und Prozesstechnologie" basiert und auf organisationale Lernprozesse zurückzuführen ist. Im Dienstleistungskontext werden als Leistungspotential die zur Sicherstellung der internen Leistungsbereitschaft erforderlichen technischen Ressourcen und Fähigkeiten bezeichnet (vgl. u.a. Corsten und Gössinger 2007; Schmitz 2005, S. 872)[35]. Diese Definition ist an das ingenieurwissenschaftliche Verständnis des Potentialbegriffs angelehnt, wonach das Potential „ [...] die Gesamtheit der Möglichkeiten eines Unternehmens, eine Nachfrage nach Problemlösungen (Produkten) erfüllen zu können [...]" (vgl. Sontow

[35] Luczak und Sontow (1998, S. 278 f.) verwenden in diesem Zusammenhang den Begriff *Ressourcenaggregate*.

2000, S. 20 f. in Anlehnung an VDI 2220, S. 2 ff.). In der Literatur zu technischen Dienstleistungen werden eine Vielzahl von Ressourcen und Fähigkeiten angeführt, die für die Leistungserstellung erforderlich sind. Diese werden in Abbildung 12 systematisiert.

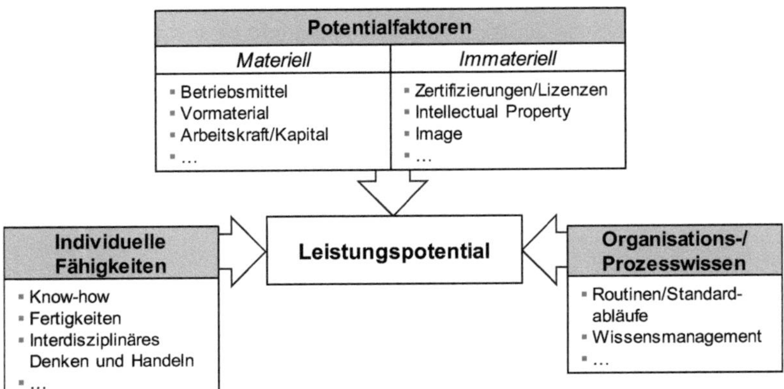

Abbildung 12: Elemente des technischen Leistungspotentials (in Anlehnung an Kersten et al. 2013b, S. 58)

Ein zentrales Element des technischen Leistungspotentialbegriffs stellen **materielle Ressourcen** dar. So müssen technische Dienstleistungsbetriebe in der Regel über *Betriebsmittel* (z.B. Prüfmittel), *Hilfsmittel* (z.B. Transport- oder Hebezeuge), *Vormaterial* bzw. *Ersatzteile* aber auch *Kapital* und *Arbeitskräfte* verfügen, um Leistungen bereitzustellen (vgl. u.a. Luczak und Sontow 1998, S. 274 ff.; Tsang 2002, S. 8; Kuster 2004, S. 8; Glenn 2010, S. 163). Zudem sind **immaterielle Ressourcen**, wie z.B. Lizenzen, Zertifizierungen, technische Dokumentation und Information erforderlich.

Neben Ressourcen müssen technische Dienstleister über **individuelle und organisationale Fähigkeiten** verfügen. Die besondere Bedeutung von Wissen für die Erstellung (technischer) Dienstleistungen allgemein und Instandhaltungsdienstleistungen im Speziellen wird nicht nur in der Literatur betont (vgl. u.a. Krallmann und Hoffrichter 1998, S. 255; Tsang 2002, S. 20; Kleinaltenkamp und Frauendorf 2006, S. 360 f.), sondern wird auch empirisch belegt (vgl. Brumby 2010, S. 14 ff.). In diesem Zusammenhang werden zudem die Merkmale *Mitarbeiterqualifikation* (vgl. Homburg und Garbe 1996a, S. 73; Termath und Studetz 2010, S. 289 ff.) und *-motivation* (vgl. Freund 2010, S. 9) für die Erbringung von technischen Dienstleistungen bzw. Instandhaltungsleistungen betont. Neben technischem Sachverstand und Fertigkeiten sind interdisziplinäres Denken und kooperatives Arbeiten zentrale Anforderungen, die Mitarbeiter von Instandhaltungsdienstleistern erfüllen müssen (vgl. Kuhn et al. 2006, S. 20; Zangemeister 2010, S. 11; Horn 2009, S. 256). Unter dem Begriff der organisationalen Fähigkeiten werden im Kontext technischer Dienstleistungen organisationale Standardabläufe, Routinen oder Wissensmanagementsysteme gefasst, die zur zielgerichteten Kombination der technischen Ressourcen und Fähigkeiten erforderlich sind. Die Zusammensetzung, Ausprägung und relative Bedeutung der Elemente des technischen Leistungspotentials können in Abhängigkeit des Einsatzzwecks sehr unterschiedlich ausfallen (vgl. Casagranda 1994, S. 56; Kleinaltenkamp et al. 2004, S. 631).

Das **technische Leistungspotential** beschreibt die interne Leistungsbereitschaft eines technischen Dienstleistungsunternehmens und damit dessen Vermögen zur strukturierten Problemlösung. Das technische Leistungspotential manifestiert sich in der Kombination materieller und immaterieller Ressourcen sowie der im Unternehmen verfügbaren individuellen, organisationalen und prozessualen Fähigkeiten.

In Analogie zu Produkten oder Technologien durchlaufen auch Ressourcen und Fähigkeiten bzw. Leistungspotentiale unterschiedliche Lebenszyklusphasen (vgl. z.B. Helfat und Peteraf 2003, S. 1004 f. - siehe Abbildung 13).

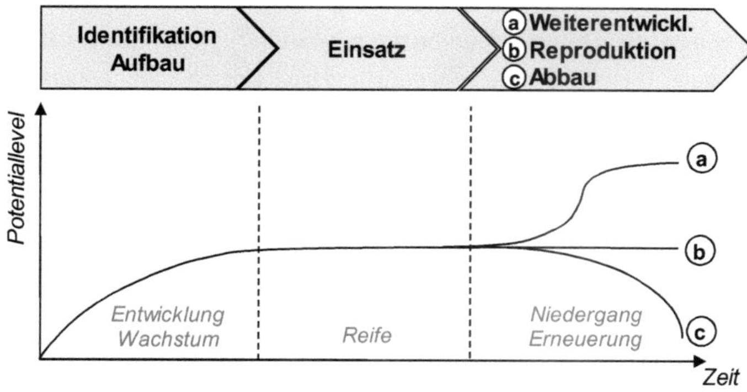

Abbildung 13: Lebenszyklus technischer Leistungspotentiale

In der Aufbau- und Entwicklungsphase sind die Elemente des Leistungspotentials zunächst zu identifizieren und für den jeweiligen Anwendungsfall zu kombinieren (z.B. zerstörungsfreie Rissprüfung von Großwälzlagern). Im Zuge erster Anwendungsfälle stellen sich Lerneffekte ein, die mit einer Verbesserung des Leistungsvermögens einhergehen. In der Reifephase wird schließlich die physikalische Leistungsgrenze erreicht. Danach ist kontinuierlich zu prüfen, ob das Leistungspotential weiterentwickelt werden kann (z.B. durch die Beschaffung eines leistungsfähigeren Betriebsmittels oder die Aktualisierung von Qualifizierungsmaßnahmen) oder ob die Ressourcen und Fähigkeiten nicht mehr benötigt werden und abgebaut werden können. Die Lebensdauer der technischen Leistungspotentiale kann die Lebensdauer der Produkte, für deren Bearbeitung sie eingesetzt werden, durchaus übersteigen. Zudem können sich die Elemente des technischen Leistungspotentials isoliert betrachtet in unterschiedlichen Lebenszyklusphasen befinden. Da es sich bei technischen Leistungspotentialen jedoch stets um Bündel von Ressourcen und Fähigkeiten handelt, können sie (zumindest ungefähr) einer Lebenszyklusphase zugeordnet werden.

2.4 Technologieorientierte Gestaltung der Leistungstiefe

Den Ausgangspunkt der vorliegenden Arbeit bildet ein Entscheidungsproblem, das dem Forschungsfeld der taktischen bzw. strategischen Gestaltung der betrieblichen Leistungstiefe zuzuordnen ist. Daher werden im folgenden Abschnitt die zentralen Begriffe und Theorien skizziert. Anschließend werden unterschiedliche Entscheidungsdimensionen diskutiert und Konzepte zur Entscheidungsunterstützung vorgestellt.

Im Rahmen der betrieblichen Leistungserstellung bieten sich Unternehmen grundsätzlich zwei Handlungsalternativen: Zum einen können die Leistungen unter Verwendung intern vorhandener Ressourcen und Fähigkeiten selbst erstellt und zum anderen von externen Unternehmen bezogen werden[36]. Neben physischen Produkten können auch Dienstleistungen Gegenstand von Entscheidungen über die Leistungstiefe sein. Zudem können derartige Entscheidungen die Bereitstellung von Vorprodukten aber auch die Eingliederung bzw. Auslagerung ganzer Unternehmensbereiche bzw. -funktionen (wie z.B. Logistikdienstleistungen) betreffen.

2.4.1 Begriffsabgrenzung

Die **Begriffsvielfalt** im Kontext der Entscheidung über Eigenerstellung oder Fremdbezug von Leistungen ist groß; Begriffe wie *Wertschöpfung*, *Fertigungs-/Leistungstiefe*, *vertikale (Vorwärts-/Rückwärts-)Integration* oder *Outsourcing* werden in Literatur und Praxis häufig und zum Teil synonym verwendet. Als ***Wertschöpfung*** wird nach Picot (1992, S. 105) die Differenz der resultierenden Gesamtleistung und der bezogenen Vorleistungen bezeichnet. Sie stellt den durch ein Unternehmen erzeugten Mehrwert dar, sei es in Form eines physischen Fertigerzeugnisses oder einer Dienstleistung. Die Begriffe ***Fertigungs-*** bzw. ***Leistungstiefe*** hingegen stellen Indikatoren für die Anzahl der Prozessstufen dar, für deren interne Erstellung ein Unternehmen die erforderlichen Ressourcen und Fähigkeiten vorhält. Die Leistungstiefe kann durch ***vertikale Integration*** erhöht bzw. durch Ausgliederung von Prozessstu-

[36] Zwischen den Extrempolen Eigenerstellung und Fremdbezug gibt es weitere Gestaltungsalternativen, wie z.B. die *Kooperation* oder die *simultane Fremd- und Eigenerstellung* (auch: *Concurrent sourcing*).

fen reduziert werden[37] (vgl. Irle 2011, S. 17). Der ***Grad der vertikalen Integration*** entspricht der Anzahl beherrschter Prozessstufen. Die Begriffe Wertschöpfung und Leistungstiefe sind lediglich indirekt verknüpft; so kann die optimale Leistungstiefe eines Unternehmens eine hohe oder geringe Wertschöpfung implizieren. Mit ***Outsourcing*** wird ein Konzept zur Steuerung der Leistungstiefe bezeichnet, das die langfristige Auslagerung von Prozessschritten auf externe Unternehmen zum Ziel hat. In Erweiterung der beschriebenen Begriffe umfasst Outsourcing[38] zudem die Auswahl geeigneter Bereitstellungsformen sowie organisatorischer und vertraglicher Kooperationsarten. Vor diesem Hintergrund wird ersichtlich, dass die durch den häufig verwendeten Begriff *Make-or-Buy* suggerierte binäre Entscheidung zwischen Eigenerstellung und Fremdbezug die Unternehmensrealität nur unzureichend beschreibt. So wird in der Literatur darauf verwiesen, dass es sich bei den Gestaltungsoptionen der Leistungstiefe vielmehr um ein Spektrum als um eine „Entweder-oder"-Entscheidung handelt (vgl. Picot 1992, S. 107 f.; Mikus 2009, S. 64 f. - vgl. Abbildung 14).

Interne Leistungserstellung	Partielle Integration (Kombinierte interne und externe Leistungserstellung)					**Externe Leistungserstellung**
	Tochtergesellschaft	Joint-Venture	Langfristige Kooperation	Langfristige Rahmenverträge	Kurz-, mittelfristige vertragliche Regelungen	

Abnehmender Grad vertikaler Integration →

Abbildung 14: Formen der Bereitstellung (vgl. Hinterhuber 2011, S. 147)

2.4.2 Einflusssphären der Leistungstiefengestaltung

Anhand der skizzierten Chancen und Risiken der Leistungstiefengestaltung wird ersichtlich, dass es sich um ein komplexes Entscheidungsproblem handelt, das nicht nur Auswirkungen auf verschiedene Unternehmensbereiche hat, sondern auch sämtliche Ebenen der Unternehmensplanung beeinflusst. So lassen sich Leistungstiefenentscheidungen anhand ihrer Granularität und Betrachtungsperspektive in **kurz- und langfristige** (vgl. z.B. Männel 1981, S. 83 ff.) bzw. **operative**, **taktische** und **strategische** Entscheidungen (vgl. Probert 1997, S. 13; Mikus 2009, S. 14 ff.; Berlien 1993, S. 111 ff.) gliedern (vgl. Abbildung 15).

Strategische Entscheidungen über die Leistungstiefe haben einen langfristigen Planungshorizont und betreffen die systematische Planung von Eigen- und Fremd-

[37] *Rückwärtsintegration* bedeutet in diesem Zusammenhang die Eingliederung vorgelagerter, d.h. Lieferanten-seitiger Prozessstufen; als *Vorwärtsintegration* wird die Einbindung nachgelagerter, d.h. kundenseitiger Prozessstufen bezeichnet.

[38] engl.: Abkürzung für „outside resource using"; zum Outsourcing-Begriff vgl. u.a. Kalaitzis und Kneip (1997, S. 10 ff.).

leistungsanteilen (vgl. u.a. Mikus 2009, S. 64 ff.). Kapazitätsrestriktionen spielen in diesem Zusammenhang lediglich eine untergeordnete Rolle. Picot (1992, S. 106) argumentiert, dass Leistungstiefenentscheidungen stets mit langfristigen Implikationen für das betrachtete Unternehmen einhergehen. Im Rahmen der **taktischen** Leistungstiefengestaltung werden die strategischen Vorgaben auf Produkt- und Prozessebene übertragen bzw. in konkrete Anwendungsfälle übersetzt (vgl. Mikus 2009, S. 94 ff.). Sie haben einen mittelfristigen Planungshorizont. Bei **operativen Entscheidungen** über die Leistungstiefe handelt es sich um kurzfristig orientierte, oftmals konjunkturell bedingte Anpassungsentscheidungen mit dem Ziel etwaige Überkapazitäten zu nutzen oder im Falle ausgelasteter Kapazitäten die Wertschöpfungsquote zu optimieren. Aufgrund der kurzfristigen Unveränderbarkeit der Kapazitäten werden diese bei der Entscheidung als konstant angenommen (vgl. Berlien 1993, S. 85 f.).

Entscheidung / Merkmal	operativ	taktisch (*Fokus der Arbeit*)	strategisch
Planungsprämisse	Effizienz und Effektivität des Ressourceneinsatzes	Identifikation und Entwicklung technischer Leistungspotentiale	Erschließung von Wettbewerbsvorteilen
Planungshorizont	kurzfristig	mittel-/langfristig	langfristig
Planungsperspektive	Ressourcen-orientiert	Ressourcen-/ Markt-orientiert	Ressourcen-/ Markt-orientiert
Steuergrößen	z.B. Kosten, Kapazität	Eigenleistungsquote	z.B. Marktanteil, Gewinn
Zielsetzung/ Gegenstand der Planung	Ein-/ Ausgliederung von Leistungen zur Kapazitätsnivellierung	Konkretisierung der strategischen Planung; Ein-/ Ausgliederung von Leistungspotentialen	Langfristplanung der Eigenleistungsquote; Definition von Zielmärkten und -kunden
Datenbasis	quantitativ	qualitativ/ quantitativ	qualitativ/ quantitativ
Planungskomplexität	gering	mittel/hoch	hoch
Reversibilität	einfach	mittel	schwer

Abbildung 15: Abgrenzung relevanter Planungsfälle (in Anlehnung an Mikus 2009, S. 15)

Die Planungsfälle sind jedoch nicht immer eindeutig voneinander abgrenzbar. Vielmehr haben auch operative Leistungstiefenentscheidungen eine strategische Dimension. Dies wird anhand der zahlreichen Gestaltungsfelder deutlich, die durch Entscheidungen über die Leistungstiefe beeinflusst werden (vgl. Mikus 2009, S. 17 f.; Picot 1992, S. 105 f.). So haben technologieorientierte Leistungstiefenentscheidungen u.a. Einfluss auf die Kapazitäts- und Ressourcenplanung, den Auf- und Abbau technologischer Kompetenz, die Kapitalbindung, die Beschäftigungssituation, die Kostenposition sowie auf Standortentscheidungen und die produktionswirtschaftliche Flexibilität (vgl. Picot 1992, S. 105 f.). Aufgrund der strategischen Dimension und der Vielzahl der Gestaltungsfelder ist es zielführend, dass der Entscheidungsprozess durch das Management unter Einbindung abteilungs-/funktionsübergreifender Entitäten gesteuert wird (vgl. Andreas und Reichle 1988, S. 24; Mikus 2009, S. 15 f.).

2.4.3 Motive der Eigen- und Fremderstellung

Die Entscheidung, ob (Teil-)Leistungen intern erstellt oder fremd bezogen werden sollen, stellt sich Unternehmen unabhängig von Größe oder Branche in regelmäßigen Abständen und kann unterschiedliche Motive bzw. Auslöser[39] haben. In der Regel sind es **kostenorientierte** oder **strategische** Überlegungen, die der Make-or-Buy-Betrachtung zugrunde liegen (vgl. Männel 1981; Andreas und Reichle 1988). Weisen externe Unternehmen z.B. **komparative Kostenvorteile** gegenüber dem betrachteten Unternehmen auf, kann die Fremdvergabe der Leistung vorteilhaft sein. Gleichzeitig können kapazitative Gründe für oder gegen eine externe Leistungserstellung sprechen. Im Falle vorhandener **Überkapazitäten** kann durch die Eingliederung von bislang extern erstellten Leistungen zusätzliche Einlastung zur Deckung der Fixkosten generiert werden. Gleiches gilt für den Fall voll ausgelasteter Kapazitäten; in diesem Fall kann durch die Ausgliederung von Leistungen die Wertschöpfungsquote optimiert werden. Ein weiteres Motiv für die Fremdvergabe kann darin bestehen, dass Unternehmen die zur Leistungserstellung erforderlichen Ressourcen und Fähigkeiten intern nicht vorhalten. In diesem Fall ist abzuwägen, ob der interne Aufbau bzw. Unterhalt der Ressourcen und Fähigkeiten mittel- und langfristig vorteilhaft ist.

In Literatur und Praxis werden eine Vielzahl von Motiven sowie **Chancen und Risiken** aufgeführt, die mit einer großen Leistungstiefe einhergehen (vgl. hierzu u.a. Picot 1992, S. 110; Männel 1981, S. 60 ff.; Kalaitzis und Kneip 1997, S. 20; Haller 2012, S. 244 ff.; Ulrich und Ellison 2005, S. 317). Eine Übersicht der Chancen und Risiken der internen bzw. externen Leistungserstellung wird in Tabelle 1 dargestellt.

Eine **fehlgeleitete Gestaltung der Leistungstiefe** kann im Extremfall zum Verlust der Wettbewerbsfähigkeit führen. Diese Gefahr besteht insbesondere dann, wenn ein Unternehmen Teilprozesse mit einem geringen Differenzierungspotential (z.B. Stan-

---

[39] Eine Auflistung von Auslösern für Make-or-Buy-Analysen wird bei Männel (1981, S. 30) und Mikus (2009, S. 34) aufgeführt.

dardleistungen) intern erbringt, während es spezifische Leistungen fremdbezieht (vgl. Picot 1992, S. 110). Weiterhin bestehen Gefahren im etwaigen Know-how-Transfer, der im Zuge der Auslagerung notwendig ist.

Tabelle 1: Chancen und Risiken der Leistungstiefengestaltung

Interne Leistungserstellung	**Externe Leistungserstellung**
Vorteile/Chancen	***Vorteile/Chancen***
+ Aufbau und Sicherung technologiespezifischen Know-hows + Vollständige Kontrolle über den Leistungserstellungsprozess (u.a. Qualitätshoheit) + Keine Transaktions-/Koordinationskosten	+ Nutzung von externem (Spezial-) Know-how + Nutzung externer Kosten- und/oder Qualitätsvorteile + Reduzierung der Kapitalbindung + Fokussierung auf Kernkompetenzen des Unternehmens + Verlagerung des unternehmerischen Risikos
Nachteile/Risiken	***Nachteile/Risiken***
- Höhere Bindung von Kapital- und Managementressourcen - Geringere produktionswirtschaftliche Flexibilität - ggf. Kostennachteile infolge komparativer Kostennachteile	- Abhängigkeit von externen Dienstleistern (z.B. Versorgungs-/Lieferengpässe, Preisinstabilität) - Verlust der Eigenleistungskompetenz - Risiko durch Know-how-Transfer - Erhöhter Koordinationsaufwand

2.4.4 Rationalität der Leistungstiefenentscheidung

Zur Unterstützung von Entscheidungen über die Leistungstiefengestaltung werden in der Literatur verschiedene Planungsansätze beschrieben: Neben kostenrechnerischen (vgl. Männel 1981, S. 70 ff.; Andreas und Reichle 1988, S. 27 ff.) und transaktionskostenorientierten Ansätzen (vgl. u.a. Picot 1992, S. 112 ff.; Picot et al. 2008, S. 42 ff.) liefern auch die in Abschnitt 2.1.2 eingeführten RBV und CBV einen konzeptionellen Rahmen für Leistungstiefenentscheidungen[40]: Die den Ansätzen zugrunde liegende Kernthese, dass Unternehmen über strategisch relevante und weniger relevante Ressourcen und Fähigkeiten verfügen, liefert die Entscheidungsgrundlage für Eigenerstellung und Fremdbezug. So sind insbesondere solche (Teil-) Leistungen intern zu erstellen, die den Aufbau bzw. Erhalt von Wettbewerbsvorteilen ermöglichen. Oftmals handelt es sich dabei um Leistungen, die eine hohe Spezifität aufweisen und zu deren Erstellung insbesondere *immaterielle* Ressourcen und Fähigkeiten erforderlich sind. Die Erstellung normierter Standardleistungen kann hingegen intern oder extern erfolgen. Ein Nachteil des Einsatzes RBV- oder CBV-basierter Konzepte besteht darin, dass die Identifikation der internen Kernkompetenzen nicht

[40] Picot (1992, S. 107 bzw. S. 110 f.) nennt mit *heuristischen Verfahren* noch eine weitere Kategorie.

immer problemlos möglich ist. Darüber hinaus ist jede Entscheidungssituation mit kontextabhängigen Faktoren verbunden, die die Verfolgung der empfohlenen Normstrategien unter Umständen konterkarieren (vgl. Mikus 2009, S. 68 ff.)[41].

Bei der Interpretation von Entscheidungen über die strategische Leistungstiefe sind Einflussfaktoren zu berücksichtigen, die die Rationalität der Entscheidungen begrenzen. Beim Einsatz **kostenrechnerischer Methoden** kann durch die Einbeziehung entscheidungsirrelevanter Kosten eine systematische Verzerrung der Ergebnisse resultieren. Dies ist insbesondere dann der Fall, wenn die *Vollkosten* des Fremdbezugs variablen *Teilkosten* der Eigenleistung gegenüber gestellt werden (vgl. Männel 1981, Picot 1992). Zudem können unternehmenspolitische Erwägungen zu einer Übervorteilung der Eigenfertigungskompetenzen führen. So verfolgen Produktionsleiter in der Regel die Zielsetzung, die vorhandenen Kapazitäten möglichst weitgehend auszulasten, um nicht Gegenstand von Rationalisierungsmaßnahmen zu werden (vgl. Picot 1992, S. 109). Weiterhin kann „Technikverliebtheit" insbesondere von Entscheidungsträgern in Technologieunternehmen zu einer systematischen Übergewichtung der Eigenleistungsanteile führen. Oftmals ist eine „Wir-können-alles"- bzw. „Wir-können-es-selbst-am-besten/günstigsten"-Mentalität in der Unternehmenspraxis auszumachen und führt zu suboptimalen Leistungstiefenstrategien (vgl. Picot 1992, S. 110 f.)[42].

2.5 Methoden zur Lösung von Entscheidungsproblemen

Wirtschaftliches Handeln ist unmittelbar mit dem Treffen von **Entscheidungen** verbunden (vgl. Zahn und Schmid 1996, S. 25). Schweitzer (2004, S. 54) definiert in diesem Zusammenhang Wirtschaften als „Entscheiden über knappe Güter in Betrieben". Voraussetzung für eine Entscheidung ist das Vorliegen eines **Entscheidungsproblems**. Dieses besteht darin, dass unter verschiedenen Handlungsalternativen diejenige ausgewählt werden muss, die ein zugrunde liegendes Zielsystem optimal bzw. bestmöglich erfüllt (vgl. Schweitzer 2004, S. 54). In der Literatur wird eine Vielzahl von Bewertungsmethoden beschrieben, die im Rahmen von Lösungsverfahren für einfache und komplexe Entscheidungsprobleme zum Einsatz kommen. Derartige Verfahren unterstützen Entscheider bei der Beurteilung der Vorteilhaftigkeit einer oder mehrerer Handlungsalternativen und lassen sich hinsichtlich der ihnen zugrunde liegenden Zielsetzungen und der Art und Qualität der einbezogenen Informationen differenzieren.

---

[41] Die Fremdvergabe einer strategisch nicht relevanten (Teil-)Leistung ist z.B. dann nicht vorteilhaft, wenn damit ein Know-how-Verlust verbunden ist oder monopolistische Strukturen in Beschaffungsmärkten entstehen.

[42] Zur Rationalität von Make-or-Buy-Entscheidungen siehe auch Irle (2011).

So können in Abhängigkeit der Anzahl betrachteter Zielkriterien **ein-** und **mehrdimensionale Bewertungsmethoden** unterschieden werden (vgl. Specht et al. 2002, S. 216). Während sich **eindimensionale** Bewertungsmethoden an einer Zielgröße orientieren (z.B. *Kosten*), weisen die meisten Entscheidungsprobleme eine Vielzahl unterschiedlicher Zieldimensionen auf, die bei der Bewertung zu berücksichtigen sind. Mit Hilfe **mehrdimensionaler** Bewertungsmethoden können auch komplexe Entscheidungsprobleme ganzheitlich beschrieben werden. Dabei gilt es jedoch zu beachten, dass mit steigender Anzahl einbezogener Zieldimensionen die Komplexität der Bewertungsmethode zunimmt, was die Qualität der Entscheidung negativ beeinflussen kann (vgl. Vahs und Burmester 2005, S. 191).

Grundsätzlich kann eine Bewertung anhand quantitativer oder qualitativer Informationen erfolgen. Als *quantitative* Informationen werden in diesem Zusammenhang alle parametrisierten Größen bezeichnet, die z.B. in Form von (Kenn-)Zahlen oder monetären Einheiten vorliegen. Alle nicht direkt quantifizierbaren Informationen werden als *qualitativ* bezeichnet und liegen in Form von natürlichsprachigen Aussagen (z.B. *hoch*, *mittel*, *gering*) vor. Der Einsatz der jeweiligen Methoden ist davon abhängig, welche Art von Informationen zum Bewertungszeitpunkt in der geeigneten Form vorliegt. Neben dem Informationszugang des Anwenders ist die Art der einzubeziehenden Informationen vom Planungshorizont bzw. Reifegrad des Bewertungsobjekts abhängig. Je geringer der Reifegrad einer zu bewertenden Technologie ist, desto weniger quantitative Informationen (z.B. in Form von Erfahrungs- oder Messwerten) stehen zur Verfügung; in diesem Fall muss die Bewertung anhand qualitativer Informationen erfolgen. Die in Literatur und Praxis beschriebenen Methoden lassen sich in **qualitative, semi-quantitative, quantitative Methoden** sowie **Ergänzungsmethoden** klassifizieren (vgl. Anhang III).

2.5.1 Qualitative Methoden

Qualitative Bewertungsmethoden ermöglichen die Berücksichtigung schwer oder nicht quantifizierbarer Entscheidungskriterien. So können auch z.B. technische, soziale oder ökologische Aspekte eines Entscheidungsproblems in der Bewertung berücksichtigt werden (vgl. Vahs und Burmester 2005, S. 191). Bei qualitativen Methoden können ganzheitliche Methoden der Präferenzbildung sowie analytische Methoden unterschieden werden (vgl. Specht et al. 2002, S. 216; Vahs und Burmester 2005, S. 195). Zu den **ganzheitlichen Verfahren der Präferenzbildung** werden u.a. die **intuitive Komplexbewertung** und **Methoden dialektischer Bewertung** gezählt. Ziel der intuitiven Komplexbewertung ist es, eine Priorisierung von Projektalternativen vorzunehmen. Die Priorisierung erfolgt dabei nicht z.B. durch analytische Herleitung mit Hilfe eines Kriteriensystems, sondern durch den Gesamteindruck eines Einzelnen oder einer Gruppe von Entscheidungsträgern. Zur Rangfolgebildung werden in der Regel einfache Einstufungssystematiken, Rangfolgesysteme oder Paarvergleiche herangezogen (vgl. Specht et al. 2002, S. 217). Das Prinzip der **Methoden dialektischer Bewertung** besteht in der Abwägung von Pro- und Contra-Argumenten und ist im Grunde allen bekannten Bewertungsansätzen immanent. Die Güte der Bewertung ist dabei in erster Linie von der Schlüssigkeit der zugrunde liegenden Argumentationsketten abhängig. Als Beispiel für diese Methodenkategorie kann die **Argumentenbilanz** nach Wildemann (1987, S. 64 ff.) angeführt werden.

Im Gegensatz zu Verfahren der Präferenzbildung basieren **analytische Bewertungsmethoden** auf vordefinierten multidimensionalen Kriteriensystemen, die eine Aufgliederung einer Problemstellung in Teilprobleme und somit eine differenzierte und ganzheitliche Erfassung eines Entscheidungsproblems ermöglichen (vgl. Specht et al. 2002, S. 219 f.). Ein einfaches Beispiel für analytische Methoden stellen **Checklisten** dar, die obligatorische und fakultative Prüfkriterien sowie K.O.-Kriterien aggregieren. Darüber hinaus werden **Portfoliomethoden** zu den analytisch-qualitativen Methoden gezählt, wenngleich sie je nach Art der Operationalisierung auch semi-quantitative Charakteristika aufweisen können. Dabei handelt es sich um ein praxisorientiertes Bewertungs- und Kommunikationsinstrument, das zur Entscheidungsunterstützung sowohl operativer als auch strategischer Fragestellungen eingesetzt werden kann (vgl. Wellensiek et al. 2011, S. 150 f.). Ein zentrales Anwendungsfeld von Portfoliomethoden ist das Technologiemanagement. So ist etwa das von Pfeiffer et al. (1982) entwickelte Technologieportfolio in vielen Technologie-orientierten Unternehmen als Analyse- und Planungssystematik etabliert.

2.5.2 Semi-quantitative Methoden

Neben den rein qualitativen Bewertungsmethoden werden in der Literatur Ansätze beschrieben, die auf qualitativen Kriterienkatalogen basieren und mit Hilfe von Punktbewertungsverfahren oder anderen analytischen Methoden parametrisiert und auswertbar gemacht werden. Da diese Methoden sowohl qualitative als auch quantitative Charakteristika aufweisen, werden sie auch als *semi-quantitative* Methoden bezeichnet[43]. Darunter werden Methoden wie z.B. die Nutzwertanalyse, Kostenwirksamkeitsanalyse, Kosten-Nutzen-Analyse oder Analytic Hierarchy Process gefasst.

Die **Nutzwertanalyse** ist eine weit verbreitete Methode zur Lösung mehrdimensionaler Entscheidungsprobleme und wird alternativ auch als Punktbewertungs- oder Sco-

[43] In der Literatur werden für derartige Methoden unterschiedliche Zuordnungskonventionen vertreten. So argumentieren etwa Peters und Zelewski (2004, S. 321 f.), dass diese als qualitativ zu bezeichnen sei, da „keine „echten" qualitativen („metrischen") Informationen verarbeitet" und lediglich „künstlich metrisierte Informationen auf quantitative Weise" ausgewertet würden. Diese Argumentation kann auch für die übrigen hier als semi-quantitativ eingestuften Methoden als gültig angenommen werden. Gleichzeitig klassifizieren u.a. Vahs und Brem (2013) bzw. Specht et al. (2002) derartige Methoden als Schnittmenge der beiden Kategorien, da sie Charakteristika quantitativer und qualitativer Methoden aufweisen.

ring-Methode bezeichnet (vgl. u.a. Vahs und Brem 2013, S. 328 ff.). Ziel der Methode ist es, Handlungsalternativen anhand eines mehrdimensionalen Zielsystems zu beschreiben und vergleichbar zu machen (vgl. Zangemeister 1971, S. 45). Das Prinzip der Methode basiert auf der Transformation qualitativer und quantitativer Kriterien in Nutzenpunkte, die gewichtet zu einem Gesamtnutzwert aggregiert werden. Die Alternative mit dem höchsten Nutzwert stellt die vorteilhafteste dar.

Im Gegensatz zu den nutzwertanalytischen Methoden basiert das Bewertungsprinzip der **Kosten-Nutzen-Analyse** auf der Gegenüberstellung der Kosten einer Entscheidungsalternative mit dem durch sie erzeugten Nutzen (vgl. Haag et al. 2011, S. 329; Mishan 1994, S. 110 ff.). Um Kosten und Nutzen vergleichbar zu machen, werden die qualitativen Entscheidungskriterien in monetäre Größen transformiert und mit Hilfe von Methoden der Investitionsrechnung bewertet (vgl. Mühlenkamp 1994, S. 7 ff.). Die resultierenden Nettonutzwerte liefern schließlich erste Anhaltspunkte für eine Priorisierung der Entscheidungs- oder Projektalternativen. So soll eine möglichst objektive Entscheidungsbasis für den Vergleich von Projekt- oder Investitionsalternativen geschaffen werden (vgl. Röhrle 1997, S. 130 f.). Bei der **Analytic Hierarchy Process**-Methode (kurz: *AHP*) handelt es sich um eine analytische Problemlösungsmethode, die mit der Nutzwertanalyse verwandt ist, jedoch einige Schwachpunkte der Methode aufgreift. So liefert die AHP-Methode eine Systematik, mit der Alternativen anhand einer strukturierten Kriterienhierarchie bewertet und inkonsistente Bewertungen im Rahmen der Entscheidungsfindung vermieden werden können (vgl. Saaty 1980; Saaty 1990; Peters und Zelewski 2004).

2.5.3 Quantitative Methoden

Quantitative Bewertungsansätze erfordern Eingangsparameter in Form numerischer Werte und unterstützen die Beurteilung der Vorteilhaftigkeit von Handlungsentscheidungen anhand von Kennzahlen. Sie weisen in der Regel eine eindimensionale Zielsetzung auf, wie z.B. *Kosten* oder *Zeit* (vgl. Specht et al. 2002, S. 216)[44]. In der Literatur ist eine Vielzahl quantitativer Methoden beschrieben, die zur Lösung von Entscheidungsproblemen anhand monetärer Kriterien eingesetzt werden können. Die Ansätze lassen sich in **Methoden der Kostenrechnung**, **Investitionsrechenmethoden** und **Kennzahlensysteme** untergliedern[45].

Die Verfahren der **Kostenrechnung** lassen sich in Teil- und Vollkostenverfahren, Prozesskostenansätze und Kennzahlensysteme untergliedern. Bei der Vollkosten-

[44] Da im Rahmen der vorliegenden Arbeit anhand einer quantitativen Methode die Frage nach der wirtschaftlichen Vorteilhaftigkeit beantwortet werden soll, ist die Zielgröße eine *monetäre*. Vor diesem Hintergrund werden die Begriffe *quantitativ* und *monetär* im Folgenden synonym verwendet.

[45] Da die Kostenrechnung für sich genommen bereits ein umfassendes Forschungsgebiet darstellt, werden im folgenden Abschnitt die für das Ziel der vorliegenden Arbeit relevanten Elemente eingeführt und diskutiert.

rechnung handelt es sich um eine klassische Kostenrechnungsmethode, die zwischen Einzel- und Gemeinkosten differenziert. In Erweiterung dieses Ansatzes schlüsselt die Teilkostenrechnung die Kosten in fixe und variable Bestandteile auf, um so eine sachlogische Zuordnung zu erreichen, die bei der Vollkostenrechnung nur unzureichend erfolgt (vgl. Horsch 2010, S. 159). Infolge einer fortschreitenden Automatisierung und individualisierter Kundenbedarfe geraten klassische Methoden zunehmend an ihre Grenzen (vgl. Wilkens 2004, S. 497). Ein Grund hierfür ist, dass die Proportionalität von Einzel- und Gemeinkosten nicht mehr klassischen Mustern entspricht. Infolge einer erhöhten Variantenvielfalt bei Sach- und Dienstleistungen steigen die Gemeinkosten, so dass die Aussagen von Zuschlagskalkulationsverfahren zunehmend in Frage zu stellen sind (vgl. Horsch 2010, S. 246). Alternativen zu klassischen Methoden der Kostenrechnung stellen in diesem Zusammenhang die Prozesskostenrechnung oder der Total Cost of Ownership-Ansatz (kurz: *TCO-Ansatz*) dar. Der Prozesskostenansatz ermöglicht eine verursachungsspezifischere Analyse der Gemeinkosten, da die Kostenverrechnung nicht an organisatorisch-hierarchischen Entitäten, sondern an wertschöpfenden Aktivitäten ausgerichtet ist (vgl. Cooper und Kaplan 1991; Plötner et al. 2010, S. 109 f.). Der TCO-Ansatz nimmt dagegen eine Lebenszyklus-orientierte Perspektive ein und bezieht zur Kostenkalkulation jegliche Anschaffungs-, Betriebs- und Verwertungskosten ein, die im Laufe des Produkt- oder Projektlebenszyklus anfallen (vgl. Ellram 1995, S. 4).

Die Erfassung von Kosten und Erlösen stellt ein Kernelement aller quantitativ-monetären Ansätze dar. So stellen die Methoden der Kostenrechnung Kostensätze bereit, die als Eingangsparameter für Methoden der Investitionsrechnung erforderlich sind. **Methoden der Investitionsrechnung** haben zum Ziel, die Vorteilhaftigkeit von Investitions- oder Handlungsalternativen anhand monetärer Entscheidungsgrößen bewertbar zu machen. Je nach Zweck ihrer Anwendung lassen sich Wirtschaftlichkeitsanalysen zur Beantwortung der folgenden Leitfragen heranziehen (vgl. Däumler und Grabe 2003, S. 15 f.):

- Bewertung der absoluten Vorteilhaftigkeit (Leitfrage: *Ist eine Handlung oder Investition aus wirtschaftlichen Gesichtspunkten vorteilhaft?*)
- Bewertung der relativen Vorteilhaftigkeit (Leitfrage: *Welche Handlungsoption ist aus wirtschaftlichen Gesichtspunkten zu favorisieren?*)
- Bestimmung der optimalen Nutzungsdauer (Leitfrage: *Wie lange soll eine Investition genutzt werden?*)
- Lösung des Ersatzproblems (Leitfrage: *Soll ein bestehendes Projekt bzw. eine Investition weitergeführt oder ersetzt werden?*)

In Abhängigkeit der zeitlichen Dimension der betrachteten Zahlungsreihen werden **statische** und **dynamische Ansätze** der Investitionsrechnung unterschieden. Während bei statischen Methoden angenommen wird, dass die relevanten Größen über den Betrachtungszeitraum konstant sind, beziehen dynamische Methoden die zeitliche Veränderlichkeit von Zahlungsreihen über den Betrachtungszeitraum in die Berechnungen mit ein (vgl. Däumler und Grabe 2003, S. 26; Wöhe 2010, S. 528 ff.). Weiterhin lassen sich die Bewertungsansätze hinsichtlich der **Berücksichtigung von Unsicherheit** differenzieren. Während einige Bewertungsansätze zukünftige Entwicklungen und Zahlungsströme über den Zeitverlauf als konstant annehmen, ermöglichen andere Ansätze die Berücksichtigung der Unsicherheit, z.B. durch die Einbeziehung von Eintrittswahrscheinlichkeiten der Zahlungsreihen oder die Bewertung von Handlungsflexibilitäten im Projektverlauf.

Statische Methoden der Investitionsrechnung lassen sich darüber hinaus anhand der jeweiligen Zielgröße differenzieren. Neben Kosten- und Gewinnvergleichsrechnung und Rentabilitätsrechnung werden auch die Amortisationsrechnung und die Break-Even-Analyse zu den statischen Methoden gezählt (vgl. Götze 2008, S. 50 ff.; Heesen 2012, S. 6). **Dynamische Methoden** basieren auf einer mehrperiodischen Betrachtungsweise und interpretieren Investitionsobjekte als Zahlungsreihen (vgl. Götze 2008, S. 66; Wöhe 2010, S. 538). Dabei wird berücksichtigt, dass Ein- und Auszahlungen zu unterschiedlichen Zeitpunkten im Projektverlauf anfallen können und der Wert dieser Zahlungen zeitabhängig ist (vgl. Götze 2008, S. 67). Zu den dynamischen Methoden werden die Kapitalwertmethode, Methode des internen Zinsfußes, Annuitätenmethode und Economic Value Added (EVA) gezählt.

In der Unternehmensrealität sind Entscheidungen stets von **Unsicherheit** bzgl. der im Planungszeitraum eintretenden Umweltzustände geprägt. Zur Berücksichtigung von Unsicherheit können sowohl dynamische Verfahren wie z.B. Entscheidungsbaumanalyse oder Realoptionsansatz einbezogen werden; weiterhin kann der Aspekt der Unsicherheit durch Integration von Ergänzungsmethoden berücksichtigt werden. Zu diesen Methoden werden die Sensitivitätsanalyse, Szenariotechnik und Monte-Carlo-Simulation gezählt.

2.5.4 Zwischenfazit

Grundsätzlich sind qualitative Methoden aufgrund ihrer intuitiven Anwendbarkeit in der Praxis einfach und flexibel einsetzbar. Der interaktive Charakter der Methoden ermöglicht einen Einsatz in crossfunktionalen Projektteams, was die Entwicklung eines ganzheitlichen Problemverständnisses fördert. Die Ergebnisse qualitativer Methoden sind in hohem Maße vom Fachwissen der Experten abhängig und können zudem leicht durch subjektive Meinungen verzerrt werden (z.B. infolge hierarchischer Abhängigkeiten). Für die Unterstützung mehrdimensionaler Entscheidungsprobleme sind insbesondere qualitativ-analytische Methoden geeignet. Sie unterstützen die

Bildung mehrdimensionaler Kriteriensysteme und ermöglichen die Verdichtung der Ergebnisse auf wenige Zielgrößen.

Aufgrund der Berücksichtigung sowohl qualitativer als auch quantitativer Entscheidungskriterien ermöglichen semi-quantitative Methoden die ganzheitliche Erfassung mehrdimensionaler Entscheidungsprobleme (vgl. Warnecke et al. 1996, S. 155; Mühlenkamp 1994, S. 7). Durch die Parametrisierung qualitativer Aussagen sind die Ergebnisse zudem einfach nachvollziehbar bzw. kommunizierbar. Einschränkend ist jedoch zu bemerken, dass die Transformation qualitativer in quantitative Größen, wie z.B. Nutzenpunkte, in vielen Fällen entweder gar nicht möglich ist oder mit einem erheblichen Informationsverlust einhergeht (vgl. Mühlenkamp 1994, S. 10; Hoffmeister 2008, S. 307). Gleichzeitig wird durch den Einsatz quantitativer bzw. monetärer Ergebnisgrößen eine Scheinobjektivität erzeugt, die bei der Interpretation der Bewertungsergebnisse einzubeziehen ist (vgl. Röhrle 1997, S. 131). Grundsätzlich sind semi-quantitative Methoden mit einem im Vergleich zu rein qualitativen Methoden höheren Konzeptions- und Anwendungsaufwand verbunden (vgl. Mühlenkamp 1994, S. 10).

Im Kontext technologieorientierter Entscheidungsprobleme kommt quantitativ-monetären Bewertungsansätzen eine hohe Bedeutung zu (vgl. Haag et al. 2011, S. 319). Grundsätzlich gilt, dass sich mit dem Anteil quantifizierbarer Entscheidungskriterien die direkte Messbarkeit und somit die Vergleichbarkeit der Bewertungen erhöht (vgl. Vahs und Burmester 2005, S. 190). Zwar sind statische Methoden mit geringem Vorwissen der Anwender einsetzbar, allerdings weisen sie Defizite bzgl. ihrer Aussagekraft auf, da sie in der Regel eine repräsentative anstatt mehrerer Planungsperioden einbeziehen (vgl. Wöhe 2010, S. 534 f.). Diese Schwachpunkte werden von dynamischen Methoden der Investitionsrechnung berücksichtigt. Dennoch ist zu beachten, dass quantitative Methoden eher für Problemstellungen mit kurz- bzw. mittelfristigem Planungshorizont als für strategische Entscheidungen geeignet sind (vgl. Wildemann 1987, S. 27 f.). Analog zu qualitativen Methoden sind auch die Ergebnisse quantitativer Methoden detailliert zu interpretieren, da Inputgrößen, wie z.B. Zahlungsreihen, stets subjektiven Einflüssen der Anwender unterliegen.

Zusammenfassend kann konstatiert werden, dass insbesondere im Kontext technologie-bezogener Entscheidungsprobleme eine Kombination qualitativer und quantitativer Methoden anzuwenden ist, um die verschiedenen Entscheidungsdimensionen abbilden zu können.

3 Stand der Forschung

Der Untersuchungsschwerpunkt des Standes der Forschung liegt auf Forschungsbeiträgen, die Analyse-, Planungs- und Gestaltungsansätze für technische Dienstleistungen thematisieren. Die Untersuchung dieser für die vorliegende Fragestellung relevanten Beiträge erfolgt aus drei Gründen:

- *Erstens* sind die relevanten Beiträge im Anwendungszusammenhang kritisch zu analysieren.
- *Zweitens* sind die bestehenden Beiträge hinsichtlich ihrer Eignung und Adaptionsfähigkeit für die vorliegende Fragestellung zu untersuchen.
- *Drittens* ist durch die eingehende Analyse bestehender Forschungsansätze auszuschließen, dass bereits Forschungsbeiträge existieren, die die Forschungsfragen der vorliegenden Arbeit vollständig beantworten.

Aufgrund der Vielzahl der Beiträge zum Themenfeld „Technische Dienstleistungen" wird der Betrachtungsfokus zunächst eingegrenzt. Dazu werden drei Forschungsströmungen differenziert und die Beiträge bezüglich Zielsetzung, Perspektive sowie des jeweiligen Planungsgegenstands systematisiert. Anhand dieser Systematik lassen sich anschließend die Beiträge identifizieren, die eine ähnliche Forschungsperspektive wie die vorliegende Arbeit aufweisen. Diese Beiträge werden skizziert und kritisch analysiert, um abschließend den Handlungsbedarf aus theoretischer Perspektive abzuleiten.

3.1 Entwicklung, Planung und Management technischer Dienstleistungen

Die verstärkte Wahrnehmung technischer Dienstleistungen als eigenständiges Forschungsgebiet schlägt sich u.a. in einer wachsenden Zahl theoretischer und praxisorientierter Forschungsbeiträge zu diesem Thema nieder. Seit den 1980er Jahren haben sich **drei Forschungsströmungen** zum Themenkomplex „Technische Dienstleistungen" herausgebildet, die sich in ihrer Perspektive und Zielsetzung unterscheiden. Diese werden im Folgenden kurz dargestellt.

3.1.1 Unternehmensinterne technische Dienstleistungen

Durch die Einführung schlanker Produktionssysteme hat sich die Bedeutung unternehmensinterner Unterstützungsdienstleistungen, wie z.B. der Instandhaltung, grundlegend geändert. Die ursprüngliche Wahrnehmung als notwendiges Übel und Kostenfaktor ist einem Verständnis gewichen, das technische Dienstleistungen als integrativen Bestandteil der Wertschöpfung begreift. Um die bedarfsgerechte Verfügbarkeit der zur Leistungserstellung erforderlichen Ressourcen sicherzustellen, fokussieren zahlreiche Forschungsbeiträge auf die Optimierung unternehmensinterner, technischer Dienstleistungsprozesse (z.B. Transformation von reaktiver in proaktive Instandhaltung). Vor diesem Hintergrund haben einige Beiträge die Entwicklung ganzheitlicher Managementkonzepte für **interne technische Dienstleistungen** zum Ziel (vgl. u.a. Alcalde Rasch 2000; Tsang 2002; Wald 2003; Schröder 2010; Wildemann 2013). Die effektive und effiziente organisatorische Integration technischer Dienstleistungen thematisieren Bloß (1995), VDI 2895 und Maaser (2014). Kalaitzis und Kneip (1997) systematisieren Strategien zum Outsourcing unternehmensinterner Instandhaltungsaktivitäten, während z.B. Lüring (2001), Schröder (2010) oder Ryll und Götze (2010) Methoden und Werkzeuge zur Optimierung unternehmensinterner Instandhaltungsprozesse entwickeln.

3.1.2 Produktbegleitende Dienstleistungen

Der Großteil der Beiträge zu technischen Dienstleistungen fokussiert jedoch auf die Entwicklung **produktbegleitender Dienstleistungen** und nimmt somit in erster Linie die **Perspektive herstellender Betriebe** ein (Abbildung 16). Die Grundthese dieses Forschungszweigs ist, dass produzierende Betriebe in Zeiten stagnierender Märkte durch die Entwicklung eines produktbegleitenden Leistungsportfolios Kunden langfristig binden und neue Ertragspotentiale erschließen können. Diesen Ansätzen liegt ein gemeinsames Verständnis technischer Dienstleistungen als marktgängige Leistungen mit Produktcharakter zugrunde. Die Beiträge formulieren Gestaltungsempfehlungen für die Transformation vom produzierenden Unternehmen über den produzierenden Dienstleister bis hin zum ganzheitlichen Problemlöser (vgl. Forschner 1989; Gebauer 2004; Oliva und Kallenberg 2003; Sontow 2000; Loth 2011; Forster 2013). Ein weiterer Schwerpunkt der Forschungsbeiträge umfasst die Entwicklung produktbegleitender Dienstleistungen (vgl. DIN 1998; Busse 2005; Kuster 2004; Reckenfelderbäumer und Busse 2006) und deren Management (vgl. z.B. Glenn 2011). Darüber hinaus existieren Beiträge, die auf das Management, die organisatorische Verankerung sowie die Weiterentwicklung produktbegleitender Dienstleistungen fokussieren. So entwickeln etwa Hoeck (2005) sowie Lay und Radermacher (2005) lebenszyklusorientierte Planungsansätze und -methoden für produktbegleitende Dienstleistungen. Zangemeister (2010) liefert Gestaltungsempfehlungen für die Übertragung industrieller Dienstleistungen auf neue Märkte. Die Bedeutung von Wissen für die Entwicklung und Erbringung produktbegleitender technischer Dienstleistungen stellen u.a. Kleinaltenkamp und Frauendorf (2006) sowie Brumby (2010) heraus. Rainfurth (2003) thematisiert die Herausforderungen der organisatorischen Einbindung von Serviceaktivitäten in die Aufbau- und Ablauforganisation produzierender Betriebe.

3.1.3 Investive Dienstleistungen

Die Bereitstellung technischer Dienstleistungen erfolgt jedoch nicht nur durch interne Organisationseinheiten oder herstellende Betriebe; vielmehr haben sich in einigen Branchen (u.a. Industrieanlagen, Schienenfahrzeuge, Immobilien, Kraftfahrzeuge, Windenergie) unabhängige Serviceindustrien entwickelt, in denen eine Vielzahl dedizierter technischer Dienstleister aktiv sind. Für derartige Unternehmen macht Siebiera (2004, S. 2 bzw. S. 21) ein Methodendefizit in Bezug auf Planungs- und Steuerungsprozesse aus. Jedoch nehmen bisher nur vereinzelte Forschungsbeiträge auf diese Unternehmenskategorie Bezug. So liefern bspw. Krimm (1995), Guide et al. (2000) und Pellerin und Gharbi (2009) Beiträge zur Produktionsplanung und -steuerung technischer Instandhaltungsdienstleistungen. Alfares (1999) definiert eine Systematik zur kostenoptimierten Personaleinsatzplanung in der Luftfahrzeuginstandhaltung. Ein Gestaltungsmodell für schlanke Wertschöpfungsstrukturen in der Instandhaltung wird von Mathaisel (2005) entwickelt. Siebiera (2004) beschreibt eine Strukturierungssystematik, die rein investive Dienstleistungsbetriebe bei der strategischen Planung ihres Leistungsprogramms unterstützt. Den Anwendungsgrad und weitere potentielle Anwendungsfelder von Produktlebenszyklusmanagementtools im Kontext der Luftfahrzeuginstandhaltung untersuchen Lee et al. (2008).

3.1.4 Systematisierung der Forschungsfelder

Die unterschiedlichen Forschungsansätze und -perspektiven können anhand des Phasenmodells der Dienstleistungsentwicklung und -steuerung[46] systematisiert werden (vgl. Abbildung 16). Danach werden die Makrophasen *Service Innovation*, *Service Engineering* und *Service Management* differenziert, von denen einige in weitere Phasen untergliedert werden können.

Anhand der Systematisierung der Forschungsbeiträge wird ersichtlich, dass ein Großteil der Beiträge auf die Entwicklung bzw. das Management *produktbegleitender* Dienstleistungen fokussieren. Weiterhin ist erkennbar, dass die meisten Beiträge mit Instandhaltungsbezug eine Perspektive einnehmen, die die Instandhaltung als unternehmensinterne Hilfsfunktion etwa zur Wartung der betrieblichen Maschinen und Anlagen begreift. Während die Beiträge zu produktbegleitenden Dienstleistungen eher konzeptionell geprägt sind und ihr Augenmerk auf Prinzipien der Dienstleistungsinnovation und -entwicklung richten, behandeln die Beiträge mit Instandhaltungsfokus Ansätze zur Optimierung der Dienstleistungserbringung bzw. deren Bewertung.

Die angeführten Forschungsbeiträge stellen einen Ausschnitt der Forschungslandschaft zu technischen Dienstleistungen dar, der keinen Anspruch auf Vollständigkeit erheben kann.

[46] vgl. hierzu u.a. DIN 1998, S. 33 f.; Luczak et al. 2000, S. 21

					Service Innovation	Service Engineering					Service Management			
					Innovationsphase	Planung	Konzeption			Umsetzungsplanung	Dienstleistungserbringung			Ablösung
	Fokus Instandhaltung	Produktbegleitende DL	Rein investive DL	DL als interne Hilfsfunktion	Ideenfindung und Bedarfsermittlung	Definition von Dienstleistungsbestandteilen und -eigenschaften	Spezifikation von Leistungsstandards	Gestaltung und Evaluation des Dienstleistungskonzepts	Entwicklung von Detaileigenschaften der Dienstleistung	Ausarbeitung der Einführungs- und Umsetzungsvorgaben	Umsetzung der Dienstleistung	Messung der Leistung	Bewertung der Kundenzufriedenheit	Ausgliederung/ Verbesserung der Leistung
Alfares (1999)	■		■	■							■	■		
Al-kaabi et al. (2007)	■		■	■						■ x		■		
Alcalde Rasch (2000)	■			■							■	■	■	■
Bartussek (2013)		■						■	■	■ x				
Bloß (1995)	■			■				■			■			
Brumby (2010)		■	■								■	■	■	■
Burr (2002)		■					■	■	■	■	■			
Busse (2005)		■		■	■	■								
Forschner (1989)		■				■	■							
Forster (2013)		■				■	■	■						
Gassner (2013)	■	■	■					■	■	■ x	■			
Gebauer (2004)		■				■	■	■						
Glenn (2011)		■				■	■	■						
Guide et al. (2000)	■		■								■	■		
Hoeck (2005)		■				■	■	■			■	■		
Kalaitzis und Kneip (1997)	■			■				■	■	■	■	■	■	
Kleinaltenkamp und Frauendorf (2006)		■				■	■	■	■	■				
Krimm (1995)	■		■								■	■	■	■
Kuster (2004)		■					■	■	■					
Lay und Radermacher (2005)		■									■	■	■	■
Lee et al. (2008)	■		■	■							■	■		■
Loth (2011)	■	■	■		■	■	■	■	■	■				
Luczak et al. (2000)		■				■	■	■	■	■				
Lüring (2001)	■			■							■	■	■	
Maaser (2014)	■			■				■			■			
Mathaisel (2005)	■		■			■	■	■	■	■	■	■		
Oliva und Kallenberg (2003)		■			■	■	■	■						
Pellerin und Gharbi (2009)	■		■								■	■		
Rainfurth (2003)		■						■			■			
Reckenfelderbäumer und Busse (2006)		■			■	■	■							
Ryll und Götze (2010)		■								■ x	■	■		
Schawalder et al. (2013)		■												■
Schmitz (2005)		■				■		■		■ x				
Schröder (2010)	■			■							■	■	■	
Siebiera (2004)			■		■	■	■	■						
Sontow (2000)		■					■	■	■					
Tsang (2002)	■			■						■	■	■	■	
VDI (1997)	■		■	■						■ x	■			
Wald (2003)	■			■							■	■	■	
Wildemann (2013)	■			■							■	■	■	
Zangemeister (2010)		■			■	■	■							■

■ Ansatz bezieht sich auf diese Phase/erfüllt Kriterium

■ x Ansatz thematisiert Leistungstiefe und/oder Leistungspotentiale

Abbildung 16: Systematisierung von Forschungsarbeiten zum technischen Dienstleistungsmanagement (eigene Darstellung)

Dennoch kann konstatiert werden, dass weder in der ingenieurwissenschaftlichen noch in der betriebswissenschaftlichen Literatur Beiträge mit einer mit der vorliegenden Arbeit identischen Zielsetzung existieren.

3.2 Ansätze zur Analyse und Gestaltung der technologieorientierten Leistungstiefe

Unter den in Abschnitt 3.1 angeführten Forschungsbeiträgen finden sich einige pragmatische Ansätze zur **Analyse und Gestaltung der Leistungstiefe**, die auf die spezifischen Anforderungen technischer Dienstleistungsbetriebe zugeschnitten oder (teilweise) übertragbar sind. Die Ansätze unterscheiden sich dahingehend, dass einige nur einzelne Aspekte der Entscheidungsfindung thematisieren, während andere ganzheitliche Gestaltungs- oder Problemlösungsansätze beschreiben. Weiterhin lassen sich die Ansätze u.a. nach ihrem zeitlichen Planungshorizont sowie anhand der verwendeten methodischen Elemente differenzieren. Im Folgenden werden die in der Literatur beschriebenen Ansätze kurz eingeführt und kritisch analysiert. Ausgehend von der dieser Arbeit zugrunde liegenden Fragestellung wird anschließend die Forschungslücke spezifiziert und der Handlungsbedarf aus Theoriesicht abgeleitet.

3.2.1 VDI-Richtlinie 2899 (1996)

Bei der VDI-Richtlinie 2899 handelt es sich um ein Verfahren zur Entscheidungsfindung für Eigenleistung oder Fremdvergabe von Instandhaltungsdienstleistungen. Das Verfahren ist auf die Anforderungen produzierender Betriebe ausgerichtet und unterstützt bei der Auswahl geeigneter Bereitstellungsstrategien für die Instandhaltung ihrer Betriebsmittel und Anlagen. Ziel des Verfahrens ist es, kostenminimale Lösungen zur Sicherung der Anlagenverfügbarkeit auszuwählen. Dazu werden neben quantitativ-monetären Größen auch qualitative Kriterien in die Entscheidungsfindung einbezogen. Neben organisatorischen (z.B. Personal, Flexibilität, Organisation) werden auch technische Kriterien (z.B. Qualität, Planungstiefe, Ersatzteile) in einem Kriterienkatalog erfasst und mit Hilfe von Checklisten oder Punktbewertungsverfahren ausgewertet. Die Wirtschaftlichkeitsanalyse erfolgt anhand eines Kostenvergleichs sowie einer ergebnismaximierten Deckungsbeitragsrechnung.

Die Teilergebnisse der qualitativen und quantitativen Methoden werden schließlich in einer Entscheidungsmatrix zusammengeführt. Diese verknüpft die Entscheidungsdimensionen *Kosten* und *Zielerreichungsgrad* und leitet anhand definierter Zielvorgaben Handlungsoptionen ab (vgl. Abbildung 17).

Bei dem Verfahren handelt es sich um einen praxisorientierten Ansatz. Durch die Berücksichtigung monetärer und nicht-monetärer Entscheidungsparameter eignet sich der Ansatz sowohl für kurzfristige als auch für langfristig orientierte Entscheidungen über die Leistungstiefe. Zudem bezieht der Ansatz die intern vorhandenen

Kapazitäten in die Entscheidungsfindung ein und ermöglicht die Abwägung von Opportunitäten.

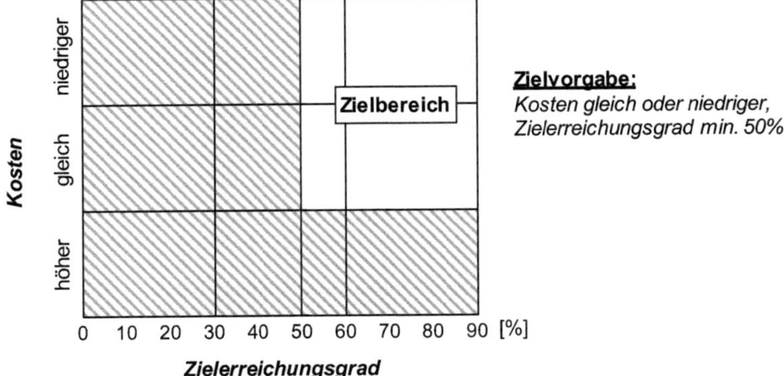

Abbildung 17: Entscheidungsmatrix zur Auswahl von Bereitstellungsalternativen von Instandhaltungsdienstleistungen nach VDI 2899

Kritisch ist hingegen der Einsatz eines statischen Verfahrens der Wirtschaftlichkeitsanalyse zu bewerten. Zwar werden im Rahmen der Deckungsbeitragsrechnung nur entscheidungsrelevante Kosten berücksichtigt, jedoch wird die zeitliche Dimension der Kosten und Erlöse nicht erfasst. Des Weiteren unterstützt das Verfahren nicht die Bewertung der Eingliederungsentscheidung bisher extern erbrachter Leistungen. Die mit diesem Fall verbundenen Investitionen können anhand der Deckungsbeitragsrechnung ebenfalls nur unzureichend erfasst werden.

3.2.2 Ansatz von Schmitz (2005)

Schmitz entwickelt einen Ansatz zur Identifikation von Bereitstellungsformen industrieller Dienstleistungen. Das Verfahren basiert auf einer Transaktionskosten-orientierten Sichtweise und erweitert diese durch die Integration einer Ressourcen-orientierten Perspektive. Als zentrales Entscheidungskriterium führt Schmitz die Eigenkompetenz an. Diese wird in Anlehnung an das Ressourcen-orientierte Begriffsverständnis als das Vermögen eines Unternehmens bezeichnet, die materiellen und immateriellen Ressourcen in marktgängige Leistungen zu transformieren. Der Ansatz abstrahiert von Unternehmensgrenzen und bezieht zur Ermittlung verfügbarer Ressourcen auch externe Quellen ein. Die Ausprägung der Eigenerstellungskompetenz erfolgt schließlich durch den Abgleich der intern zur Verfügung stehenden Ressourcen mit den zur Leistungserstellung erforderlichen Ressourcen und Fähigkeiten. Eine weitere Entscheidungsdimension stellt die wettbewerbsstrategische Bedeutung der produktbegleitenden Dienstleistung dar. Diese kann nach Schmitz anhand der Funktionen bestimmt werden, die produktbegleitende Dienstleistungen in produzierenden Betrieben einnehmen können. Demnach haben Dienstleistungen neben einer Risikoreduzierenden auch eine Markt-forschende und vor Imitation schützende Funktion. Die Ausprägung der jeweiligen Teilfunktionen wird mit Hilfe eines Punktbewertungsverfahrens bestimmt und zur wettbewerbsstrategischen Bedeutung aggregiert.

Die beiden Entscheidungsdimensionen werden schließlich in einer Entscheidungsmatrix zusammengeführt, die Handlungsempfehlungen für eine geeignete Verfahrenswahl bereitstellt (vgl. Abbildung 18).

wettbewerbsstrategische Bedeutung				
	hoch	Gemeinschafts-unternehmen	strategische Partnerschaften	Selbsterstellung
	mittel	strategische Netzwerke	virtuelle Serviceunternehmen	Lizenzkooperationen/ Gemeinschafts-unternehmen
	gering	Fremdbezug	Fremdbezug evtl. strategische Partnerschaften	Netzwerke/ strategische Partnerschaften
		nicht vorhanden	***teilweise vorhanden***	***vollständig vorhanden***
			Eigenkompetenz	

Abbildung 18: Entscheidungsmatrix zur Bereitstellungsform industrieller Dienstleistungen nach Schmitz (2005)

So wird etwa im Falle einer hohen wettbewerbsstrategischen Bedeutung der produktbegleitenden Dienstleistung nur dann eine Selbsterstellung empfohlen, wenn die Eigenkompetenz vollständig vorhanden ist. Ist die Eigenerstellungskompetenz nur teilweise oder gar nicht vorhanden, werden strategische Partnerschaften bzw. Gemeinschaftsunternehmen empfohlen.

Der Ansatz stellt eine Erweiterung der transaktionskostenorientierten Perspektive von Picot dar. Durch die Operationalisierung der Eigenkompetenz wird die Ressourcen-orientierte Betrachtung integriert. Neben den Reinformen Eigenerstellung und Fremderstellung werden verschiedene Kooperationsformen berücksichtigt, so dass die Unternehmensrealität gut abgebildet wird. Kritisch anzumerken ist jedoch, dass der Ansatz die Perspektive eines produzierenden Unternehmens einnimmt und somit dem vorliegenden Betrachtungsfall nur eingeschränkt entspricht. Zwar stellt der Ansatz die Bedeutung der zur Leistungserstellung erforderlichen Ressourcen und Fähigkeiten heraus, jedoch liefert Schmitz keine Handlungsempfehlungen, wie die intern vorhandenen Ressourcen und Fähigkeiten identifiziert werden können. Weiterhin wird nicht berücksichtigt, dass es auch im Falle eines internen Ressourcen- oder Fähigkeitsdefizits vorteilhaft sein kann, aus wirtschaftlichen oder technologiestrategischen Erwägungen den internen Aufbau technischer Leistungspotentiale zu verfolgen.

3.2.3 Ansatz von Al-kaabi et al. (2007)

Einen praxisbezogenen Ansatz zur Unterstützung der Leistungstiefenentscheidung in der Luftfahrzeuginstandhaltung aus Airlinesicht entwickeln Al-kaabi et al. (2007). Das Verfahren soll Airlines dabei unterstützen, die Vorteilhaftigkeit der Eigenerstellung oder des Fremdbezugs von Instandhaltungsdienstleistungen[47] zu bewerten und die eigenen Wertschöpfungsstrukturen auszurichten.

Die Frage nach Eigen- oder Fremdbezug von Instandhaltungsdienstleistungen ergibt sich für Airlines aus dem Spannungsfeld zwischen der Konzentration auf den eigentlichen Unternehmenszweck (hier: *Bereitstellung von Lufttransportdienstleistungen*) und der Kontrolle über die Einsatzfähigkeit der Betriebsmittel (hier: *Lufttüchtigkeit*). Infolge der zunehmenden technischen Komplexität von Flugzeugen steigen auch die Anforderungen an die zur Erbringung von Instandhaltungsdienstleistungen erforderlichen technischen Ressourcen und Fähigkeiten sowie der finanzielle Aufwand zum Aufbau bzw. zur Bereithaltung derselben. Die Auslagerung einzelner Teilprozesse oder vollständiger Instandhaltungseinheiten stellt somit für Airlines ein probates und oftmals notwendiges Mittel dar. Vor diesem Hintergrund skizzieren Al-kaabi et al. einen vierstufigen Entscheidungsprozess, der Airlines bei der kriteriengestützten Ermittlung geeigneter Bereitstellungsstrategien von Instandhaltungsaktivitäten[48] unterstützt (vgl. Abbildung 19).

Als leitendes Entscheidungskriterium definieren sie die Kritikalität der betrachteten Aktivität für die Wettbewerbsposition des Unternehmens. So kann eine Aktivität nur dann fremd vergeben werden, wenn sie keinen direkten Einfluss auf die Kostenposition oder die Performance der Airline hat. Markt- bzw. Nachfrage-bezogene Aspekte werden in der zweiten Stufe erörtert. Demnach ist die interne Leistungserstellung nur dann in Erwägung zu ziehen, wenn die Nachfragesituation nach Instandhaltungsleistungen eine Investition in erforderliche technische Leistungspotentiale rechtfertigt. In der dritten bzw. vierten Stufe wird schließlich die Unternehmensposition in Bezug auf die aktuelle Leistungsfähigkeit sowie die Kapazitätssituation analysiert. Stufe drei umfasst den Abgleich technischer Anforderungen mit der internen Ressourcen- und Fähigkeitsbasis; allerdings wird diese Stufe bei Al-kaabi et al. nicht weiter expliziert. In Abhängigkeit der Kapazitätssituation werden schließlich Handlungsempfehlungen für die Leistungstiefengestaltung formuliert. Neben der Eigenerstellung (*Make*) und Fremdvergabe (*Buy*) von Leistungen umfassen die Gestaltungsoptionen auch Mischformen (*Make and Buy*) bzw. das Angebot von Leistungen an Dritte (*Make and Sell*).

---

[47] engl.: Maintenance, Repair, Overhaul (kurz: MRO)

[48] Als *Aktivität* wird in diesem Zusammenhang ein Geschäftsfeld, z.B. *Base Maintenance* oder *Line Maintenance* bezeichnet.

Darauf aufbauend skizzieren Al-kaabi et al. vier MRO-Modelle, die das gesamte Spektrum von der vollständigen Integration der Instandhaltungsaktivitäten durch die Airline (*Fully integrated MRO*) bis hin zur vollständigen Fremdvergabe der Instandhaltungsdienstleistungen (*Wholly outsourced MRO model*) umfassen.

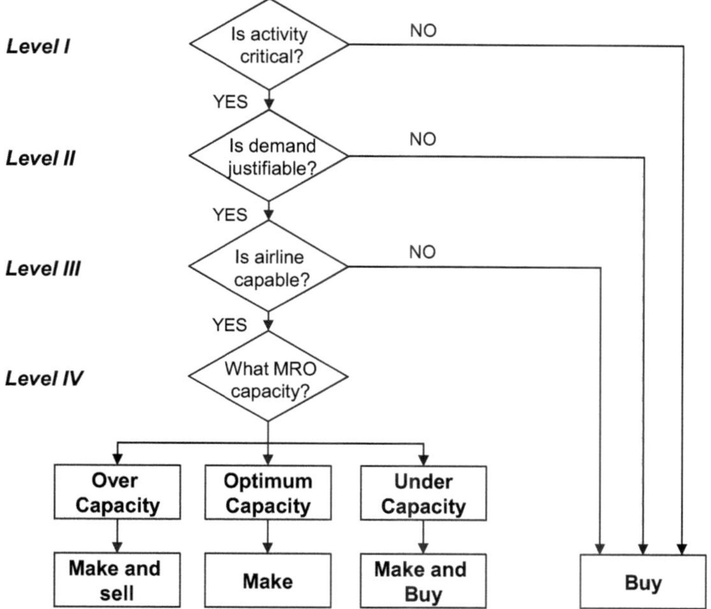

Abbildung 19: Entscheidungsprozess zur Auswahl von Bereitstellungsarten technischer Dienstleistungen nach Al-kaabi et al. (2007)

Im Rahmen einer Studie mit acht Airlines werden diese Modelle anschließend auf ihre Validität überprüft. Hierbei zeigen sie zum einen, dass es Kernaktivitäten gibt, die nur selten ausgelagert werden (*Line Maintenance*); zum anderen stellen sie fest, dass das Kriterium der *Kritikalität* in der Airlinepraxis als entscheidungsleitend bezeichnet werden kann.

Der Ansatz umfasst einige entscheidungsrelevante Kriterien zur Unterstützung der Leistungstiefenentscheidung auf Geschäftsfeldebene. Allerdings vernachlässigt der Ansatz den Aspekt des strategischen bzw. perspektivischen Potentialaufbaus. Dies wird z.B. am Entscheidungsknoten der dritten Stufe ersichtlich (vgl. Abbildung 19), an dem bei nicht vorhandenen technischen Leistungspotentialen auf die Fremderstellung verwiesen wird. Dies mag zwar auf kurze Sicht sinnvoll (bzw. trivial) erscheinen; aus strategischer Sicht wäre jedoch ein differenziertes Entscheidungssystem zielführender, das das Delta zwischen vorhandenen und erforderlichen Ressourcen und

Fähigkeiten einbezieht. Da es sich bei dem Ansatz von Al-kaabi et al. um ein Rahmenkonzept handelt, werden die einzelnen Stufen nicht operationalisiert.

3.2.4 Ansatz von Ryll und Götze (2010)

Ein kompetenzorientiertes Verfahren zur Justierung der Wertschöpfungstiefe von Instandhaltungseinheiten aus Betreibersicht beschreiben Ryll und Götze (2010, S. 106 ff.). Der Ansatz basiert auf einer Einstufung der zu betreuenden technischen Objekte anhand der Dimensionen *Bedeutung* und *Kompetenz*. Der Begriff ***Bedeutung*** beschreibt in diesem Zusammenhang die Beachtung, die ein Unternehmen einem technischen Objekt entgegenbringen muss bzw. die Stärke der Auswirkungen, die mit einer Änderung der Leistungstiefe für das technische Objekt einhergehen. Mit dem Begriff ***Kompetenz*** werden die intern vorzuhaltenden Ressourcen und Fähigkeiten beschrieben, die die interne Leistungserstellung ermöglichen. Die Kompetenz wird als *hoch* eingestuft, wenn die Leistungserstellung aus betrieblichen und strategischen Gründen vollständig intern erfolgen muss. Auf Basis einer Klassifizierung der zu betreuenden technischen Objekte werden anschließend strategische Handlungsempfehlungen abgeleitet, die der Prämisse folgen, ein ausgeglichenes Verhältnis zwischen Kompetenz und Bedeutung über das gesamte Leistungsspektrum zu erzielen.

Die Bestimmung des Bedeutungsfaktors B_i erfolgt Aufgaben- und Tätigkeits-bezogen mit Hilfe der AHP-Methode. So werden zunächst die mit einem technischen Objekt verbundenen Tätigkeiten erfasst und gegliedert, um anschließend kriterienbasiert zu bewerten, welche strategische Bedeutung diese für das Unternehmen besitzen. Anschließend werden die Bedeutungs- und Gewichtungsfaktoren der Anwender ermittelt, um die unterschiedlichen Präferenzsituationen der Anwender zu integrieren und eine Gewichtung der Kriterien untereinander zu ermöglichen. Die Operationalisierung erfolgt schließlich anhand von Fragenkatalogen. Die resultierenden Werte repräsentieren die Bedeutung des betrachteten technischen Objekts für die Organisation (Extrema: 0% = *geringe strategische Bedeutung*; 100% = *hohe strategische Bedeutung*). Der **Bestimmung des Kompetenzindex K_i** liegt die Frage zugrunde, ob ein betrachtetes Leistungsbündel zum Leistungsportfolio des Unternehmens passt. Die Ermittlung des Kompetenzwerts erfolgt mit Hilfe eines Scoring-Modells. Über die Teilergebniswerte B_i und K_i können die analysierten technischen Objekte schließlich in ein Kompetenz-Bedeutungs-Diagramm eingeordnet werden (vgl. Abbildung 20). Die Felder repräsentieren charakteristische Merkmale der Objekte in Bezug auf Bedeutung und Kompetenz.

So zeichnen sich Objekte in **Feld A** durch eine hohe Bedeutung und eine hohe erforderliche Kompetenz für Betrieb und Instandhaltung aus. Da eine Fremdvergabe dieser Objekte mit einem Know-how-Verlust einhergehen würde, ist die interne Steuerung und Bearbeitung anzustreben. Im Falle einer Fremdvergabe wiederum sind Mitarbeiterkapazitäten zur Know-how-Sicherung einzuplanen. Die Leistungserstellung für Objekte, die in **Feld B** eingestuft werden, kann hingegen intern und extern verteilt erfolgen, da sie in Bezug auf Kompetenz und Bedeutung mittlere Werte aufweisen. Ein etwaiger Know-how-Verlust kann in diesen Fällen in der Regel ausgeglichen werden.

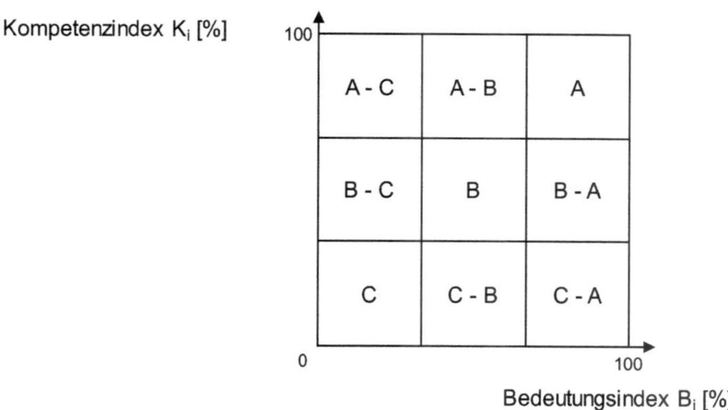

Abbildung 20: Kompetenz-Bedeutungs-Diagramm (nach Ryll und Götze 2010, S. 108)

Im **Feld C** werden Objekte gruppiert, die eine geringe strategische Bedeutung aufweisen und die geringe Kompetenzen zur Leistungserstellung erfordern. Diese Objekte können fremdvergeben werden, ohne dass ein nennenswerter Know-how-Verlust zu erwarten wäre. Die **übrigen Felder** des Kompetenz-Bedeutungs-Diagramms sind jeweils durch unterschiedlich starke Ausprägungen des Kompetenz-Bedeutungs-Verhältnisses gekennzeichnet. Auf Basis der Einordnung schlagen Ryll und Götze vier **Normstrategien** vor, mit deren Hilfe sich ein Ausgleich des Kompetenz-Bedeutungsverhältnisses erzielen lässt.

Der Ansatz von Ryll und Götze zeichnet sich durch eine Aufgaben- und Tätigkeitsbezogene Sichtweise aus, die die Leistungserstellung und den Leistungserbringer verknüpft. Der Vorteil dieser Vorgehensweise besteht darin, dass sie eine vollständige Erfassung des Leistungsspektrums ermöglicht und somit besonders realitätsnah ist. Weiterhin ist der Ansatz auf eine verteilte Bewertung ausgelegt, so dass eine ganzheitliche Unternehmenssicht abgebildet werden kann. Die Hierarchisierung und Gewichtung der Kriterien mit Hilfe der AHP-Methode ermöglicht die Berücksichtigung unterschiedlicher Präferenzsysteme, die in einem Unternehmen vorliegen. Kritisch ist hingegen anzumerken, dass der Ansatz den Anwendern großen Interpretationsspielraum lässt, da z.B. keine anwendungsorientierte Definition des Bedeutungsbegriffs erfolgt. Die Anwendung der AHP-Methode zur Ermittlung eines gewichteten Kriteriengerüsts impliziert einen hohen Anwendungsaufwand und setzt fortgeschrittene mathematische Kenntnisse voraus. Dieser Aspekt lässt in der Regel auf eine reduzierte Akzeptanz in der Praxis schließen. Weiterhin ist kritisch anzumerken, dass der Ansatz zwar Strategiealternativen beinhaltet, diese jedoch nicht mit den jeweiligen situativen Faktoren eines Unternehmens verknüpft (Leitfrage: *Wann ist welche Strategie zu verfolgen?*).

3.2.5 Ansatz von Bartussek (2013)

Bartussek (2013) entwickelt ein auf Sachguthersteller ausgerichtetes Entscheidungsverfahren, das diese bei der Leistungstiefengestaltung eines produktbegleitenden Dienstleistungsprogramms unterstützt. Der Fokus liegt dabei auf der organisatorischen Einbindung der Dienstleistungen im Kontinuum zwischen Eigenleistung, Kooperation und Fremderstellung. Die Verfahrenskonzeption erfolgt in Anlehnung an eine Ressourcen-orientierte Argumentationslogik, die die Bedeutung der Eigenerstellungskompetenz für die Entwicklung von Wettbewerbsvorteilen betont. Dazu werden zunächst Entscheidungskriterien aus der Literatur ermittelt, deren Entscheidungsrelevanz anschließend erörtert wird. Neben der Eigenerstellungskompetenz werden Aspekte wie *Kundenbindungspotential* und *Erwartungshaltung der Kunden* als entscheidungsrelevant herausgestellt. Die Operationalisierung der Kriterien erfolgt anhand eines Entscheidungsstruktogramms, das eine sequentielle Überprüfung der Entscheidungskriterien vorsieht und in einer Empfehlung für die organisatorische Ausgestaltung der Leistungserstellung resultiert (vgl. Abbildung 21).

Die Wirtschaftlichkeitsbetrachtung erfolgt nachgelagert anhand einer Kostenanalyse und wird im Ansatz explizit als Zusatzinstrument eingesetzt, da die nicht-monetären Entscheidungskriterien höher priorisiert werden.

Bartussek beschreibt ein generisches Konzept, das einige zentrale Entscheidungskriterien systematisiert, die von produzierenden Betrieben zur optimalen organisatorischen Einbindung von produktbegleitenden Dienstleistungen zu beachten sind. In der Ausrichtung auf die Anforderungen produzierender Betriebe liegt jedoch auch in diesem Ansatz eine Restriktion, die eine Übertragung auf die Problemstellung der vorliegenden Arbeit nicht ohne weiteres zulässt. Dieser Aspekt spiegelt sich in der Übergewichtung von Kriterien wie Kundenbindungspotentialen oder Cross-selling-Effekten wider, die das Verständnis der Dienstleistung als Add-on zum eigentlichen Unternehmenszweck, der Produktion von Sachgütern, offenbart. Weitere Einschränkungen des Ansatzes bestehen in einer fehlenden Systematisierung des Begriffs der Eigenerstellungskompetenz (Leitfrage: *Wie kann die Eigenerstellungskompetenz ermittelt werden?*) sowie einer fehlenden Herleitung einer Kriterienhierarchie.

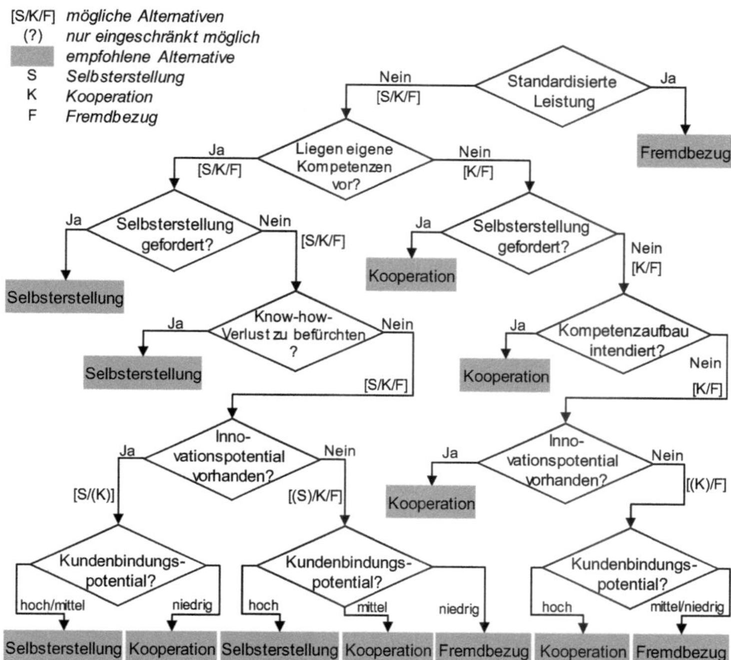

Abbildung 21: Ansatz zur Gestaltung der Leistungstiefe nach Bartussek (2013)

3.2.6 Ansatz von Gassner (2013)

Gassner entwickelt ein Entscheidungsverfahren, das die Identifikation von Bereitstellungsvarianten für Instandhaltungsdienstleistungen sowohl in Einzelunternehmen als auch in Unternehmensnetzwerken unterstützt. Dazu wird im ersten Schritt unter Einbeziehung der Perspektiven unterschiedlicher Theorien ein Kriteriengerüst für die Wahl von Unternehmensgrenzen abgeleitet. Neben Größen- und Verbundeffekten orientiert sich Gassner am Transaktionskostenansatz sowie Ressourcen- und Wissens-bezogenen Ansätzen. Er identifiziert 22 Einflussfaktoren, deren Einfluss auf Leistungstiefenentscheidungen zunächst für die **Produktion von Sachleistungen** und anschließend für die **Produktion von Dienstleistungen** analysiert wird. Dabei wird die klassische (eindimensionale) Differenzierung zwischen Eigenerstellung und Fremdbezug durch die Berücksichtigung von unternehmensübergreifenden Kooperationen und alternativen Erstellungsformen (hier: concurrent sourcing) erweitert (vgl. Abbildung 22). Der Autor stellt die besondere Bedeutung von Wissen als strategische Ressource für die technische Dienstleistungsproduktion heraus. Zur Überprüfung der aus der Theorie abgeleiteten Thesen wird eine großskalige empirische Untersuchung in den Branchen Maschinen- und Anlagenbau, chemische Industrie und Windenergie durchgeführt. Als Untersuchungsrahmen dient in diesem Fall der Prozess der störungsbedingten Instandsetzung. Die Untersuchung erfolgt anhand von sieben ausgewählten Kriterien, deren Relevanz für die Leistungstiefenentscheidung überprüft wird. Dabei kann für fünf der sieben Kriterien eine Übereinstimmung der theoretisch begründeten und der empirisch belegten Relevanz gezeigt werden. Als besonders relevant für die interne Leistungserstellung - unabhängig von der jeweiligen Branche - werden die Kriterien *Kenntnis der Anlagen*, *Verfügbarkeit* und *Transparenz der Kosten und Leistungen* definiert. Als zentrale Motive für die Fremderstellung werden in diesem Zusammenhang *der Zugriff auf neuestes Wissen* sowie *moderne Instandhaltungstechnologien* identifiziert. Anschließend wird der unternehmensorientierte Ansatz um eine Netzwerk-Perspektive erweitert. Dazu wird überprüft anhand welcher Aggregationsregeln sich unternehmensspezifische Zielsetzungen auf Netzwerkebene übertragen lassen. Durch den Einsatz einer Simulation wird weiterhin die zeitliche Stabilität von auf Netzwerkebene getroffenen Entscheidungen untersucht. Dabei kann gezeigt werden, dass Entscheidungen auf Netzwerkebene über den Zeitverlauf nicht stabil sind.

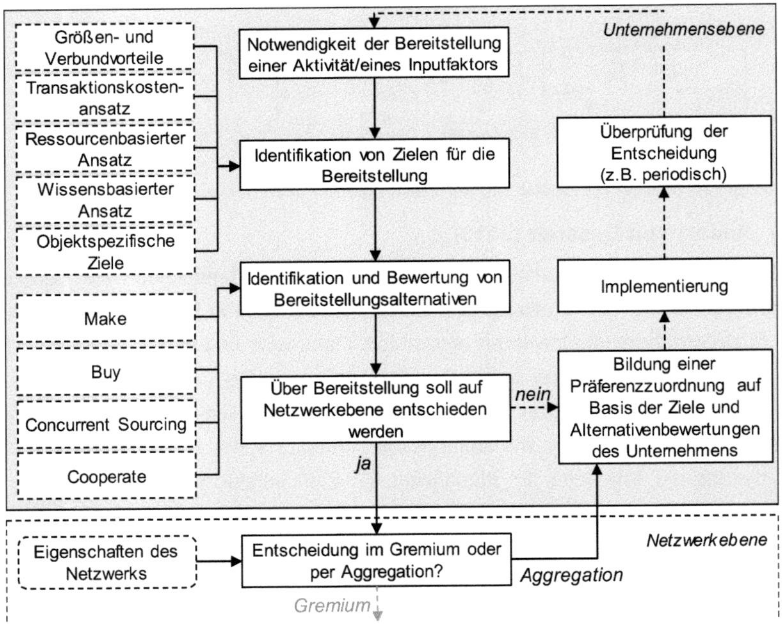

Abbildung 22: Entscheidungslogik für die Leistungstiefengestaltung nach Gassner (2013) (Ausschnitt)

Der Ansatz von Gassner stellt die Bedeutung unterschiedlicher wissenschaftlicher Theorien für die Leistungstiefenentscheidung im Dienstleistungskontext heraus. Anhand einer empirischen Erhebung kann er die praktische Bedeutung einiger aus der Theorie abgeleiteter Begründungszusammenhänge belegen. Gassner liefert mit seiner Arbeit eine Übersicht praxisrelevanter Kriterien für die Leistungstiefenentscheidung aus Produzenten- oder Betreibersicht. Aufgrund der abweichenden Betrachtungsperspektive ist der Ansatz für die vorliegende Fragestellung nur eingeschränkt relevant. So lässt sich zwar für einige Kriterien eine Relevanz in Entscheidungsprozessen von investiven Instandhaltungsdienstleistern feststellen; allerdings werden einige für reine Dienstleistungsbetriebe besonders relevante Kriterien nur unzureichend erfasst. Weiterhin wird die technologiestrategische Dimension der Leistungstiefengestaltung bei Gassner nicht berücksichtigt.

3.3 Fazit und Handlungsbedarf aus der Forschungsperspektive

Der Vergleich der Beiträge erfolgt anhand von Differenzierungsmerkmalen, die sich aus der theoretischen Einordnung der Problemstellung ergeben (vgl. Kapitel 2.1 - 2.5). Bei dem kriterienbasierten Vergleich der Ansätze ist zu beachten, dass sie jeweils unterschiedliche **Granularitätsebenen** erfassen (vgl. Abbildung 23). Während etwa der Ansatz von Al-kaabi et al. (2007) ein Rahmenkonzept beschreibt, das einen relativ geringen Operationalisierungsgrad aufweist, weist das in der **VDI-Richtlinie** beschriebene Konzept einen hohen Operationalisierungsgrad auf.

Differenzierungsmerkmale / Methoden	Entscheidungsgrundlage Theoriebezug				Orientierung		Entscheidungshorizont/-ebene			Methodik			Ausrichtung des Ansatzes	
	Kostenvergleich	Transaktionskosten	Ressourcenorientierung	Marktorientierung	Produkt	Prozess	kurzfristig / operativ	mittelfristig / taktisch	langfristig / strategisch	qualitativ	monetär - statisch	monetär - dynamisch	Hersteller	Herstellerunabhängiger Dienstleister
Al-kaabi et al. (2007)	○	○	●	●	○	●	●	◑	○	●	○	○	○	◑
Bartussek (2013)	◑	○	●	○	○	●	○	○	●	●	◑	○	●	○
Gassner (2013)	○	◑	●	○	◑	◑	○	◑	●	●	○	○	◑	◑
Ryll/Götze (2010)	○	○	●	●	○	●	○	○	●	●	●	○	◑	◑
Schmitz (2005)	○	○	●	●	◑	◑	○	○	●	●	○	○	●	○
VDI (1996)	●	○	●	○	◑	◑	●	◑	○	●	●	○	●	○
Vorliegende Arbeit	○	○	●	●	○	●	○	●	◑	●	○	●	○	●

○ keine Berücksichtigung ◑ teilweise Betrachtung ● konzeptioneller Fokus

Abbildung 23: Kriterienbasierte Einordnung der analysierten Konzepte

Im Vergleich der Ansätze wird ersichtlich, dass allen Beiträgen eine **Ressourcenorientierte** Sichtweise zugrunde liegt, diese jedoch nur bei Al-kaabi et al. (2007), Ryll und Götze (2010) und Schmitz (2005) mit der **Markt-orientierten Perspektive** kombiniert wird. Weiterhin ist erkennbar, dass die meisten Ansätze entweder **operative** oder **strategische** Entscheidungsprozesse unterstützen. Die **taktische** Entscheidungsebene wird lediglich von Al-kaabi et al., Gassner und dem VDI-Ansatz berücksichtigt. Bezüglich der eingesetzten Methodik wird deutlich, dass alle Ansätze qualitative Entscheidungskriterien einbinden; sofern Ansätze qualitative mit monetären Methoden kombinieren, werden jedoch statische monetäre Methoden eingesetzt, die die Unternehmensrealität technischer Instandhaltungsdienstleister nur unzureichend abbilden. Auffällig ist zudem, dass keiner der Ansätze explizit auf die unternehmerischen Rahmenbedingungen herstellerunabhängiger Instandhaltungsdienstleister eingeht. Dennoch lassen sich einzelne Elemente der Entscheidungsmodelle für die vorliegende Fragestellung adaptieren, da etwa insbesondere die Ansätze von Al-kaabi et al., Ryll und Götze sowie Gassner[49] instandhaltungsspezifische Entscheidungskriterien (z.B. technische Informationen, Mitarbeiter-Know-how) einbinden.

Zusammenfassend kann festgestellt werden, dass keiner der Ansätze ein ganzheitliches Entscheidungsmodell beschreibt, das herstellerunabhängige Instandhaltungsdienstleister bei der taktischen und strategischen Planung technischer Leistungspotentiale unterstützt. Anhand der in den Kapiteln 2 und 3 gewonnenen Erkenntnisse zum Stand der Forschung lassen sich **Gestaltungsempfehlungen** für die zu entwickelnde Methode ableiten (vgl. Tabelle 2).

Tabelle 2: Handlungsbedarf aus Sicht der Forschung

Abschnitt	Handlungsbedarf
2.1.3	▪ Integration der Markt- und Ressourcen-orientierten Perspektive
2.3.3, 2.4.3	▪ Potentialorientiertes Dienstleistungsverständnis (Technisches Leistungspotential als Ergebnis des Vorkombinationsprozesses)
2.4.3, 2.5	▪ Interpretation des Forschungsziels als mehrdimensionales Entscheidungsproblem ➔Kombination qualitativer und quantitativer Methoden zur vollständigen Erfassung des Entscheidungsproblems
2.5	▪ Entscheidungsorientierte Ausgestaltung der Methode ➔ Ableitung strategischer Handlungsempfehlungen
2.3.3	▪ Abbildung der Unternehmensrealität herstellerunabhängiger Instandhaltungsdienstleister ➔ Einbindung branchenspezifischer Entscheidungskriterien
3.2, 3.3	▪ Einsatz dynamischer Methoden der Wirtschaftlichkeitsanalyse

[49] Gassner wählt im Rahmen der empirischen Überprüfung seines Ansatzes ebenfalls die Instandsetzung als Referenzprozess.

So sind bei der Entwicklung einer Methode zur Analyse und Gestaltung technischer Leistungspotentiale für Instandhaltungsdienstleister die **Markt- und Ressourcen-orientierte Sichtweise** zu integrieren (vgl. Abschnitt 2.1.3; vgl. Hinterhuber 2011, S. 128 ff.; Siebiera 2004, S. 39). Dadurch können die Nachteile isolierter Betrachtungsweisen behoben und ein ganzheitlicher Gestaltungsansatz entwickelt werden. Weiterhin ist dem zu entwickelnden Ansatz ein **potentialorientiertes Dienstleistungsverständnis** zugrunde zu legen. Demnach müssen Dienstleistungsunternehmen zur Sicherstellung der Leistungsbereitschaft über Bündel von Ressourcen und Fähigkeiten verfügen, die im Rahmen der Vorkombination zu einem (technischen) Leistungspotential integriert und im Rahmen der Endkombination unter Einbeziehung des externen Faktors zu einer Dienstleistung kombiniert werden (vgl. Abschnitte 2.3.3, 2.3.4). Anhand der Ausführungen in den Abschnitten 2.3.4 und 2.4.3 wird ersichtlich, dass es sich bei der zugrunde liegenden Problemstellung um ein **mehrdimensionales Entscheidungsproblem** handelt, das es mit geeigneten Methoden zu lösen gilt. Um das Entscheidungsproblem vollständig erfassen zu können, sind somit **qualitative** und **dynamisch-quantitative Methoden** zielgerichtet zu kombinieren. Im Sinne einer **Entscheidungs-orientierten Gestaltung** der Methode sind als Ergebnis keine rein deskriptiven Bewertungsergebnisse sondern konkrete **strategische Handlungsempfehlungen** vorzusehen (vgl. Abschnitt 2.5). Um die **Unternehmensrealität** herstellerunabhängiger Instandhaltungsdienstleister umfassend abzubilden (vgl. Abschnitt 2.3.3 bzw. Kapitel 4) sind neben allgemeingültigen auch **instandhaltungs-** bzw. **dienstleistungsspezifische Entscheidungskriterien** einzubinden. So ist die erfolgskritische Bedeutung von Faktoren wie z.B. Know-how und Mitarbeiterqualifikation, instandhaltungsspezifische Dokumentation oder Ersatzteilversorgung in der Methode zu berücksichtigen.

Der Handlungsbedarf aus Sicht der Forschung ergibt sich aus der Tatsache, dass ein Großteil der Forschungsbeiträge mit Fokus auf die Entwicklung und Gestaltung technischer Dienstleistungen die Perspektive produzierender Unternehmen einnehmen. Da deren Rahmenbedingungen in Bezug auf Materialversorgung, Informationsverfügbarkeit und Berechtigungen jedoch von der Situation rein investiver, herstellerunabhängiger Instandhaltungsdienstleister abweichen, sind die Beiträge für die zugrunde liegende Forschungsfrage nur bedingt nutzbar. Um den Handlungsbedarf aus Sicht herstellerunabhängiger Instandhaltungsdienstleister zu identifizieren und Gestaltungsempfehlungen für die zu entwickelnde Methode abzuleiten, wird im folgenden Kapitel der Stand der Praxis dargestellt.

4 Stand der Praxis

Auf Basis der vorgestellten Begriffs- und Theoriegrundlagen wird in diesem Kapitel die Bedeutung technologieorientierter Analyse- und Gestaltungsmethoden in der Instandhaltungspraxis untersucht. Der Fokus der Praxisanalyse liegt auf den folgenden Punkten:

- Identifikation erfolgskritischer Elemente technischer Leistungspotentiale in der Instandhaltung
- Einsatz von Verfahren zur Analyse und Gestaltung technischer Leistungspotentiale in Instandhaltungsunternehmen
- Ermittlung entscheidungsrelevanter Kriterien für die technologieorientierte Leistungstiefengestaltung
- Anforderungsanalyse für eine Methode zur Analyse und Gestaltung technischer Leistungspotentiale

Hierzu wird zunächst die Forschungskonzeption beschrieben und begründet. Anschließend werden die Ergebnisse der Praxisanalyse vorgestellt und kritisch beleuchtet. Abschließend werden der Handlungsbedarf konkretisiert und Implikationen für die Methodenentwicklung abgeleitet.

4.1 Konzeption der Praxisanalyse

Als Grundlage einer Methodenentwicklung ist ein profundes Verständnis des Untersuchungsobjekts erforderlich. Nach Kubicek (1977, S. 16) bildet das Vorverständnis des Forschers die Basis des Forschungsprozesses. Dieses Wissen gilt es im Rahmen des gewählten Forschungsprozesses durch den Dialog mit Praxisexperten derart anzureichern, dass der Forscher befähigt wird, die Forschungsfrage zu beantworten und neue Fragen aufzuwerfen. Je enger der Forscher in Kontakt mit der empirischen Basis steht, desto höher ist der zu erwartende Erkenntnisgewinn (vgl. Kubicek 1977, S. 24). Um diesem Anspruch Rechnung zu tragen, ist im Rahmen des Forschungsprozesses eine regelmäßige Spiegelung der Erkenntnisse mit der Praxis vorgesehen (vgl. Abschnitt 1.4). Das Forschungsvorgehen der Praxisanalyse gliedert sich in drei Schritte (vgl. Abbildung 24). So wird im Rahmen einer **Vorstudie** die der Arbeit zugrunde liegende Problemstellung in der Instandhaltungspraxis spezifiziert. Nach der Analyse problemrelevanter Theorien (siehe Kapitel 2 und 3) werden in problemzentrierten **Experteninterviews** das Problemverständnis des Forschers vertieft, entscheidungsrelevante Kriterien identifiziert und inhaltliche sowie konzeptionelle Anforderungen an die Methode ermittelt. Die Evaluation der entwickelten Methode erfolgt schließlich durch **Fallstudien** in der Instandhaltungspraxis.

Die Wahl der **qualitativen Forschungsdesign** ergibt sich aus der Art der Forschungsfrage (vgl. Yin 2003, S. 5 f.). So besteht das Ziel der vorliegenden Arbeit in der Entwicklung **anwendungsorientierter Handlungsempfehlungen**, wofür nach Wrona (2005, S. 9) ein qualitatives Forschungsdesign zielführend ist. Qualitativen Methoden liegt die Annahme zugrunde, dass es sich bei der Realität um eine Menge sozialer Relationen handelt, die nur unzureichend objektivierbar sind. Somit unterliegt die Wahrnehmung der Realität im Forschungsprozess stets einem interpretativen Moment der am Forschungsprozess beteiligten Personen (z.B. Forscher, befragte Experten, Fokusgruppen). Der Vorteil liegt darin, dass der Forscher unmittelbar mit dem Kontext in Berührung kommt, in dem Entscheidungen getroffen werden (vgl. Myers 2009, S. 5).

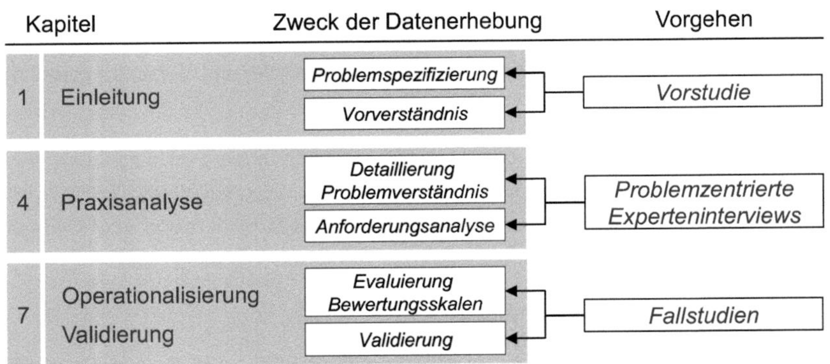

Abbildung 24: Konzeption der Praxisanalyse

4.1.1 Vorstudie

Nach Wrona (2005, S. 3 f.) liegt den unterschiedlichen Theorieströmungen innerhalb der qualitativen Forschung die gemeinsame Prämisse zugrunde, dass das Verständnis des zu untersuchenden Realphänomens im Zentrum des Forschungsprozesses steht. Das Vorverständnis des Forschers ist demnach eine wichtige Eingangsgröße für den Forschungsprozess. Es ist im Rahmen der Forschungsarbeit zu explizieren und im Zuge des Forschungsprozesses am Forschungsgegenstand systematisch weiterzuentwickeln (vgl. Mayring 2002, S. 25). Das **Vorverständnis** des Autors resultiert aus Forschungsprojekten im Instandhaltungsbereich, die er im Rahmen seiner Tätigkeit als wissenschaftlicher Mitarbeiter am Institut für Logistik und Unternehmensführung an der Technischen Universität Hamburg durchgeführt hat. Der Fokus der Projekte lag auf der Auswirkungsanalyse langfristiger technologischer und wettbewerblicher Entwicklungspfade auf das operative Instandhaltungssystem. Ein weiterer Schwerpunkt lag auf der Entwicklung technologisch-prozessualer Systematisierungsansätze zur Produktgruppenbildung in der Instandhaltung.

4.1.2 Problemzentrierte Experteninterviews

Als Erhebungsform werden im Rahmen der Praxisanalyse **problemzentrierte Experteninterviews** verwendet. Als *Experten* werden Personen bezeichnet, die sich ein besonderes (Erfahrungs-)Wissen in einem Feld angeeignet haben, das sie meist durch besondere Funktionen innerhalb eines Unternehmens oder durch den privilegierten Zugang zu Informationen erhalten haben (vgl. Wolfrum 1994, S. 157; Borchardt und Göthlich 2007, S. 38 f.; Gläser und Laudel 2010, S. 11 ff.). Im Interviewprozess liegt ebendieses Fach- und Hintergrundwissen im Fokus des Interesses. Die besondere Eignung von (Experten-)Interviews für die vorhandene Fragestellung liegt u.a. darin begründet, dass sie eine Kombination offener, halb-offener und geschlossener Fragestellungen ermöglichen, die dem Forscher ein hohes Maß an Flexibilität bei der Datengenerierung erlauben (vgl. Wrona 2005, S. 24 ff.; Myers 2009, S. 124 ff.). Insbesondere offene Fragestellungen begünstigen die Entstehung einer Diskussion zwischen den Gesprächspartnern, in deren Verlauf der Fragesteller etwa durch Rückfragen sein Verständnis für die jeweilige Themenstellung vertiefen kann. Gleichzeitig können Missverständnisse z.B. infolge definitorischer Fehlinterpretationen vermieden werden. Somit können durch Experteninterviews nicht nur das allgemeine Problemverständnis des Forschers geschärft und Anforderungen an die zu entwickelnde Methode ermittelt, sondern auch neue Aspekte in den Forschungsprozess aufgenommen werden. Problemzentrierte Experteninterviews haben keinen rein explorativen Charakter und eignen sich für theoriegeleitete Forschung bzw. bereits weitgehend eingegrenzte Problemstellungen (vgl. Wrona 2005, S. 25 f.). Auf Basis des in der Vorstudie gewonnenen Vorwissens dienen Experteninterviews der Reflexion, Fundierung und des Ausbaus vorhandenen Wissens.

4.1.3 Fallstudien

Um die **Funktionalität** und **Validität** der entwickelten Methode bzw. der Methodenergebnisse zu überprüfen, wurden Fallstudien in der Instandhaltungspraxis durchgeführt (vgl. Kapitel 7). Fallstudien sind insbesondere dann als Forschungsmethode geeignet, wenn Fragen nach dem „wie“ oder „warum“ zu aktuellen Realphänomenen gestellt werden, die sich der Einflusssphäre des Forschers entziehen (vgl. Yin 2003, S. 9). Die Eignung qualitativer Forschungsdesigns im Allgemeinen und Fallstudien im Besonderen für die **Evaluation** bzw. **Illustration konzeptioneller Forschung** wird in der Literatur herausgestellt (vgl. Yin 2012, S. 5; Siggelkow 2007, S. 22 f.). Zudem betont Gassmann (1999, S. 11 ff.) die besondere Eignung von Fallstudien im Kontext technologiestrategischer Fragestellungen.

4.2 Vorgehen

Im folgenden Abschnitt wird zunächst das Vorgehen bei der Auswahl und Durchführung der Experteninterviews skizziert.

4.2.1 Auswahl der Interviewpartner

Die Auswahl der Unternehmen für die Ermittlung des Standes der Praxis erfolgte anhand der Maßgaben des *Purposive Sampling* nach Patton (1990, S. 169 ff.). Ziel dieses Samplingansatzes ist es, eine Auswahl von Analyseobjekten zu erstellen, von denen ein maximaler Informationsgewinn in Bezug auf den Untersuchungsgegenstand zu erwarten ist. Entsprechend des in Abschnitt 1.3 eingegrenzten Forschungsgegenstands wurde die Zugehörigkeit zu einem **herstellerunabhängigen Instandhaltungsdienstleister** als primäres Auswahlkriterium für die Stichprobe definiert. Durch diese weitgehend **homogene Stichprobe** wird eine differenzierte Betrachtung von Phänomenen innerhalb dieser Unternehmenskategorie ermöglicht (vgl. Patton 1990, S. 173; Wrona 2005, S. 22). Eine Klassifikation der befragten Unternehmen nach *organisatorischen*, *objektbezogenen* und *prozessualen* Merkmalen ist in Anhang IV dargestellt.

Aufgrund der **taktischen** und **strategischen Dimension** technologieorientierter Leistungstiefenentscheidungen wurden Experten als Interviewpartner ausgewählt, die der mittleren oder hohen Führungsebene angehören und somit direkte Einblicke in die Entscheidungsprozesse des Unternehmens haben bzw. direkt daran beteiligt sind. Weiterhin wurde darauf geachtet, dass die Interviewpartner sowohl **Markt- und Wettbewerbs-** als auch profundes **Technologie-spezifisches Wissen** aufweisen. Diese Anforderung ergibt sich aus dem Umstand, dass bei taktischen bzw. strategischen Entscheidungen über die Leistungstiefe sowohl Markt- als auch Technologieaspekte zu berücksichtigen sind. Das resultierende Expertensample ist in Tabelle 3 abgebildet.

4.2.2 Kontaktanbahnung und Durchführung der Interviews

Die Interviewpartner wurden per Email, telefonisch oder über das Karrierenetzwerk XING kontaktiert. Den Kontakten wurde zugesichert, dass alle Informationen anonym bzw. in generalisierter Form weiterverarbeitet werden. Mit einer Ausnahme wurden alle **Experteninterviews persönlich** bei den jeweiligen Unternehmen durchgeführt; ein Interview erfolgte **telefonisch**. Die Dauer der Gespräche betrug zwischen 60 und 130 Minuten (durchschnittliche Dauer: 90 Minuten). Mit einer Ausnahme wurden alle Gespräche mit Einwilligung der Interviewpartner aufgezeichnet und anschließend transkribiert. In einem Fall wurde das Interview protokolliert. Um etwaige Unklarheiten und Fehlinterpretationen auszuschließen, wurden allen Interviewpartnern die Dokumente nach der Verschriftlichung zur Prüfung zur Verfügung gestellt.

Tabelle 3: Übersicht der Interviewpartner der Praxisanalyse

Unternehmen	Instandhaltungsobjekt	Interviewpartner
A	Schienenfahrzeuge	Geschäftsführer
B	Flugzeuge	Senior Vice President Production
C	Flugzeuge	Project Manager Capability Management
D	Windenergieanlagen	Director Global Technical Support & Engineering
E	Schienenfahrzeuge	Projektmanager Technologiemanagement
F	Agrartechnik	Geschäftsführer
G	Schienenfahrzeuge	Geschäftsführer Leiter Vertrieb
H	Windenergieanlagen	Projektmanager
I	Schienenfahrzeuge	Leiter Leichte Instandhaltung Leiter Schwere Instandhaltung

Die Gespräche wurden Leitfaden-gestützt durchgeführt (vgl. Abbildung 25 bzw. Anhang V). Durch den Einsatz eines Interviewleitfadens wird sichergestellt, dass trotz des offenen, diskussionsartigen Gesprächscharakters die zentralen Leitfragen behandelt werden (vgl. Borchardt und Göthlich 2007, S. 39; Gläser und Laudel 2010, S. 142 ff.). Gleichzeitig liefert der Leitfaden eine Grundstruktur für den Gesprächsverlauf, so dass die Ergebnisse unterschiedlicher Interviews vergleichbar bleiben (vgl. Bortz und Döring 2006, S. 314). Ein weiterer Vorteil von Leitfaden-gestützten Interviews besteht in der Flexibilität, im Gesprächsverlauf aufkommende neue Fragestellungen einbinden zu können und somit den Informationsgehalt zu steigern.

Die von den Interviewpartnern freigegebenen **Transskripte** bilden die **Datenbasis** für die Analyse des Standes der Praxis. Weiterhin wurden schriftliche Dokumente, wie z.B. **Unternehmenspräsentationen**, die von den Interviewpartnern zur Erläuterung einzelner Sachverhalte in das Gespräch eingebracht wurden, und weitere öffentlich zugängliche Informationen (z.B. Pressemeldungen, Marketingmaterial) in die Analyse einbezogen. Die Auswertung der Daten erfolgte **inhaltsanalytisch** nach den u.a. bei Kuckartz (2014, S. 40 ff.) beschriebenen Prinzipien mit Hilfe der Daten- und Textanalysesoftware MAXQDA (Version 11). Ein zentraler Vorteil der qualitativen Inhaltsanalyse besteht in den zugrunde liegenden Analyseregeln, die eine systematische und überprüfbare Auswertung und Interpretation qualitativer Datensätze ermöglichen (vgl. Mayring 2008, S. 42). Die Eignung dieses Vorgehens für problemzentrierte Experteninterviews wird bei Kuckartz (2014, S. 77 f.) hervorgehoben. Die konkrete Zielsetzung dieses Vorgehens besteht in der inhaltlich-strukturierenden Straffung der erhobenen Daten, um die Kerninhalte herauszustellen. Dazu wurden in einem kombiniert induktiven (Material-geleitet) und deduktiven (Theorie-basiert) Vorgehen Kategorien (Codesystem) gebildet, denen mittels Codierung Inhalte zugeordnet wurden (vgl. Mayring 2008, S. 74 ff. - siehe Anhang VI). Die Entwicklung des Kategoriensystems orientierte sich an dem bei Mayring (2008, S. 53 ff.) skizzierten Vorgehen.

1. Vorstellung und Einführung
   - Vorstellung der Gesprächspartner, Zielsetzung des Interviews
   - Entwicklung eines gemeinsamen Verständnisses relevanter Begriffe
2. Unternehmensangaben
   - Allgemeine Informationen (Kurzhistorie, Anzahl Mitarbeiter, Umsatz, Standorte, ...)
   - Produkt- und Leistungsportfolio des Unternehmens
   - Angaben zur Aufbau- und Ablauforganisation
3. Instandhaltungsprodukte und -prozesse
   - Produktstruktur und Leistungs-/Wertschöpfungstiefe
   - Prozessvarianten und Arbeitsinhalte
   - Erfassung erfolgsrelevanter Elemente technischer Leistungspotentiale
   - Identifikation und Auswirkungsanalyse technologischer Trends
4. Wettbewerbsmechanismen
   - Marktgröße, Wettbewerbsstruktur und -intensität
   - Kundenanforderungen
   - Auftragsvergabemechanismen, Leistungstiefenentscheidung
   - Erfolgsfaktoren im Wettbewerb
5. Planungsprozesse
   - Strategische Planung: Implementierungsgrad, Methodeneinsatz, organisatorische Verankerung, Planungszyklen
   - Capability-Management: Implementierungsgrad, Methodeneinsatz, organisatorische Verankerung, Planungszyklen
6. Anforderungen an ein integriertes Planungsverfahren
   - Diskussion instandhaltungsspezifischer Anforderungen
   - Bewertung konzeptioneller, formaler und inhaltlicher Anforderungen

Abbildung 25: Struktur des Interviewleitfadens

4.3 Ergebnisse der Praxisanalyse

Die Darstellung der Ergebnisse erfolgt in Anlehnung an die zu Beginn des Kapitels formulierte Zielsetzung und ist in fünf Abschnitte gegliedert:

- Elemente des technischen Leistungspotentials in der Instandhaltung
- Entscheidungsdimensionen der Leistungstiefengestaltung
- Methodeneinsatz zur Analyse und Gestaltung technischer Leistungspotentiale
- Prozesscharakteristika der Instandhaltung
- Anforderungen an die Methode

Aufgrund ihrer größtenteils langjährigen Branchenzugehörigkeit verfügten die befragten Experten nicht nur über ein breites instandhaltungsspezifisches Erfahrungswissen, sondern konnten darüber hinaus zum Teil umfangreiche Einblicke in die Instandhaltungspraxis aus Hersteller- und Kundensicht gewähren. Um die im Rahmen der Experteninterviews gewonnenen Erkenntnisse zu illustrieren, werden beispielhaft Zitate der Interviewpartner angeführt. Diese Darstellungsform eignet sich nach Pratt (2008, S. 500 f.) insbesondere für Aussagen, die einen Sachverhalt besonders anschaulich erläutern. Aus Gründen der Vertraulichkeit erfolgt die Darstellung der Ergebnisse in anonymisierter Form[50].

4.3.1 Elemente des technischen Leistungspotentials

Wie in Abschnitt 2.3.4 dargestellt, müssen Instandhaltungsdienstleister zur Gewährleistung der Leistungsbereitschaft über technische Leistungspotentiale verfügen. Um die Kernelemente technischer Leistungspotentiale im Kontext von Instandhaltungsdienstleistungen zu identifizieren, wurden diese in den Experteninterviews thematisiert. Dazu wurden den Interviewpartnern in Anlehnung an die in Abschnitt 2.3.4 dargestellte Systematisierung technischer Ressourcen und Fähigkeiten verschiedene Kategorien mit der Bitte vorgelegt, diese nach ihrer Relevanz zu bewerten und fehlende Elemente zu ergänzen. Als Ergebnis der Praxisanalyse haben sich fünf zentrale Elemente des technischen Leistungspotentials herausgestellt. Diese werden in den folgenden Abschnitten erläutert.

4.3.1.1 Qualifizierung und Know-how

Als zentrales Element des technischen Leistungspotentialbegriffs wurde in den Experteninterviews die **Qualifikation** und das **Know-how der Mitarbeiter** hervorgehoben. In diesem Zusammenhang stellt **Mitarbeiterqualifikation** für Instandhaltungsdienstleister oftmals nicht nur eine hinreichende sondern eine notwendige Voraussetzung für die interne Leistungserstellung dar. Besonders die Bedeutung des **formalen Aspekts der Qualifikation** wurde von den Experten betont; so dürfen bspw. im Luftfahrtbereich sicherheitskritische (Teil-)Prozesse nur durch zugelassene Fachkräfte durchgeführt werden.

> *„Zum einen gibt es die formale Qualifikation, dass jemand z.B. zertifizieren kann und das Flugzeug wieder freigeben kann. Das ist etwas, was einfach nur ein formaler Akt ist, der aber obligatorisch ist. Da brauche ich einfach das Personal zu."*
>
> \- Interviewpartner B -

[50] Verweise der Interviewpartner auf Drittunternehmen werden zur Anonymisierung einheitlich durch „Hersteller XY" oder „Unternehmen XY" gekennzeichnet, auch wenn es sich dabei um unterschiedliche Drittunternehmen handelt.

Die erforderlichen Qualifikationen werden im Rahmen von **Schulungs- bzw. Qualifizierungsmaßnahmen** aufgebaut, die entweder intern bereitgestellt oder extern eingekauft werden. Durch die Entwicklung interner Schulungsangebote können sich Instandhaltungsdienstleister von externen Anbietern unabhängig machen und schneller auf sich ändernde Anforderungen an die Qualifikationsprofile der Mitarbeiter reagieren. In den Qualifizierungsmaßnahmen wird vor allem der **pragmatische Aspekt der Qualifikation** in den Vordergrund gestellt. Dieser umfasst die Vermittlung Technologie- und Funktions-spezifischen Wissens, das den Mitarbeitern eine fachgerechte Bearbeitung des Instandhaltungsobjekts sowie die Fehleridentifikation und -behebung ermöglicht. In der Instandhaltungspraxis sind **Mischformen der internen und externen Qualifizierung** etabliert. Die interne Qualifizierung erfolgt über verschiedene Konzepte, von Praxistrainern (z.B. Unternehmen A und B) über duale Studiengänge bis zu (Um-)Schulungsprogrammen (z.B. Unternehmen C). Die besondere Bedeutung von **Erfahrungs-Know-how** bzw. **Transfer-Know-how** wird von den Experten betont. Derartiges Know-how ist für Unternehmen besonders wertvoll, da es in der Regel personengebunden ist und die Grundlage für Wettbewerbsvorteile darstellen kann. Weiterhin trägt das im Unternehmen gebündelte Erfahrungswissen zur Verbesserung oder Beschleunigung von Instandhaltungsprozessen bei.

> *„Es passiert oft, dass die „Fault Isolation Manuals“ der Hersteller, also die Unterlagen zur Problembehebung sagen, wie der Vorgang passieren müsste, aber wir können dann gleich bei Punkt 4 einsteigen, weil wir wissen, dass es das Problem nicht sein kann. Das sind die Erfahrungen, die wir haben. Oder Sie wissen immer, ja, es ist in der Regel Punkt 3. Oder: Ja, wenn man es so repariert, dauert es in der Regel länger, aber wenn Du es nicht so wie vorgeschlagen sondern anders machst, geht es letztlich viel schneller.“*
>
> \- Interviewpartner B -

In diesem Zusammenhang wurde von den Experten auch auf die Bedeutung der Faktoren **Motivation**, **Flexibilität** und **Eigeninitiative** verwiesen, die in Kombination mit Erfahrungswissen zu **Transfer-Know-how** ausgebildet werden können.

> *„Wo allerdings der echte Mehrwert reinkommt, ist, wenn jemand so ein gewisses Transfer-Know-how mitbringt. „Auf dem anderen haben wir das mal so und so gemacht oder gesehen. Lass uns das doch mal hier anwenden.“ Und wenn die dann auch die Erfahrung haben, zu sagen „Ich bewege mich da jetzt in einem sicheren Umfeld, um dieses Transfer-Wissen auch anzuwenden.“ - Das ist spannend, wenn Sie das haben.“*
>
> \- Interviewpartner B -

> *„Neben der Qualifikation sind Motivation, Flexibilität und Eigeninitiative der Mitarbeiter sehr wichtige Erfolgsfaktoren.“*
>
> \- Interviewpartner G -

Aufgrund der großen Bedeutung von Know-how für den Unternehmenserfolg in der technischen Instandhaltung wurde in den Gesprächen betont, wie erfolgskritisch für Instandhaltungsdienstleister die Stabilität von implizitem technischen Know-how im Unternehmen ist. Als zentrales Argument wurde in diesem Zusammenhang z.B. von Interviewpartner G angeführt, dass nur so der nachhaltige Transfer instandhaltungsrelevanten Wissens im Unternehmen garantiert werden könne:

> *„Der Service lebt von der Kontinuität der Mitarbeiter; das Know-how von Serviceunternehmen wird durch die Mitarbeiter abgebildet, wenn sie da eine hohe Fluktuation drin haben, dann verlieren sie das Know-how."*
>
> \- Interviewpartner G -

Zudem stellen qualifizierte Mitarbeiter ein wichtiges Merkmal dar, über das sich Instandhaltungsdienstleister im Wettbewerb differenzieren können.

> *„Um derartige Komponenten selbst darstellen zu können, sind ausgebildete Fachkräfte erforderlich; dies ist ein klassisches Differenzierungskriterium der Serviceanbieter untereinander."*
>
> \- Interviewpartner D -

4.3.1.2 Betriebsmittel

Betriebsmittel und technisches Equipment wurden von den Experten aus der Instandhaltungspraxis ebenfalls als zentrales Element des technischen Leistungspotentials klassifiziert. Darunter werden alle spezifischen oder generischen technischen Hilfsmittel gefasst, die u.a. zum **Transport**, zur Handhabung, zur **Zustands- oder Funktionsüberprüfung** oder zur **mechanischen, chemischen oder thermischen Bearbeitung** eingesetzt werden. In Tabelle 4 werden typische Betriebsmittelkategorien der technischen Instandhaltung aufgeführt und beispielhaft belegt.

Aufgrund der Heterogenität der Einsatzfelder sowie der Instandhaltungsobjekte ist die **Betriebsmittelintensität** der Instandhaltungsprozesse höchst unterschiedlich. Während für viele Teilprozesse der Zustandsüberprüfung nicht mehr als das menschliche Auge erforderlich ist (z.B. Sichtkontrolle von lackierten Oberflächen), kann etwa das Handling und die Bearbeitung von Getrieben von Windenergieanlagen nur durch umfassenden Betriebsmitteleinsatz (z.B. Kräne) realisiert werden.

Ebenso unterschiedlich wie die Betriebsmittel und ihre Einsatzfelder ist das erforderliche Investitionsvolumen. Während das **Investitionsvolumen** einfacher Werkzeuge wenige hundert Euro beträgt, müssen für die Beschaffung und Installation automatisierter Testanlagen in der Luftfahrzeuginstandhaltung oder Radsatzbearbeitungsmaschinen im Schienenfahrzeugbereich mehrere Millionen Euro aufgewendet werden.

Tabelle 4: Übersicht typischer Betriebsmittelkategorien der Instandhaltung

Betriebsmittelart	Beispiele
Werkzeug, Tooling	▪ Drehmomentschlüssel (z.B. Spezialschlüssel für Kardanwelle bei Diesellokomotiven) ▪ Hydraulikschrauber ▪ Hammer
Transportmittel, Hebezeuge	▪ Transportgestelle (z.B. für Radsätze) ▪ Kräne (z.B. Autokräne für Getriebedemontage bei Windenergieanlagen) ▪ Hebeanlagen (z.B. 4x25 t Hebeanlagen für Lokomotiven)
Messtechnik, Prüfmittel	▪ Einfache Multimeter, Druckmesser etc. ▪ Ultraschallprüfanlage (z.B. zur Rissprüfung) ▪ Pneumatik-/Hydraulikprüfanlagen ▪ Bremsenprüfstände
Computergestützte Diagnosesysteme, Testequipment	▪ Diagnosesoftware ▪ Steuerungstechnik zur Anlagensimulation im Testbetrieb ▪ Zerstörungsfreie Testverfahren (NDT)
Anlagen zur mechanischen, chemischen oder thermischen Bearbeitung	▪ Radsatzbearbeitungsmaschinen ▪ Öfen ▪ Entlackungsanlagen
Reinigungsanlagen	▪ Waschanlage ▪ Spülstände für Hydraulikkomponenten

Die **Betriebsmittelbeschaffung** kann über verschiedene Kanäle erfolgen; neben der Eigenentwicklung und -erstellung werden Betriebsmittel von spezialisierten Betriebsmittelentwicklungsbetrieben oder den Herstellern der Instandhaltungsobjekte bezogen. Diese setzen die Abhängigkeit der unabhängigen Servicebetriebe mitunter als Wettbewerbshebel ein.

> *„Es gibt z.B. bei der Steuerung der Anlage ganz wenig Substitute. Bei manchen Anlagen können die Betriebsmittel zur Diagnose nur über Unternehmen XY bezogen werden. Unternehmen XY ist verpflichtet diese Systeme uns zu verkaufen, aber da kann es natürlich zu „Schwierigkeiten“ kommen. Es kann beispielsweise zu Lieferengpässen kommen. [...] Sowas wird gemacht und das würde nie jemand zugeben. Aber es wird davon ausgegangen, dass diese Praktiken durchaus Anwendung finden.“*
>
> \- Interviewpartner H -

Weiterhin gibt es Unterschiede bzgl. der **Freiheitsgrade** bei der **Betriebsmittelwahl**. So sind die einzusetzenden Betriebsmittel in vielen Fällen durch den Hersteller vorgeschrieben.

> *„Was die Betriebsmittel und die Instandhaltungstechnologie angeht, sind diese eben auch genau vorgeschrieben in diesen Tätigkeiten. Ich habe da relativ wenige Abweichungsmöglichkeiten. Da wird genau vorgeschrieben: Es muss ein bestimmtes Prüfgerät von einem bestimmten Hersteller sein."*
>
> \- Interviewpartner B -

Die Bedeutung von Betriebsmitteln für den Unternehmenserfolg wird folglich von den Unternehmen unterschiedlich bewertet. Grundsätzlich gilt: Wenn die erforderlichen Betriebsmittel nicht vorhanden sind oder beschafft werden können, ist die interne Leistungserstellung nicht möglich.

> *„Ohne die Betriebsmittel können wir nichts tun. Da sind wir aufgeschmissen! Mit den Händen oder reiner Information geht nicht viel!"*
>
> \- Interviewpartner C -

Vor diesem Hintergrund wird die **Nicht-Verfügbarkeit von Betriebsmitteln** von den Experten als Grund für eine externe Vergabe eines Prozessschritts genannt.

> *„So muss bspw. die Wartung holländischer Zugsicherungssysteme fremd vergeben werden, da wir hierfür nicht zertifiziert sind bzw. weder qualifizierte Mitarbeiter noch entsprechende Betriebsmittel vorhalten."*
>
> \- Interviewpartner G -

> *„Prüfmittel sind sehr wichtig; wir vergeben die Aufträge erst dann unter, wenn wir nicht mehr über die erforderlichen Prüfmittel verfügen bzw. wenn diese so teuer sind, dass eine Anschaffung für uns nicht mehr wirtschaftlich ist."*
>
> \- Interviewpartner F -

Insgesamt weisen die Experten den Betriebsmitteln eine große Bedeutung für den Unternehmenserfolg zu, da sie einen integralen Bestandteil der Leistungsbereitschaft darstellen. Dabei gilt es jedoch zwischen der Bedeutung einfacher oder weit verbreiteter Betriebsmittel und technologisch anspruchsvollen oder investitionsintensiven Betriebsmitteln zu differenzieren.

4.3.1.3 Infrastruktur

Als notwendige Voraussetzung wird neben den Betriebsmitteln die erforderliche Infrastruktur angeführt. Infrastrukturelle Anpassungsmaßnahmen werden von den Experten als besonders investitionsintensiv wahrgenommen.

> *„Es gibt Bereiche, wo wir dieses Fahrzeug in unserer Infrastruktur nicht hinstellen können, das funktioniert nicht. Da müssen wir Anpassungen vornehmen. Da wird man dann eben auch schauen, was man von der Infrastruktur hat oder was man zusätzlich noch besorgen muss. Infrastruktur ist immer teuer."*
>
> \- Interviewpartner I -

Diese umfassen **Gebäude** (z.B. Hangars, Werkstätten in der Flugzeuginstandhaltung), **Verkehrswege und -technik** (z.B. Gleisanlagen für die Schienenfahrzeuginstandhaltung) oder **sonstige technische Ausrüstungen** (z.B. Abluftanlagen, Anlagen zur Druckerzeugung, Entsorgungseinrichtungen).

4.3.1.4 Zertifizierung

Zertifizierungen und Zulassungen werden als **notwendige Voraussetzung** für die interne Leistungserstellung genannt. Um Instandhaltungsdienstleistungen intern erbringen zu können, müssen Unternehmen in der Regel als Instandhaltungsbetriebe zertifiziert bzw. zugelassen sein. Derartige Zulassungen sind obligatorisch, wenn es sich um Instandhaltungsobjekte handelt, die in ihrem Einsatzkontext als sicherheitskritisch bewertet werden.

> *„Zertifizierung stellt eine sehr wichtige Ressource dar. Aufgrund der Sicherheitskritikalität vieler bearbeiteter Bauteile müssen jegliche relevanten Zertifizierungen vorliegen.“*
>
> \- Interviewpartner E -

Die Zulassung erfolgt nach Durchführung von Audits, die sowohl anhand allgemeiner als auch branchenspezifischer Kriterien die Eignung des jeweiligen Unternehmens als Instandhaltungsbetrieb überprüfen. Als prüfende Instanzen fungieren hierbei neben staatlichen oder internationalen Institutionen (z.B. EBA - Eisenbahnbundesamt, EASA - European Aviation Safety Agency) vor allem spezialisierte Unternehmen (z.B. TÜV, Germanischer Lloyd etc.). So müssen Instandhaltungsbetriebe von Schienenfahrzeugen eine ECM-Zertifizierung[51] vorweisen können (vgl. EBA 2014), Luftfahrt-MRO-Betriebe nach EASA Part 145 zertifiziert sein oder Instandhalter von Windenergieanlagen typengeprüft nach DIBt[52] sein oder für den Bereich Service/Instandhaltung nach DIN EN ISO 9001 zertifiziert sein. Darüber hinaus können spezifische Zulassungen für Produkte, Prozesse oder einzusetzende Betriebsmittel oder Nachweise eines Qualitätsmanagements nach DIN EN ISO 9001 erforderlich sein. Sofern Leistungen im europäischen oder internationalen Ausland erbracht werden, sind oftmals zusätzliche länderspezifische Zulassungen einzuholen. In diesem Zusammenhang wird die Signalwirkung von Zertifizierungen betont, die bei der Kundenakquise unterstützend wirkt. So sind einige Zertifizierungen obligatorisch, während andere wiederum fakultativ sind.

> *„Zertifizierung ist ein Muss und kein Erfolgsfaktor, sondern quasi Voraussetzung für Aufträge von Großkunden.“*
>
> \- Interviewpartner D -

[51] engl.: ECM - Entity in charge of maintenance
[52] Deutsches Institut für Bautechnik

„Bei den Ausschreibungen im Offshore-Markt merken wir sehr stark, dass ohne Zertifizierungen wenig zu holen ist. Die großen Energieversorger wollen sich dadurch einen gewissen Standard sichern."

- Interviewpartner H -

4.3.1.5 Dokumentation

Die Verfügbarkeit instandhaltungsrelevanter Dokumentation wird in den Gesprächen ebenfalls als zentrales Element des technischen Leistungspotentials bezeichnet. In diesem Zusammenhang gilt es jedoch zu beachten, dass die Bestandteile der technischen Dokumentation oftmals nicht instandhaltungsrelevant bzw. gar nicht für die Nutzung im Instandhaltungskontext ausgelegt oder nicht geeignet sind. Somit ist zwischen **allgemeiner technischer Dokumentation**, die den Aufbau und die Funktionalitäten eines technischen Objekts beschreibt, und **instandhaltungsspezifischer Dokumentation**, wie z.B. Testparameter oder Prozeduren zur Fehlerisolation etc. zu unterscheiden[53].

Insbesondere die instandhaltungsspezifische Dokumentation stellt für unabhängige Instandhaltungsdienstleister eine wichtige Ressource dar. Dennoch gibt es in Bezug auf die **Kritikalität** branchenspezifische Unterschiede. So sind etwa Luftfahrt-MRO-Betriebe aufgrund gesetzlicher Vorgaben auf die Herstellerdokumentation angewiesen, da die Durchführung der Instandhaltungsprozesse nach Herstellervorgaben obligatorisch ist.

„Es muss aber gesagt werden, dass die technische Dokumentation laut EASA 145 und FAA-Regularien zu beachten ist, d.h. dass wir dazu verpflichtet sind, nur nach CMM oder nach Approved Data zu arbeiten. Deshalb ist es für die Capability generell sehr wichtig, die Dokumentation überhaupt zu haben. Ohne geht es auch nicht."

- Interviewpartner C -

„Da gibt es ja keinerlei Gestaltungsspielraum, würde ich sagen. Deswegen, ja, ich brauche diese technischen Dokumentationen, ohne die geht da nichts."

- Interviewpartner B -

Zwar sind die Instandhalter der anderen untersuchten Branchen ebenfalls auf technische Dokumentationen angewiesen, jedoch können diese im Instandhaltungsprozedere von Herstellervorgaben abweichen bzw. eigene Instandhaltungsprozeduren entwickeln. Auf die Frage nach der **Verfügbarkeit instandhaltungsrelevanter Dokumentation** geben die befragten Experten branchenspezifisch abweichende Erläuterungen. So sind sich die Experten einig, dass die instandhaltungsrelevante Doku-

[53] In der Praxis sind diese beiden Kategorien oftmals nicht klar abzugrenzen.

mentation zwar theoretisch durch die Kunden bereitgestellt wird. In der Praxis gibt es jedoch einige Gründe, warum die Dokumentation den Instandhaltern gar nicht, teilweise oder lücken- bzw. fehlerhaft zur Verfügung steht. So geben die Instandhaltungsexperten aus Luftfahrt und Windenergie an, dass Airlines und Windparkbetreiber oftmals nicht über die vollständige technische Dokumentation ihrer Assets verfügen, da diese im Beschaffungsprozess als sekundär betrachtet wird.

> *„Das haben wir ganz stark bei neueren Flugzeugmodellen und -komponenten. Wenn Sie das nicht in die Kaufverträge der Flugzeuge mit „reinverhandeln", dann kommen Sie da einfach nicht mehr ran."*
>
> \- Interviewpartner B -

> *„Die Parkbetreiber haben ein Interesse, die Dokumentation für die Maschinen zu bekommen, die sie gekauft haben. Für ein Atomkraftwerk kriegen sie die komplette Dokumentation und für die Windmühle gar nichts."*
>
> \- Interviewpartner D -

Weiterhin wird die Verfügbarkeit der technischen Dokumentation von den Herstellern der Instandhaltungsobjekte immer häufiger als wettbewerbsstrategischer Hebel oder als zusätzliche Ertragsquelle begriffen. Dies führt bei unabhängigen Instandhaltungsdienstleistern mitunter zu Dokumentationsengpässen.

> *„Bei technischen Dokumentationen gibt es große Probleme an alle heranzukommen."*
>
> \- Interviewpartner H -

> *„Bei neuen bzw. zukünftigen Anlagen versuchen die OEM einen Hebel darüber zu entwickeln, dass sie Software für Fernüberwachungssysteme und erforderliche Dokumentation sehr restriktiv handeln."*
>
> \- Interviewpartner D -

> *„Dann geht es natürlich weiter mit den Aufsichtsbehörden, die eine große Rolle spielen, weil diese sagen: „Ihr dürft eigentlich nur nach Herstellerunterlagen arbeiten." Aber wenn ich keine Herstellerunterlagen habe, dann kann ich mir praktisch auch nicht über eigene Erfahrungen oder irgendwas eigene Reparaturunterlagen herbeischaffen bzw. das ist dann auch sehr, sehr teuer, weil die dann auch alle zugelassen werden müssen. Es herrscht auch da ein* ***großer Protektionismus****, der über die Gesetzgeber aufgebaut wird."*
>
> \- Interviewpartner B -

Weiterhin verweisen Experten aus dem Schienenfahrzeugbereich darauf, dass aufgrund der zum Teil sehr langen Lebenszyklen von Lokomotiven („*30-40 Jahre*"), der regelmäßigen Revisionen („*Unikatcharakter*") und infolge diverser Konsolidierungsprozesse im Wettbewerb besonders für ältere Fahrzeuge keine vollständige technische Dokumentation vorhanden ist. Darüber hinaus gibt es in der Branche historisch bedingte Gründe dafür, dass die Herstellerdokumentation nur bedingt für den Instandhaltungskontext nutzbar ist.

> *„Die unzureichende Dokumentation der Instandhaltungsinhalte ist nicht strategisch motiviert, sondern ist historisch bedingt. So waren die Herstellerinformationen früher ausreichend, da ihr Hauptkunde ohnehin eigene Instandhaltungsdokumentation entwickelt hat. Die Hersteller sind es so gewohnt."*
>
> \- Interviewpartner G -

Auf die Frage nach **alternativen Beschaffungsformen** instandhaltungsrelevanter Dokumentation antworten Experten der Bereiche Schienenfahrzeuginstandhaltung und Windenergie, dass lückenhafte oder fehlende **technische Dokumentation** auch **selbst erstellt** werden, was jedoch in der Regel zeit- und kostenintensiv sei.

> *„Dokumentation mit Arbeitsanweisung und Sicherheitsrichtlinien muss erarbeitet werden und ist sehr zeitintensiv."*
>
> \- Interviewpartner D -

> *„Instandhaltungsrelevante Dokumentation wird im Regelfall durch uns neu geschrieben, weil die Herstellerdokumentation in den meisten Fällen für Instandhaltungszwecke unbrauchbar ist." […] Herstellerdokumentation beschreibt auf 4-5 Seiten, wie ein Laufwerk instand zu halten ist; unsere eigene Doku beschreibt den gleichen Prozess auf ca. 40 Seiten, da die Prozessschritte viel genauer spezifiziert sind, inklusive einer höheren Anzahl an Messpunkten, der genaueren Aufnahme von IST-Werten etc."*
>
> \- Interviewpartner G -

Als weitere alternative Beschaffungsform wird in den Bereichen Luftfahrt und Agrartechnik der Kauf instandhaltungsrelevanter Dokumentation bzw. der Abschluss von Lizenzvereinbarungen mit den Herstellern angeführt.

> *„Lizenzen werden gekauft, man benötigt für die Instandhaltung ja Maschinenbilder, Konstruktionszeichen etc., was heute alles auf dem PC digitalisiert ist. Dafür kauft man Lizenzen, Zugänge über Intranet etc. Aber auch Nutzungslizenzen und insbesondere Softwarelizenzen sind eine Riesensache!"*
>
> \- Interviewpartner F -

4.3.1.6 Material- und Ersatzteilversorgung

Weiterhin werden Ersatzteile als wichtiges Element des technischen Leistungspotentials klassifiziert. Dabei sind Ersatzteile der Originalteilehersteller und Nachbauten nach Muster zu unterscheiden. Während in den meisten Fällen die Originalteilehersteller die Hoheit über die Ersatzteilversorgung haben, gibt es Branchen, in denen sich ein Sekundärmarkt für Nachbauten (z.B. Messerbalken von Schneidwerken in der Agrartechnik) oder Gebrauchtteile entwickelt. Die Sicherstellung einer stabilen Ersatzteilversorgung stellt für unabhängige Instandhaltungsdienstleister branchenübergreifend eine Herausforderung dar. Neben der **Nicht-Verfügbarkeit** von Ersatzteilen, werden **lange Lieferzeiten** und **hohe Ersatzteilpreise** von den Experten als Hauptprobleme genannt. So kann die Ersatzteilversorgung etwa durch die Einstellung der Ersatzteilproduktion beim Hersteller begründet sein. Dieser Fall tritt oftmals bei Instandhaltungsobjekten ein, die sich in einem sehr fortgeschrittenen Lebenszyklusstadium befinden.

> *„Für viele alte Anlagen werden keine passenden Teile mehr produziert. Nur Teile, die in eine neue Baureihe übernommen werden und dann weiterverwendet oder weiterentwickelt werden, werden weiterhin produziert. […] Wenn die notwendigen Teile dann nicht mehr produziert werden, dann haben wir ein Problem.“*
>
> - Interviewpartner H -

Lange Lieferzeiten und hohe Preise von Ersatzteilen resultieren aus einer restriktiven Versorgungspolitik der Hersteller, die diese aus Sicht der unabhängigen Instandhaltungsdienstleister als Wettbewerbshebel einsetzen, um eigene Serviceaktivitäten zu etablieren.

> *„Die Hersteller setzen auf verstärkten Einsatz von Software-Black-Boxes, teure Prüfgeräte und lange Materiallieferzeiten bzw. hohe Preise, um herstellerunabhängigen Betriebe aus dem Markt zu drängen.“*
>
> - Interviewpartner G -

> *„Hersteller XY versorgt die Servicebetriebe kaum noch mit Ersatzteilen, um das Servicegeschäft an sich zu reißen.“*
>
> - Interviewpartner A -

Als Maßnahme zur Sicherstellung der Ersatzteilversorgung verweisen die Experten auf den Bezug oder die Eigenentwicklung von Nachbauteilen oder den Bezug von Originalteilen über den Sekundärmarkt. Die erste Alternative ist für die Instandhalter mit einem hohen Zeit- und Ressourcenaufwand verbunden. Beide Alternativen versuchen die Hersteller der Originalteile hingegen einzudämmen.

> *„Wir haben schon Generatoren für Anlagen des Herstellers XY nachgebaut, weil OEM sehr hohe Preise verlangt hat. […] Konstruktion und Engineering erfolgt bei uns, Fertigung allerdings durch externen Auftragnehmer.“*
>
> - Interviewpartner D -

> *„Diese werden gerade mit Hochdruck einzuführen versucht, z.B. von einem großen privaten Landmaschinenhändler in Deutschland, der einen Zweig in dieser Sache aufgemacht hat und jetzt quasi Generika anbietet. Mit Hochdruck wird dies natürlich vom Hauptthersteller bekämpft."*
>
> \- Interviewpartner F -

4.3.1.7 Zusammenhang zwischen den Elementen

Zusammenfassend lässt sich feststellen, dass die genaue Zusammensetzung der Elemente des technischen Leistungspotentials nicht nur Branchen-, sondern auch unternehmensspezifische Unterschiede aufweist. Dennoch konnten einige Elementeklassen herausgearbeitet werden, die übergreifend für alle unabhängigen Instandhaltungsdienstleister erfolgskritisch sind (vgl. Abbildung 26).

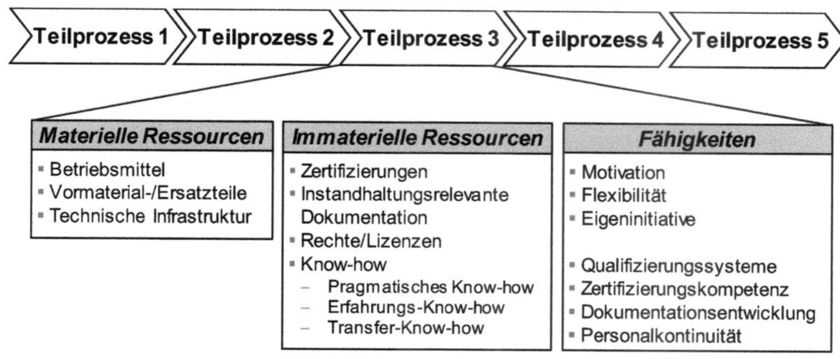

Abbildung 26: Elemente des technischen Leistungspotentials

Je nach Branche oder Unternehmen kann ein bestimmtes Element oder eine Menge von Elementen des technischen Leistungspotentials als erfolgskritisch hervorgehoben werden. Dennoch sind in der Regel eine Menge an Elementen erforderlich, um die Instandhaltungsleistungen intern erbringen zu können.

> *„Sobald eines dieser drei Dinge wegfällt, entweder die Werkzeuge, das Material oder die Ausbildung, dann fällt sowieso das ganze Kartenhaus in sich zusammen."*
>
> \- Interviewpartner B -

> *„Für den Prozess der Instandhaltung, ist es schwer zu bewerten, was erfolgskritischer ist, weil ohne eines dieser Elemente die Dienstleistung gar nicht angeboten werden könnte. Die Abwesenheit eines dieser Elemente stellt einen Show Stopper dar."*
>
> \- Interviewpartner C -

4.3.2 Entscheidungsdimensionen der Leistungstiefengestaltung

Das **Leistungsportfolio** der im Rahmen der Praxisanalyse befragten Unternehmen ist auf ein bestimmtes Technologie- oder Herstellerspektrum begrenzt. Dies kann sowohl **historische** als auch **pragmatische Gründe** haben. So liegt der Hauptfokus der Instandhaltungsleistungen eines der befragten Unternehmen aus historischen Gründen auf Diesel-elektrischen Lokomotiven des Herstellers XY, da ein Großteil der Mitarbeiter im Vorfeld bei diesem Unternehmen beschäftigt waren und über ein entsprechend hohes systemspezifisches Know-how verfügen.

> *„Der Hauptfokus der Leistungen liegt auf Hersteller XY-Fahrzeugen bzw. -Komponenten; dies ist historisch bedingt, da viele Mitarbeiter des Unternehmens G früher bei Hersteller XY gearbeitet haben und sich mit den Systemen sehr gut auskennen.“*
>
> \- Interviewpartner G -

Pragmatische Gründe waren hingegen bei der Gestaltung des Leistungsspektrums von Unternehmen D ausschlaggebend; ursächlich hierfür ist, dass ein Kunde den Großteil der Instandhaltungsaufträge ausmacht und das Leistungsspektrum auf dessen spezifische Bedürfnisse bzw. Technologien ausgerichtet wurde.

> *„Nein, Unternehmen D bietet den Service nicht für alle Anlagentypen an. Viele Service-Anbieter spezialisieren sich nur auf gewisse Anlagentypen. Die Gründe hierfür sind: Komplexitätsgrad der Anlagen ist sehr groß, Anlagen sind zum Teil sehr unterschiedlich, Notwendigkeit hoher Lagerbestände von Ersatzteilen und Komponenten unterschiedlicher Anlagen, Verfügbarkeit Maschinen-spezifischen Know-hows ist nicht umfassend gegeben.“*
>
> \- Interviewpartner D -

Die Ansätze zur **Gestaltung der Leistungstiefe** und die damit verbundenen Entscheidungsmuster für die interne Leistungserstellung oder Fremderstellung unterscheiden sich zwischen den Unternehmen deutlich. Grundsätzlich treten alle befragten Unternehmen gegenüber ihren Kunden als Full-Service-Betriebe auf; die eigentliche Leistungserstellung erfolgt anschließend jedoch nicht vollständig intern, sondern es werden einzelne Leistungen oder ganze Leistungsbündel an externe Unternehmen fremdvergeben.

> *„Unternehmen D fungiert hier als Makler von Instandhaltungsleistungen und hat Rahmenverträge mit Servicebetrieben, die z.B. auf Steuerungstechnik oder Hydraulikkomponenten spezialisiert sind.“*
>
> \- Interviewpartner D -

> *„Es wird das gesamte Produktspektrum von vollumfassenden Full-Service-Verträgen bis zu einmaligem Einzelkomponentengeschäft angeboten.“*
>
> \- Interviewpartner E -

Die Gründe für die Fremdvergabe von Leistungen sind unternehmensspezifisch. Im folgenden Abschnitt werden die wichtigsten Gründe erörtert, die von den Experten für eine Fremdvergabe angeführt werden. Kapazitative Restriktionen stellen demnach einen **Grund für die Ausgliederung** von (Teil-)Prozessen dar. So kann die Leistungsbereitschaft auch im Falle von temporären Kapazitätsengpässen beim Instandhaltungsdienstleister durch die Fremdvergabe von Teilleistungen oder Leistungsbündeln aufrechterhalten werden.

> *„Kapazitative Aspekte können für eine Fremdvergabe sprechen [...] so ist bspw. die räumliche Zuordnung der Ressourcen oftmals so, dass Aufgaben fremd vergeben werden müssen."*
>
> \- Interviewpartner G -

> *„Es gibt Standort-spezifische Gründe, warum und in welchem Maße Einzel- oder Teilleistungen vergeben werden: in der Regel aus kapazitativen Gründen oder im Falle von Sonderleistungen, die spezielle Bearbeitungsverfahren erfordern."*
>
> \- Interviewpartner E -

Darüber hinaus werden von den Experten **wertschöpfungsbezogene Gründe** für die Fremdvergabe angeführt. Dieser Aspekt bezieht sich auf besonders einfache und frequente oder besonders komplexe Instandhaltungsinhalte, die aufgrund kapazitativer oder sonstiger Ressourcen- oder Fähigkeits-bedingter Erwägungen ausgelagert werden.

> *„Das Unternehmen kann 100% interne Leistungstiefe nicht vorhalten; insbesondere aufwändige Komponenten (z.B. tiefe avionische Systeme) werden extern instandgehalten."*
>
> \- Interviewpartner B -

> *„Größere Aufgaben bezüglich mechanischer Teile werden bei uns nicht selbst gemacht (z.B. Getriebeüberholung) – das geht dann komplett an den Hersteller."*
>
> \- Interviewpartner H -

Als weiteres Fremdvergabemotiv wird von den Experten die Erbringung von Sonderleistungen genannt. Dabei kann es sich zum einen um spezielle Bearbeitungsverfahren handeln, die nicht vorhandene spezielle Ressourcen und Fähigkeiten erfordern; zum anderen kann der Fall eintreten, dass die Leistungserstellung aufgrund zu geringer Fallzahlen nur extern sinnvoll ist.

> *„Als Dienstleister kann man kleine Pakete zu Spezialthemen vergeben, wie z.B. das Wiegen von Flugzeugen oder die Durchführung von Spezialtestverfahren."*
>
> \- Interviewpartner B -

Weitere Gründe können die Spezialisierung auf bestimmte Leistungsinhalte oder allgemein das Fehlen erforderlicher Elemente des technischen Leistungspotentials sein.

> *„[...] 90% der Fälle erfolgt die Fremdvergabe aus nicht-vorhandenen Kapazitäten; der Rest, wenn die erforderlichen Zulassungen nicht vorhanden sind (Beispiel Zugsicherungssystem)."*
>
> \- Interviewpartner G -

> *„Unternehmen D hält nur die Großkomponenten selbst instand, davon aber auch so gut wie alles. Alle anderen Arbeitsinhalte werden an spezialisierte Dienstleister untervergeben."*
>
> \- Interviewpartner D -

Die externe Erstellung erfolgt fallbezogen durch den Hersteller, andere unabhängige Instandhaltungsdienstleister oder spezialisierte Fachbetriebe.

4.3.3 Methodeneinsatz und Rahmenbedingungen der Planung

Um die Anforderungen an eine zu entwickelnde Methode zu spezifizieren wurde der Einsatzgrad von Methoden der Analyse und Gestaltung technischer Leistungspotentiale in der Instandhaltungspraxis untersucht. Neben qualitativen und quantitativen Ansätzen standen hierbei die organisatorische Verankerung sowie relevante Entscheidungsdimensionen im Zentrum des Interesses.

4.3.3.1 Technologieanalyse

Um über die langfristige Vorteilhaftigkeit der internen Leistungserstellung entscheiden zu können, müssen die dazu erforderlichen Elemente des technischen Leistungspotentials identifiziert werden. Dazu werden in den befragten Unternehmen Verfahren der **Analogiebildung**, **Vor-Ort- bzw. Bauteilanalysen** und **Dokumentenrecherche** angewandt.

> *„Im ersten Schritt werden die Instandhaltungsdokumentation, -pläne, -raster analysiert, um die erforderlichen Arbeitsumfänge der präventiven Instandhaltung zu ermitteln.*
> *Anhand von Erfahrungen auf anderen Loktypen werden die Instandhaltungspläne anschließend hinterfragt sowie Know-how für Software und Störungssuche aufgebaut."*
>
> \- Interviewpartner G -

4.3.3.2 Entscheidungsfindung

Der Methodeneinsatz zur Entscheidungsunterstützung ist bei den befragten Unternehmen weitgehend auf monetäre Methoden beschränkt. So werden Entscheidungen über die Eingliederung technischer Leistungspotentiale vorwiegend auf Basis von Verfahren der **Wirtschaftlichkeitsanalyse** getroffen. Die größte Verbreitung erreicht die Kapitalwertmethode, die in allen Unternehmen Anwendung findet. Ergänzend werden zudem Deckungsbeitragsrechnungen, Amortisationsrechnungen, Break-even-Analysen und Kennzahlen-basierte Verfahren (Renditekennzahlen) eingesetzt. Die Bedeutung nicht-monetärer Entscheidungsparameter wird zwar von den Experten bestätigt, jedoch werden nur selten **qualitative Methoden** zusätzlich zur Wirtschaftlichkeitsanalyse eingesetzt (z.B. Argumentenbilanz, Checklisten). Dieser Aspekt wird von einem Experten mit der Dominanz monetärer Parameter als Steuerungsgröße in Unternehmen begründet.

> *„Das Problem ist natürlich immer, dass die Argumentation gegenüber dem Management schlecht ausfällt, wenn man keine wunderschönen Zahlen darstellen kann. Deswegen muss eigentlich immer der Versuch unternommen werden, das Projekt zu quantifizieren."*
>
> \- Interviewpartner C -

4.3.3.3 Organisatorische Einbindung

Aufgrund der taktisch-strategischen Dimension der Leistungstiefenentscheidung werden in der Regel Vertreter der oberen oder mittleren Führungsebene in den Entscheidungsprozess einbezogen. Insbesondere große Unternehmen (in Bezug auf die Mitarbeiterzahl) verfügen oftmals über spezielle Funktionsbereiche, die ausschließlich mit Themen der Technologieplanung und Leistungstiefengestaltung betraut sind. Diese Abteilungen üben eine Schnittstellenfunktion aus, indem sie Markt-bezogenes Know-how und Technologieexperten zusammenführen. In KMU ist dieses Wissen oftmals in der Funktion der Geschäftsführung gebündelt. Eine weitere Form der organisatorischen Integration sind fallbezogene Projektteams, die abteilungsübergreifend organisiert sind. Dieses Vorgehen wird von Experte B wie folgt dargestellt:

> *„Wenn ein neues Flugzeug kommt, wird in der Regel eine Projektgruppe aufgesetzt, die sich mit dem Entry-into-Service befasst. Die EIS–Gruppe setzt sich aus Mitarbeitern aus der Ausbildung, den Werkstätten etc. zusammen, um zu analysieren: Welche sind die Komponenten, die wir selber machen wollen? und den EIS entsprechend vorzubereiten."*
>
> \- Interviewpartner B -

4.3.3.4 Entscheidungsdimensionen der Leistungsbereitschaft

Bei der Entscheidung über den Auf- oder Abbau bzw. die Weiterentwicklung technischer Leistungspotentiale wird in der Praxis eine Vielzahl von Kriterien berücksichtigt. Die von den Experten genannten Kriterien werden in Abbildung 27 systematisiert und anschließend kurz erläutert.

Abbildung 27: Entscheidungsdimensionen der Leistungstiefengestaltung aus Praxissicht

So werden insbesondere ökonomische Kriterien von den Experten als entscheidungsrelevant bezeichnet. Die Entscheidung über die Ein- oder Ausgliederung technischer Leistungspotentiale geht stets mit einer Analyse der wirtschaftlichen Vorteilhaftigkeit einher. Ob noch weitere Kriterien einbezogen und wie diese untereinander gewichtet werden, ist hingegen vom jeweiligen Entscheidungsfall abhängig.

> *„Zwar ist die Kapitalwert- oder Amortisationsrechnung nicht immer in erster Linie der Entscheidungsauslöser, aber in zweiter Linie immer: Wir würden in nichts investieren, das sich nicht irgendwann rentiert."*
>
> \- Interviewpartner F -

In diesem Zusammenhang werden auch Kostensenkungspotentiale angeführt, die durch den internen Aufbau erschlossen werden können. Als weitere Entscheidungsdimensionen werden die Marktattraktivität sowie die Wettbewerbssituation angeführt. So wird in Vorbereitung der Eingliederungsentscheidung in der Regel eine Markt- und Wettbewerbsanalyse durchgeführt, in deren Rahmen u.a. das Absatzpotential, das Marktwachstum und die Wettbewerbsintensität analysiert werden. Die Stabilität des Marktzugangs ist ein weiterer entscheidungsrelevanter Aspekt, der von den meisten Experten genannt wird. In diesem Zusammenhang werden u.a. der erschwerte Zugang zu Equipment, Material, Dokumentation und Know-how sowie rechtliche Einschränkungen als Gründe für die externe Leistungserstellung genannt.

> *„Neben der Anzahl der installierten Anlagen ist auch die Vertragsstruktur der Anlagen relevant; wenn die Anlagen jeweils mit sehr langfristigen Servicerahmenverträgen der Hersteller ausgestattet sind, macht der Aufbau der Capability keinen Sinn."*
>
> \- Interviewpartner D -

Operative Aspekte, wie die Verfügbarkeit und Kapazität technischer Ressourcen und Fähigkeiten, spielen in der Praxis ebenfalls eine wichtige Rolle. Nachhaltigkeitsaspekte spielen zwar eine untergeordnete Rolle für die Eingliederungsentscheidung, werden jedoch ebenfalls genannt. Ein weiterer Aspekt, der bei der Eingliederungsentscheidung berücksichtigt wird, ist der Marketingeffekt, der aus einer hohen Leistungstiefe resultiert. So spielen das Technologieführerimage oder die Gesamtsystemfähigkeit eine wichtige Rolle bei der Kundenakquise. Der strategische Fit des technischen Leistungspotentials wird ebenfalls von den Experten als entscheidungsrelevant angesehen. In diesem Kontext werden u.a. die Nutzung bzw. der Ausbau der im Unternehmen vorhandenen Know-how-Basis und die Realisierung von Synergien im Leistungsportfolio genannt. Zudem werden technologiestrategische Kriterien angeführt: So können durch die frühzeitige Erschließung eines Technologiepfads Folgekosten reduziert und Multiplikationseffekte realisiert werden.

> *„Wenn ich das Gerät X als erstes aufbaue, dann ist das nächste Gerät billiger. Wenn ich das Gerät Y nicht aufgebaut hätte, dann hätte ich das Gerät Z gar nicht aufbauen können."*
>
> \- Interviewpartner C -

4.3.4 Generische Instandhaltungsprozessschritte

Im Rahmen der Interviews wurden den Experten generische Prozesskategorien aus dem Bereich der Luftfahrzeuginstandhaltung[54] mit der Bitte vorgelegt, diese auf ihre Allgemeingültigkeit, Relevanz und Erfolgskritikalität für andere Instandhaltungsbranchen zu überprüfen und ggf. zu ergänzen (vgl. ATA iSpec 2200) (vgl. Abbildung 28).

Abbildung 28: Prozesskategorien der Instandhaltung

Dabei wurde von den Experten bestätigt, dass die angegebenen Prozesskategorien die instandhaltungsrelevanten Prozessinhalte vollständig abbilden. Auch in den vorgegebenen Prozesskategorien nicht explizit genannte Prozessinhalte (z.B. Störungssuche) konnten in der Diskussion einer Kategorie zugeordnet werden. Hinsichtlich der Erfolgskritikalität und des technischen Anspruchs wurden branchen-, unternehmensspezifische und auch Technologie-spezifische Unterschiede festgestellt. In diesem Zusammenhang wurde darauf verwiesen, dass alle Prozesskategorien spezifische Herausforderungen aufweisen. Gleichzeitig wurden jedoch auch Schlüsselprozesse identifiziert, die in Bezug auf Ressourcenintensität oder technisches Know-

[54] Eine komplette Überschneidungsfreiheit der Prozesskategorien kann nicht garantiert werden. So werden in einigen Instandhaltungsbranchen z.B. *Inspektionen* als Instandhaltungsereignisse bezeichnet, die auch *Demontage-* und *Montagetätigkeiten* umfassen können. Die Experten wurden auf diesen Umstand hingewiesen.

how besondere Anforderungen an die Unternehmen stellen. So stellen die Experten aus dem Bereich der Windtechnik die *Demontage* und die *Handhabung von Getriebetechnik* als besonders Ressourcen-intensiv heraus. Die Experten aus den Bereichen Luftfahrt und Schienentechnik heben das *Testen von Komponenten* sowie die *Fehlerdiagnose* als Schlüsselprozesse hervor.

4.3.5 Anforderungen an die Methode

Abschließend wurden mit den Unternehmensvertretern die Anforderungen an eine Methode zur Planung und Steuerung technischer Leistungspotentiale erörtert. Dazu wurden den Experten Anforderungskriterien aus der Literatur zur Bewertung und Ergänzung vorgelegt. Neben inhaltlichen und konzeptionellen wurden Anwendungsbezogene Kriterien erfasst. Die resultierenden Anforderungen an die zu entwickelnde Methode werden in Abschnitt 5.3 dargestellt und kurz erläutert.

4.4 Zwischenfazit und Ableitung des Handlungsbedarfs

Ergänzend zu den in Abschnitt 5.3 ermittelten Anforderungen an die zu entwickelnde Methode werden im Folgenden die Ergebnisse der Praxisanalyse zusammengefasst und der Handlungsbedarf aus Sicht der Praxis abgeleitet (vgl. Tabelle 5).

Tabelle 5: Handlungsbedarf aus Sicht der Praxis

Abschnitt	Handlungsbedarf
4.3.1	▪ Abbildung der zentralen Elemente des technischen Leistungspotentials im Kontext der Instandhaltung technischer Objekte
4.3.1; 4.3.2	▪ Unterstützung der proaktiven Planung technischer Leistungspotentiale
4.3.3	▪ Kombination quantitativer und qualitativer Entscheidungskriterien
4.3	▪ Unterstützung der systematischen Ein- und Ausgliederungsentscheidung technischer Leistungspotentiale
4.3.2; 4.3.3	▪ Berücksichtigung instandhaltungsspezifischer Entscheidungskriterien zur technologieorientierten Gestaltung der Leistungstiefe
4.3.4	▪ Ausrichtung des generischen Entscheidungsmodells an den Prozesselementen der Instandhaltung

Im Rahmen der Praxisanalyse konnten die zentralen Elemente technischer Leistungspotentiale in Instandhaltungsbetrieben ermittelt werden. Neben Ressourcen wie Betriebsmitteln, technische Dokumentation etc. wurde von den Experten die Bedeutung von Technologie- und Erfahrungs-Know-how für den Unternehmenserfolg betont. Weiterhin wurde festgestellt, dass die Zusammensetzung des technischen Leistungspotentials aufgrund der Heterogenität der Instandhaltungsbranchen, -unternehmen und -objekte sich zum Teil deutlich unterscheiden kann.

Die Planung technischer Leistungspotentiale erfolgt in der Instandhaltungspraxis oftmals fallbasiert und reaktiv. Zudem werden Entscheidungen über den internen Aufbau fast ausschließlich auf Basis monetärer Methoden getroffen, obwohl in den Gesprächen die Bedeutung nicht-quantifizierbarer Entscheidungsparameter als ebenso wichtig bewertet wurde. Die taktische bzw. strategische Dimension von Entscheidungen zur Leistungstiefengestaltung wird somit in den bereits angewendeten Entscheidungsmodellen nicht umfassend abgebildet.

Ebenso wenig werden Ausgliederungsentscheidungen intern vorhandener technischer Leistungspotentiale systematisch unterstützt. Dies ist darauf zurückzuführen, dass aufgrund der langen Lebenszyklen der Instandhaltungsobjekte die Meinung vorherrscht, dass Betriebsmittel, Dokumentation und Infrastruktur zukünftig noch einmal von Bedarf sein könnten. Dennoch können durch die Ausgliederung nicht mehr benötigter technischer Leistungspotentiale Ressourcen und Kapazitäten freigesetzt werden, deren alternativer Einsatz für die Instandhaltungsdienstleister vorteilhafter wäre.

Zwar erscheint die Entwicklung eines generischen Entscheidungsmodells aus Gründen der bereits erörterten Heterogenität der unternehmerischen Rahmenbedingungen von Instandhaltungsdienstleistern und der technologischen Diversität der Instandhaltungsobjekte nicht ratsam, dennoch lassen sich die in Abschnitt 4.3.2 systematisierten instandhaltungsspezifischen Entscheidungskriterien zu einem Entscheidungsverfahren kombinieren, das auf die unternehmens- bzw. fallspezifischen Rahmenbedingungen anpassbar ist. Die in Abschnitt 4.3.4 eingeführten Prozesskategorien erfassen nach Meinung der Experten alle instandhaltungsrelevanten Prozessinhalte und können somit als Gliederungsansatz für ein Verfahren zur Planung und Steuerung technischer Leistungspotentiale herangezogen werden.

5 METHODENKONZEPT

Auf Basis des in den Kapiteln 3 und 4 formulierten Handlungsbedarfs wird im folgenden Kapitel zunächst ein **Methodenkonzept** erarbeitet. Dazu werden im ersten Schritt das **Entscheidungsproblem** präzisiert und der **Bewertungsgegenstand** definiert. Weiterhin werden drei Entscheidungsfälle differenziert, die aus dem technologischen Reifegrad des betrachteten Instandhaltungsobjekts und der zum Entscheidungszeitpunkt vorherrschenden Leistungstiefe des betrachteten Unternehmens resultieren. Um einen zielgerichteten Bewertungsprozess zu gewährleisten, werden anschließend die in Literatur und Praxis identifizierten Anforderungen an eine zu entwickelnde Methode zu einem **Anforderungsprofil** synthetisiert. Darauf aufbauend wird das **Grobkonzept der Methode** entwickelt. Dazu wird im ersten Schritt ein für das Entscheidungsproblem gültiges **Zielsystem** detailliert. Anhand dessen werden anschließend die Lösungsbausteine der Methode grob skizziert und zur Operationalisierung geeignete Bewertungsmethoden kriterienbasiert ausgewählt. Die **Operationalisierung** und **fallbezogene Anwendung** der Methode erfolgt schließlich in den Kapiteln 6 und 7 (vgl. Abbildung 29).

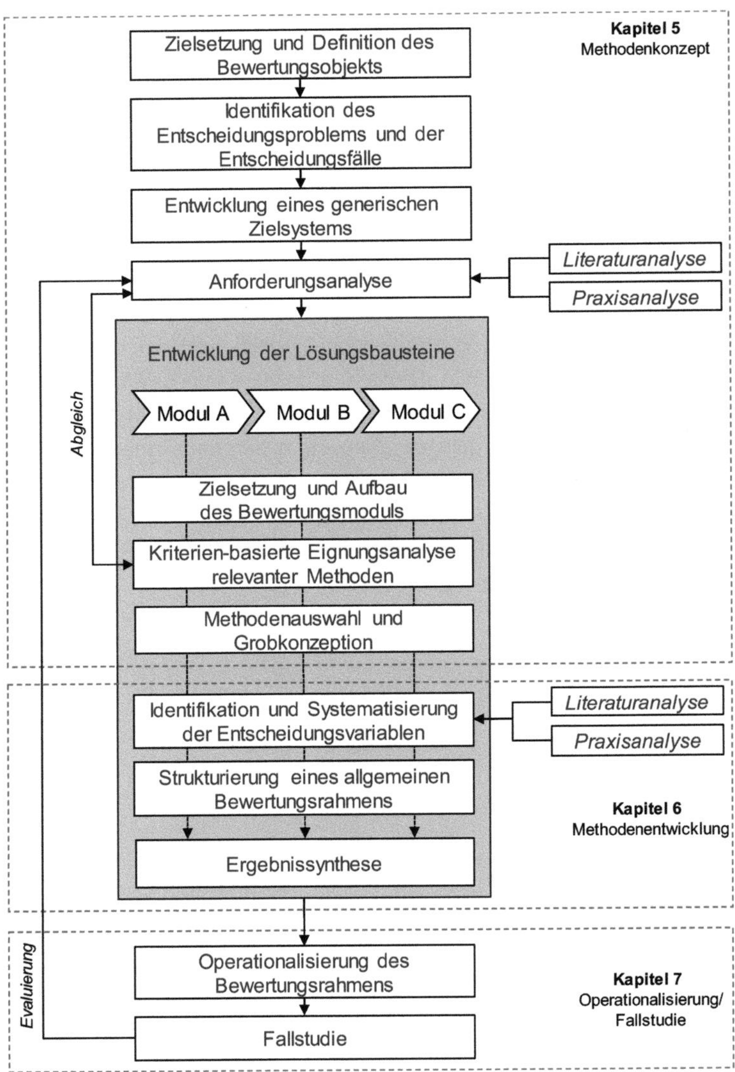

Abbildung 29: Vorgehensmodell Methodenentwicklung und -evaluation

5.1 Spezifikation des Entscheidungsproblems und Definition des Bewertungsobjekts

Das aus der Zielsetzung der Arbeit resultierende **Entscheidungsproblem** fokussiert auf die Frage wie herstellerunabhängige Instandhaltungsdienstleister ihre interne Ressourcen- und Fähigkeitsbasis und damit ihr internes Leistungsvermögen auf aktuelle und zukünftige Technologie- bzw. Marktanforderungen ausrichten können. Zur

Lösung des Entscheidungsproblems ist ein methodisches Vorgehen zu entwickeln, das Instandhaltungsdienstleister bei der Analyse und Gestaltung ihrer technischen Leistungspotentiale unterstützt und Handlungsempfehlungen zur technologieorientierten Gestaltung der Leistungstiefe bereitstellt. Bei der Methodenentwicklung ist zu berücksichtigen, dass die Entscheidungsfindung unter Einbeziehung der bestmöglichen, zum Entscheidungszeitpunkt vorhandenen Datenbasis erfolgt. Dabei sind nach Möglichkeit neben quantitativen bzw. monetären Parametern auch qualitative Kriterien in den Entscheidungsprozess einzubeziehen.

Da die Erstellung von Instandhaltungsdienstleistungen an einem vom Kunden eingebrachten **externen Faktor** erfolgt, stellt dieser den Ausgangspunkt der Bewertung dar. Im Instandhaltungskontext handelt es sich beim externen Faktor um das vom Kunden zur Reparatur, Überholung oder Verbesserung eingebrachte **technische Objekt**, das sich als mehrdimensionales System beschreiben lässt (vgl. Abbildung 30). So wird das Instandhaltungsobjekt auf der **Systemebene** als Menge von Subsystemen definiert, die jeweils über eine definierte Menge technischer Parameter (z.B. *Größe*, *Gewicht*, *Druck*, *Funktionen*) spezifiziert werden können. Auf der **Prozessebene** lässt sich jedes Subsystem als Menge von Teilprozessen beschreiben, deren Kombination in Abhängigkeit des Prozessziels oder -inhalts variiert. Jeder Teilprozess wiederum lässt sich auf der **Potentialebene** als Bündel technischer materieller und immaterieller Ressourcen sowie individueller und organisationaler Fähigkeiten beschreiben. Somit lassen sich die erforderlichen technischen Leistungspotentiale über die Anforderungen des Instandhaltungsobjekts systematisch ableiten.

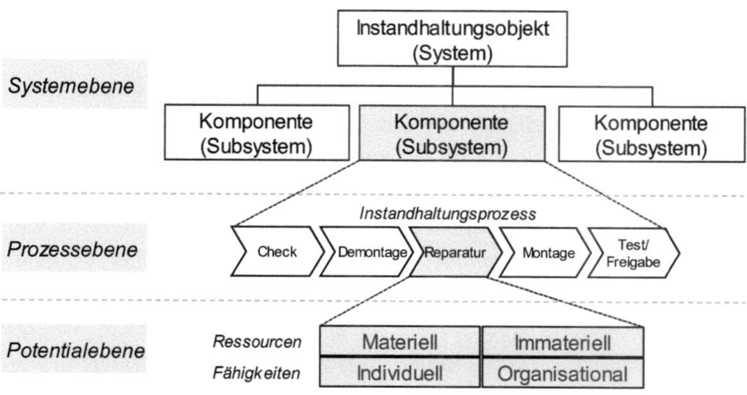

Abbildung 30: Betrachtungsebenen zur Analyse und Gestaltung technischer Leistungspotentiale

In der vorliegenden Arbeit stellt das technische Leistungspotential, d.h. die Menge der technischen Ressourcen und Fähigkeiten, die zur Bereitstellung und Erbringung einer Instandhaltungsleistung erforderlich sind, das **Entscheidungsobjekt** dar. Das konkrete Entscheidungsproblem ergibt sich jeweils aus fallspezifischen Rahmenbedingungen, die im folgenden Abschnitt eingeführt werden.

5.2 Herleitung der relevanten Entscheidungsfälle

Das Entscheidungsproblem ist zum einen von der **technischen Reife** des Instandhaltungsobjekts und zum anderen von der **Leistungstiefe** zum Entscheidungszeitpunkt abhängig. Anhand dieser Merkmale lassen sich Entscheidungsfälle ableiten, die sich in ihrer Zielsetzung sowie der Art der zur Verfügung stehenden Informationen unterscheiden. Daraus ergibt sich die Notwendigkeit einer **fallspezifischen Methodenkonfiguration**. Aufgrund des mittel- bis langfristigen Betrachtungszeitraums sind die resultierenden Entscheidungsprobleme den Bereichen der taktischen sowie strategischen Unternehmensplanung zuzuordnen (vgl. Abschnitt 2.4).

Wie in Abschnitt 5.1 hergeleitet, bildet das vom Kunden extern eingebrachte Instandhaltungsobjekt den **Ausgangspunkt der Analyse**. Bezüglich der Technologiereife lassen sich bereits in Anwendung befindliche Technologien (im Folgenden: ***IST-Technologien***) und noch im Entwicklungsstadium befindliche Technologien differenzieren (im Folgenden: ***SOLL-Technologien***). SOLL-Technologien lassen sich wiederum dahingehend unterscheiden, ob sie eine Weiterentwicklung einer bereits bekannten Technologie repräsentieren oder einen Technologiesprung darstellen. Hinsichtlich der **Leistungstiefe** zum Entscheidungszeitpunkt lassen sich ***interne*** (d.h. Eigenerstellung) und ***externe*** Technologien (d.h. Fremderstellung) differenzieren.

Grundsätzlich stehen Unternehmen Daten und Informationen unterschiedlicher Güte und Provenienz als Input für Entscheidungsmodelle zur Verfügung (vgl. Wellensiek et al. 2011, S. 147 f.). Neben technischen Informationen über das Instandhaltungsobjekt (z.B. *Funktionen*, *Spezifikationen*, *Betriebsparameter* etc.) umfasst die Informationsbasis auch Kunden- oder Markt-bezogene Informationen. Diese können sowohl aus internen als auch aus externen Informationsquellen stammen. Im Falle einer ***IST-Technologie*** ist der Grad der Unsicherheit in Bezug auf die vorhandene Informationsbasis (z.B. *Technische Parameter*, *Marktchancen*, *Kostenstruktur*) als gering einzustufen. Sofern es sich um eine *intern* beherrschte Technologie handelt, liegen in der Regel ausreichend Erfahrungswerte für eine fundierte Bewertung vor. Die Planungssituation bei ***SOLL-Technologien*** ist hingegen von Unsicherheit geprägt, die mit wachsendem Planungshorizont zunimmt. Der Grad der Unsicherheit ist wiederum davon abhängig, ob es sich um die Weiterentwicklung einer bekannten Technologie oder um eine vollständige Neuentwicklung handelt.

Somit resultieren **vier Entscheidungsfälle**, die in Abbildung 31 schematisch abgegrenzt und anschließend in Hinblick auf die Konfiguration der zugrunde liegenden Datenbasis sowie der resultierenden Bewertungsziele erläutert werden.

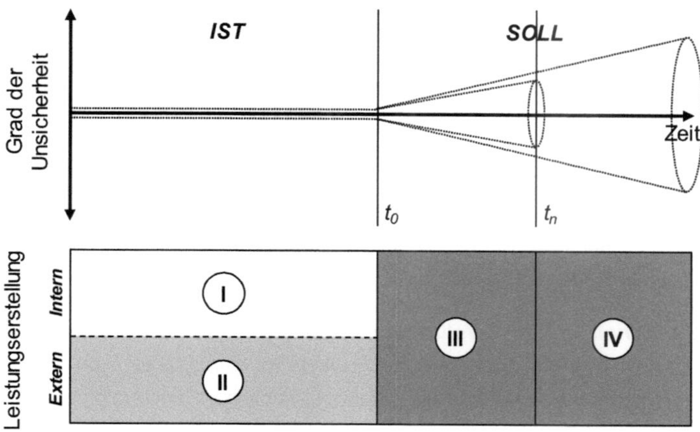

Abbildung 31: Entscheidungsfälle in Abhängigkeit von der technologischen Unsicherheit und Wertschöpfungstiefe

Den Ausgangspunkt der Betrachtung stellt der **Entscheidungszeitpunkt t_0** dar.

I. ***Unsicherheit gering, Leistungspotential intern vorhanden***: Der erste Entscheidungsfall liegt vor, wenn sich das Instandhaltungsobjekt bereits im Anwendungsstadium befindet und die Instandhaltungsleistung vollständig intern erbracht wird. Die interne Leistungserstellung setzt das Vorhandensein des entsprechenden Leistungspotentials voraus. Das mit diesem Fall verbundene Entscheidungsproblem bezieht sich somit nicht auf den Aufbau, sondern auf die Weiterentwicklung oder den Abbau des bestehenden Leistungspotentials. So gilt es in diesem Fall zu untersuchen, ob bzw. wie lange die betrachtete Technologie aus strategischen und/oder wirtschaftlichen Gründen noch für eine interne Leistungserstellung geeignet ist. Die Informationsbasis dieses Entscheidungsfalls umfasst sowohl qualitative als auch quantitative Informationen, da die technischen Spezifikationen und monetär quantifizierbaren Parameter bekannt sind.

II. ***Unsicherheit gering/mittel, Leistungspotential intern nicht vollständig vorhanden***: Wird die Instandhaltungsdienstleistung für ein bereits in Anwendung befindliches Objekt zum Entscheidungszeitpunkt t_0 nicht intern erbracht, gilt es zunächst die genaue Ursache zu identifizieren. Ein Grund kann bspw. darin bestehen, dass das erforderliche Leistungspotential intern nicht vorhanden ist. Gleichzeitig ist es möglich, dass die Leistungserstellung aus wirtschaftlichen oder kapazitativen Gründen nicht intern erfolgt. In diesem Fall behandelt das Entscheidungsproblem die Frage, ob es aus wirtschaftlichen und/oder strategischen Gründen vorteilhaft ist, das vorhandene Leistungspotential abzubauen oder weiterzuentwickeln oder das nicht vorhandene Leistungspotential aufzubauen. Für diesen Entscheidungsfall stehen sowohl qualitative als auch monetäre Informationen zur Verfügung. Für den Fall, dass intern keine quantitativen Erfahrungswerte vorliegen, können Abschätzungen durch Experten vorgenommen werden.

Handelt es sich bei dem betrachteten Instandhaltungsobjekt um eine noch im **Entwicklungsstadium befindliche** Technologie, ergeben sich in Abhängigkeit des technologischen Reifegrades *ein* bzw. *zwei* weitere Entscheidungsfälle:

III. ***Unsicherheit mittel, Leistungspotential intern nicht/teilweise vorhanden***: Handelt es sich bei dem betrachteten Instandhaltungsobjekt um die Weiterentwicklung einer bereits in Anwendung befindlichen Technologie, ist der Planungshorizont überschaubar (bis zum Zeitpunkt t_n). Das Entscheidungsproblem bezieht sich in diesem Fall auf die Vorteilhaftigkeit eines internen Potentialaufbaus. Da der Einsatzzeitpunkt des Instandhaltungsobjekts in der Zukunft liegt und keine Erfahrungswerte hinsichtlich technischer Parameter, Marktpotentiale oder Kosten vorliegen, müssen vorwiegend qualitative Parameter für die Entscheidungsfindung herangezogen werden. Quantitative Entscheidungsgrößen lassen sich in diesem Fall ebenfalls mit Hilfe von Experten abschätzen.

IV. ***Unsicherheit hoch, Leistungspotential intern nicht vorhanden***: Die Differenzierung eines vierten Entscheidungsfalls ist bspw. dann sinnvoll, wenn ein Instandhaltungsobjekt einen neuen Technologiepfad beschreibt, für dessen Erschließung ein hoher zeitlicher Vorlauf erforderlich ist. Je weiter die technologische Reife des Instandhaltungsobjekts in der Zukunft liegt, desto größer sind die Unsicherheiten in Bezug auf die zur Verfügung stehenden Informationen. In diesem Fall können in der Regel nur qualitative Faktoren für die Entscheidungsfindung herangezogen werden. Diese Situation stellt für herstellerunabhängige Instandhaltungsdienstleister einen Ausnahmefall dar, weil in der ersten Zeit nach Indienststellung der Instandhaltungsobjekte jegliche Serviceleistungen aufgrund von Gewährleistungsvereinbarungen durch den Hersteller des Instandhaltungsobjekts erbracht werden (müssen). Der Gewährleistungszeitraum (in der Regel 24 Monate ab Indienststellung) bildet somit eine Art Pufferzeitraum, in dem der Aufbau der erforderlichen technischen Leistungspotentiale erfolgen kann.

5.3 Anforderungsanalyse

Die Anforderungen an die Methode ergeben sich aus den Erkenntnissen der Literatur- und Praxisanalyse sowie der Zielsetzung der Methode. Sie dienen im Rahmen der Methodenentwicklung als Leitlinien und gewährleisten einen zielgerichteten Problemlösungsprozess. Allgemein lassen sich **inhaltliche** und **konzeptionelle Anforderungen** differenzieren (vgl. Tabelle 6).

Tabelle 6: Anforderungen an die Methode

Inhaltliche Anforderungen	Konzeptionelle Anforderungen
▪ Systematisierung des Entscheidungsprozesses ▪ Leistungspotentialbezug ▪ Integration der Markt- und Ressourcen-orientierten Perspektive ▪ Berücksichtigung instandhaltungsspezifischer Wertschöpfungsstrukturen ▪ Abbildung relevanter Entscheidungsfälle ▪ Kombination qualitativer und quantitativer Methoden ▪ Ableitung strategischer Handlungsempfehlungen	▪ Abbildung der Unternehmensrealität - Berücksichtigung mehrerer Ziele und Restriktionen - Anpassbarkeit auf unternehmensspezifische Anforderungen - Berücksichtigung von Unsicherheit ▪ Reproduzierbarkeit und Transparenz - Nachvollziehbarkeit - Berücksichtigung mehrerer Ziele und Restriktionen - Optimierungs- und Simulationsmöglichkeiten ▪ Anschauliche Ergebnisdarstellung ▪ Angemessener Bewertungsaufwand - Effizienter Bewertungsablauf - Vertraute Daten als Eingabegrößen

5.3.1 Inhaltliche Anforderungen

Systematisierung des Entscheidungsprozesses

Die Methode soll die wesentlichen Entscheidungskriterien einer technologieorientierten strategischen Leistungstiefenentscheidung erfassen, hierarchisieren und bewertbar machen. Dabei ist darauf zu achten, dass die zentralen Bestandteile eines Entscheidungssystems definiert werden (vgl. Bea und Haas 2009, S. 63). Demnach sind neben den Entscheidungsträgern und -bereichen auch der Entscheidungsprozess, eingesetzte Planungstechniken und -rechnungen sowie die Ablauforganisation der Planung zu definieren.

Leistungspotentialbezug

Bei der Entwicklung der Methode gilt es sicherzustellen, dass alle relevanten Elemente des technischen Leistungspotentials erfasst und in die Bewertung einbezogen werden. Eine integrierte Betrachtungsweise ermöglicht die Berücksichtigung etwaiger Wechselwirkungen zwischen den zur Leistungserstellung erforderlichen technischen Ressourcen und Fähigkeiten.

Integration der Markt- und Ressourcen-orientierten Perspektive

Bei der Entwicklung der Entscheidungslogik sind die Betrachtungsperspektiven Ressourcen- bzw. Technologie-orientierter Ansätze mit Markt-bezogenen Ansätzen zu verknüpfen. So gilt es für Instandhaltungsdienstleister auf Basis intern vorhandener sowie extern verfügbarer Ressourcen und Fähigkeiten ein Instandhaltungsangebot zu entwickeln, das die Anforderungen des Marktes bestmöglich erfüllt.

Berücksichtigung instandhaltungsspezifischer Wertschöpfungs-strukturen

Wie in Abschnitt 5.1 beschrieben, können Instandhaltungsleistungen intern, extern und verteilt erbracht werden. Dieser Umstand ist bei der Ausgestaltung des Verfahrens zu berücksichtigen. Dazu gilt es den Bewertungsprozess an den zentralen Elementen des Instandhaltungsprozesses auszurichten.

Abbildung relevanter Entscheidungsfälle

Die Methode muss die Differenzierung zwischen den in Abschnitt 5.2 eingeführten Entscheidungsfällen ermöglichen. Dabei sind insbesondere die fallspezifische Informationsbasis sowie die abweichenden Entscheidungsprobleme in der Methodenentwicklung zu berücksichtigen. Neben der Unterstützung der Eingliederungsentscheidung muss die Methode auch die systematische Ausgliederungsentscheidung technischer Leistungspotentiale unterstützen.

Ableitung strategischer Handlungsempfehlungen

Da die zu entwickelnde Methode zur Entscheidungsunterstützung eingesetzt werden soll, müssen die Bewertungsergebnisse in konkrete Handlungsempfehlungen übersetzt werden können. Dabei ist darauf zu achten, dass das Abstraktionsniveau der Handlungsempfehlungen auf den potentiellen Anwenderkreis abgestimmt ist.

5.3.2 Konzeptionelle Anforderungen

Berücksichtigung mehrerer Ziele und Restriktionen

Die Entscheidung über die Eigen- oder Fremderstellung bzw. den Auf- oder Abbau technischer Leistungspotentiale ist aufgrund ihrer strategischen, taktischen und operativen Implikationen nicht allein anhand von Wirtschaftlichkeitskenngrößen zu beantworten. Darüber hinaus weisen sie eine Vielzahl von Wechselwirkungen mit weiteren Entscheidungsprozessen innerhalb des Unternehmens auf. Hieraus ist ersichtlich, dass es sich um eine mehrdimensionale Problemstellung handelt, die entsprechend methodisch abzubilden ist.

Anpassbarkeit auf unternehmensspezifische Anforderungen

Die Methode muss die Berücksichtigung unternehmensspezifischer Aspekte ermöglichen. So ist das dem Entscheidungsproblem zugrunde liegende Präferenzsystem von situativen Faktoren bzw. der Unternehmensstrategie abhängig, was bei der Methodenentwicklung zu berücksichtigen ist.

Berücksichtigung von Unsicherheit

Unternehmerisches Handeln ist geprägt von Unsicherheit in Bezug auf den Eintritt zukünftiger Zustände. So können zukünftige Entwicklungen, wie z.B. die Entwicklung neuer Technologien oder Märkte bzw. zukünftige Zahlungsreihen ex ante lediglich geschätzt werden. Dieser Umstand muss bei der Konzeption der Bewertungsmethode bspw. durch die Berücksichtigung von Eintrittswahrscheinlichkeiten bestimmter Zustände angemessen abgebildet werden.

Reproduzierbarkeit und Transparenz

Da Bewertungsmethoden in der Regel auf subjektiven Einschätzungen von Individuen basieren, ist die vollständige Nachvollziehbarkeit und Reproduzierbarkeit des Bewertungsablaufs sowie der -ergebnisse zu gewährleisten. Die Erfüllung dieser Anforderung ist maßgeblich für die Akzeptanz von Bewertungsverfahren in der Unternehmenspraxis, weil sie die Bewertung überprüfbar machen und somit eine Voraussetzung für sachliche Erörterungen in Entscheidungsgremien darstellen. Um die Transparenz und damit die Akzeptanz des Bewertungsverfahrens zu gewährleisten, müssen zunächst die zugrunde liegenden Annahmen offengelegt werden. Im Falle der Anwendung multikriterieller Methoden muss überdies sichergestellt sein, dass die Gewichtung der Bewertungskriterien sowie die Bedeutung der Teilergebnisse für das Gesamtergebnis nachvollziehbar sind.

Systematischer Aufbau

Ein systematischer Aufbau ist ebenfalls grundlegend für die Nachvollziehbarkeit des Bewertungsverfahrens. Dabei ist darauf zu achten, dass das Verfahren in logische Einzelschritte gegliedert ist, die aufeinander aufbauen und somit einen intuitiven Bewertungsablauf garantieren. Zudem ist zu gewährleisten, dass bei der parallelen Bearbeitung sowie bei iterativen Bewertungsschleifen die Konsistenz der (Teil-)Ergebnisse gewährleistet ist (vgl. Haller 1999, S. 59). Dies kann bspw. durch eine Bewertungsregel oder die Standardisierung des Bewertungsablaufs bzw. der -kriterien gewährleistet werden.

Optimierungs-/Simulationsmöglichkeiten

Um die Auswirkungen einzelner Bewertungsparameter auf das Gesamtergebnis analysieren zu können, ist es erforderlich, geeignete Optimierungs- oder Simulationsmöglichkeiten zu implementieren. Dabei werden die Inputparameter systematisch variiert, um ihre Auswirkungen auf das Gesamtergebnis zu ermitteln bzw. das Gesamtergebnis zu optimieren.

Verständlichkeit

Um die Nachvollziehbarkeit der Bewertung sicherzustellen, müssen die verwendeten Begriffe und Zusammenhänge verständlich beschrieben und eindeutig abgegrenzt sein. Somit können u.a. individuelle Interpretationsspielräume minimiert werden, die die Vergleichbarkeit von Bewertungsergebnissen einschränken. Dies kann durch die Zielgruppen-adäquate Formulierung und die Vermeidung von spezifischem Fachvokabular unterstützt werden.

Darstellung der Ergebnisse

Die kompakte, aussagekräftige Dokumentation und Darstellung der Ergebnisse z.B. mit Hilfe grafischer Lösungen trägt ebenfalls dazu bei, dass sowohl die Aussagegüte als auch die Akzeptanz von Bewertungsverfahren erhöht wird. Weiterhin wird durch eine anschauliche Visualisierung die Kommunizierbarkeit der Methodenergebnisse verbessert.

Angemessener Bewertungsaufwand

Im Sinne eines adäquaten Bewertungsaufwands ist zum einen darauf zu achten, dass der Bewertungsprozess effizient abläuft, d.h. von der Identifikation der Eingabedaten bis zum Bewertungsergebnis mit einem angemessenen Zeit- und Ressourcenaufwand verbunden ist. Durch die Verwendung vertrauter Daten als Eingangsparameter der Methode wird ein geringer Einarbeitungsaufwand der Anwender sichergestellt. Vertraute Eingabegrößen kennzeichnen Begrifflichkeiten oder Kennzahlen, die im Praxisalltag häufig Verwendung finden, und deren Bedeutung den Anwendern bekannt ist. Der Einsatz vertrauter Eingabegrößen hat zudem einen positiven Einfluss auf die Ergebnisqualität, da die Gefahr von Fehlinterpretationen im Bewertungsablauf reduziert wird.

5.4 Grobkonzept

Unter Berücksichtigung der Zielsetzung der vorliegenden Arbeit (vgl. Abschnitt 1.3) sowie der inhaltlichen bzw. konzeptionellen Anforderungen (vgl. Abschnitt 5.3), wird im folgenden Kapitel ein Grobkonzept einer Methode zur Analyse und Gestaltung technischer Leistungspotentiale für herstellerunabhängige Instandhaltungsdienstleister entwickelt. Dazu wird zunächst ein Makromodell vorgestellt, das den Rahmen der Dokumentation vorgibt (vgl. Abbildung 32).

Das Modell sieht zunächst die Bestimmung einer geeigneten Systemebene vor, die als Betrachtungsebene dient (siehe Abschnitt 5.4.1). Anschließend werden die der

Systematik zugrunde liegenden Planungsaufgaben anhand einer Fallunterscheidung abgegrenzt (Abschnitt 5.4.3).

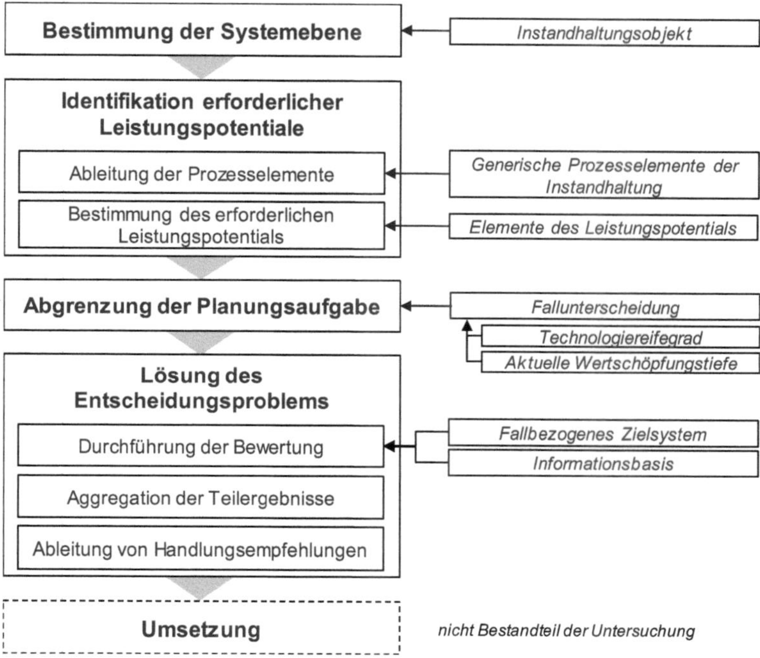

Abbildung 32: Modell zur Analyse und Gestaltung technischer Leistungspotentiale

Auf Basis dieser Entscheidungsfälle erfolgt in Abschnitt 5.4.4 die Konzeption einer Bewertungssystematik, die Unternehmen bei der Entscheidung über den Aufbau, den Abbau oder die Beibehaltung technischer Leistungspotentiale unterstützt. Dazu werden fallspezifische Zielsysteme entwickelt und geeignete Bewertungsmethoden kriterienbasiert ausgewählt. Die Ergebnisse der Bewertung werden abschließend in Handlungsempfehlungen übersetzt.

5.4.1 Bestimmung der Systemebene

Das Instandhaltungsobjekt bildet den **Ausgangspunkt der Analyse**. Der Fokus der vorliegenden Arbeit richtet sich auf investitionsintensive und technologisch komplexe Instandhaltungsobjekte (z.B. Windenergieanlagen, Flugzeuge, Schienenfahrzeuge, Agrartechnik). Diese sind in der Regel aus Subsystemen und Subkomponenten zusammengesetzt, die deutliche Größenunterschiede aufweisen können[55]. Um die damit verbundene Betrachtungskomplexität handhabbar zu machen und eine effektive

[55] So umfasst die Subkomponentenebene bei Windenergieanlagen neben Kabelsträngen oder Schrauben u.a. auch Rotorblätter.

Analyse des technischen Leistungspotentials zu ermöglichen, ist zunächst eine Betrachtungsebene zu definieren, die einen geeigneten Detaillierungsgrad aufweist. Für den vorliegenden Fall wird die **Subsystemebene** ausgewählt. Hierfür sprechen zwei Gründe: Um die zur Leistungserstellung erforderlichen Elemente des technischen Leistungspotentials vollständig erfassen zu können, ist eine möglichst detaillierte Betrachtungsebene zu wählen. Zudem entspricht die Analyse auf Subsystemebene dem Vorgehen in der Instandhaltungspraxis; so erfolgt der technische Eingriff im Rahmen der Instandhaltung in der Regel auf der Subsystemebene. In vielen Fällen wird ein (Gesamt-)System im Zuge der Instandhaltung vollständig in seine Subkomponenten zerlegt (z.B. Überholung von Flugzeugen), so dass diese separat bearbeitet werden können.

5.4.2 Identifikation technischer Leistungspotentiale

Eine Herausforderung bei der Entwicklung einer generischen Bewertungssystematik besteht in der Heterogenität des Leistungsspektrums von Instandhaltungsdienstleistern, die sich vor allem aus der Verschiedenartigkeit der instandzuhaltenden Objekte ergibt.

5.4.2.1 Prozesssicht

Durch die Ausrichtung des Verfahrens an den in der Praxisanalyse identifizierten generischen Prozesskategorien der Instandhaltung (vgl. Abbildung 33) wird ein systematischer Abgleich der erforderlichen und vorhandenen technischen Ressourcen und Fähigkeiten ermöglicht.

Aufgrund der Vielzahl und Heterogenität von Prozesszielen und -inhalten in der Instandhaltung (vgl. z.B. DIN 31051) stellt der Begriff ***Instandhaltungsprozess*** eher einen Sammelbegriff als eine konkrete Prozesskategorisierung dar. So sind die mit Reinigungsmaßnahmen und Überholungsmaßnahmen (z.B. von Schienenfahrzeugen) verbundenen Tätigkeiten zwar gleichermaßen als Instandhaltungsprozesse zu kategorisieren, jedoch unterscheiden sich die jeweiligen Tätigkeiten teils erheblich in Bezug auf die Prozessdauer, -komplexität oder die Anforderungen an Betriebsmittel und Mitarbeiterqualifikation. Weiterhin ist bei vielen Arten von Instandhaltungsprozessen - im Gegensatz zu Produktionsprozessen - die Abfolge der Teilprozesse ex ante nicht immer mit vollständiger Sicherheit bestimmbar, da bspw. im Zuge der Fehlersuche zahlreiche Prozessschleifen notwendig sein können (vgl. Reparaturprozesse mit unklarem Fehlerbild) (vgl. Kersten et al. 2014, S. 626 f.). Wie in Kapitel 4.3 dargestellt, lässt sich der Großteil der Instandhaltungsprozesse als Kombination generischer Prozesskategorien beschreiben (vgl. Abbildung 33). Durch die Orientierung der Methodenentwicklung an den generischen Prozesskategorien der Instandhaltung wird ein Fall-übergreifender und Prozessziel-unabhängiger Methodeneinsatz ermöglicht. Ferner wird dadurch sichergestellt, dass die Elemente des Leistungspotentials vollständig erfasst werden. Ein weiterer Vorzug der Wahl einer prozessualen Perspektive besteht darin, dass im Entscheidungsprozess von bestehenden Abteilungsstrukturen abstrahiert und vollständig auf das Entscheidungsproblem fokussiert werden kann (vgl. Luczak und Sontow 1998, S. 278 f.).

Abbildung 33: Prozesskategorien in der Instandhaltung technischer Objekte

Gleichzeitig trägt die prozessuale Perspektive dem Umstand Rechnung, dass die Leistungserstellung auch arbeitsteilig, d.h. durch Einbindung externer Dienstleister erfolgen kann.

5.4.2.2 Ableitung des technischen Leistungspotentials

Die Erfassung der Elemente des technischen Leistungspotentials stellt einen zentralen Schritt im Analyseprozess dar und erfolgt anhand der Spezifikationen des Instandhaltungsobjekts. Die Granularität der zum Betrachtungszeitpunkt zur Verfügung stehenden Informationen ist sehr unterschiedlich. Während im **Entscheidungsfall I** die Elemente des Leistungspotentials vollständig bekannt sind, sind die **Entscheidungsfälle II-IV** durch unvollständige bzw. unsichere Informationen geprägt. Um dennoch eine möglichst vollständige Informationsbasis für die Bewertung der Zukunftsfähigkeit technischer Leistungspotentiale zu erlangen, sind interne und externe Informationsquellen zielgerichtet zu kombinieren.

Methodische Anhaltspunkte liefern dazu Ansätze aus dem Bereich Produktentwicklung, mit denen möglichst frühzeitig verlässliche Kostenparameter für Produkt- und Prozessstrukturen ermittelt werden (vgl. Ehrlenspiel et al. 2014, S. 457 ff.)[56]. Die Eignung derartiger Methoden für die Identifikation der Elemente des technischen Leistungspotentials ergibt sich aus der vergleichbaren Ausgangssituation. So sind jeweils Produkt- und Prozessparameter ex ante zu schätzen und in Kosteninformationen zu übersetzen. Insbesondere Schätz- und Analogiemethoden sind für die Ermittlung der Elemente technischer Leistungspotentiale geeignet. Schätzmethoden werden in der Praxis bevorzugt eingesetzt, da sie in kurzer Zeit brauchbare Ergebnisse liefern. Gleichzeitig ist jedoch zu beachten, dass Schätzungen stets in hohem Maße vom Vorwissen des Experten abhängig und daher mit Unsicherheit behaftet sind. Die Gü-

[56] Für eine Systematisierung der Ansätze sei an dieser Stelle auf Layer et al. (2002, S. 502 f.) bzw. Müller (2008, S. 61 ff.) verwiesen.

te der Schätzungen steigt mit der Anzahl, der Erfahrung und dem technischen Wissen der Experten. Mit Hilfe von Analogiemethoden lassen sich die Spezifikationen zukünftiger Technologien über die systematische Erfassung technologischer oder funktionaler Ähnlichkeiten ermitteln. Für die Identifikation ähnlicher Technologien sind Experten erforderlich, die über ein breites technisches Wissen verfügen. Oftmals ist für die Identifikation von Analogien auch der Einsatz interdisziplinärer Projektteams hilfreich.

5.4.3 Abgrenzung der Planungsaufgabe

Die Planungsaufgabe ist direkt vom vorliegenden Entscheidungsfall abhängig. Die Bestimmung des Entscheidungsfalls erfolgt über ein mehrstufiges Vorgehen, das in Abbildung 34 dargestellt ist. Ausgehend vom Instandhaltungsobjekt wird dazu zunächst der technische Reifegrad des Instandhaltungsobjekts bestimmt (*Leitfrage 1*), um anschließend die Prozesselemente zu identifizieren. Danach wird für jeden Prozessschritt die aktuelle Leistungstiefe bestimmt (*Leitfrage 2*) bzw. im Falle noch in Entwicklung befindlicher Technologien untersucht, ob es Parallelen zu bereits bekannten Systemen gibt (*Leitfrage 3*).

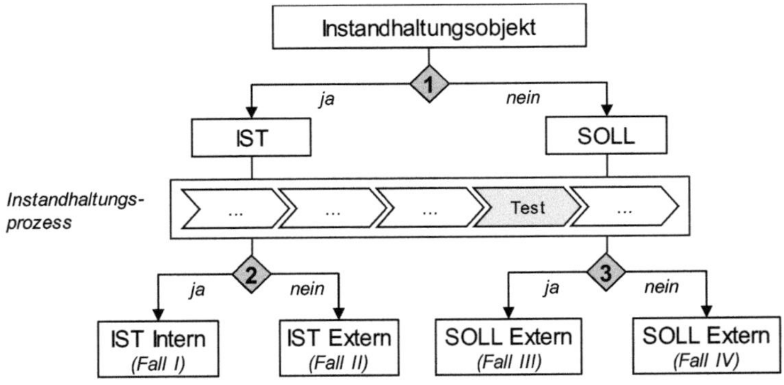

1 Wird die Technologie bereits eingesetzt (TRL>7)?

2 Wird der analysierte Prozessschritt bisher intern erbracht?

3 Handelt es sich um die Weiterentwicklung einer bekannten Technologie?

Abbildung 34: Ableitung der Entscheidungsfälle

5.4.3.1 Entscheidungsfall I - Interne Analyse

Fall I bezieht sich auf Technologien, für die das erforderliche Leistungspotential intern vorliegt, so dass Instandhaltungsleistungen erbracht werden (können) (vgl. Abschnitt 5.2). Die diesem Fall zugrunde liegende Problemstellung bezieht sich somit auf die Analyse der strategischen und wirtschaftlichen Vorteilhaftigkeit der internen Leistungserstellung. Zur Ermittlung der wirtschaftlichen Vorteilhaftigkeit steht in diesem Planungsfall in der Regel eine Datenbasis an monetären Erfahrungswerten zur Verfügung. Da jedoch auch nicht-monetäre Einflussgrößen, wie z.B. *Anwendungsalternativen* oder der *strategische Fit* des technischen Leistungspotentials im Kontext dieser Fragestellung relevant sind, ist die isolierte Anwendung quantitativ-monetärer Methoden nicht zielführend. Vielmehr gilt es die strategische Vorteilhaftigkeit anhand qualitativer Entscheidungskriterien zu analysieren. Dazu können sowohl Potential-bezogene als auch Unternehmens-bezogene Kriterien in die Untersuchung integriert werden. Als Ergebnis der fallspezifischen Untersuchung kann im Falle der wirtschaftlichen und/oder strategischen Bedeutung des technischen Leistungspotentials die Empfehlung der Beibehaltung oder der Weiterentwicklung ausgegeben werden. Ist hingegen weder eine wirtschaftliche noch strategische Relevanz erkennbar, wird der Abbau bzw. die Ausgliederung des Leistungspotentials empfohlen.

5.4.3.2 Entscheidungsfälle II/III/IV - Externe Analyse

Die Fälle II, III und IV beziehen sich auf Technologien, für die die Leistungserstellung zum Betrachtungszeitpunkt nicht intern erfolgt. Die Gründe hierfür können zum einen darin liegen, dass die Technologie noch keine Anwendungsreife erlangt hat und somit erst in der Zukunft instandhaltungsrelevant wird. Zum anderen kann es Leistungspotential-bezogene[57] oder produktionsstrategische[58] Gründe geben, aufgrund derer die Leistungserstellung nicht intern erfolgt.

In den drei Fällen der externen Analyse ist zunächst zu überprüfen, ob und in welchem Umfang das erforderliche Leistungspotential intern vorhanden ist. Gleichzeitig gilt es zu analysieren, ob der Aufbau des Leistungspotentials bzw. die interne Leistungserstellung aus strategischen und wirtschaftlichen Gründen vorteilhaft ist. Für die **Konzeption der Lösungsbausteine** ist der Reifegrad der betrachteten Technologie maßgeblich. Handelt es sich bei der betrachteten Technologie um eine bereits in Anwendung befindliche, impliziert dies das Vorhandensein quantitativ-monetärer Erfahrungswerte. Diese liegen im Unternehmen oder extern vor bzw. können von Experten abgeschätzt werden. Falls es sich bei der betrachteten Technologie um eine noch in Entwicklung befindliche Technologie handelt, geht dies mit einer eingeschränkten Verfügbarkeit quantitativer Informationen einher. Für die **Fälle III** und **IV** sind quantitativ-monetäre Methoden nur dann einsetzbar, wenn die erforderlichen Parameter von Experten verlässlich geschätzt oder auf Basis von Erfahrungswerten vergleichbarer Technologien genähert werden können. Insbesondere in **Fall IV**, der einen diskreten Technologiesprung darstellt, ist der isolierte Einsatz qualitativer Ent-

[57] z.B. wenn das technische Leistungspotential nicht oder nur teilweise intern vorhanden ist.

[58] z.B. wenn das technische Leistungspotential zwar intern vorhanden, aber nicht wirtschaftlich einsetzbar ist oder keine ausreichenden Kapazitäten vorhanden sind.

scheidungskriterien anzustreben, da die quantitative Datenbasis nicht ausreichend belastbar ist. Die resultierenden Planungsaufgaben werden in Abhängigkeit der jeweils zur Verfügung stehenden Datenbasis in Abbildung 35 dargestellt.

	Leitfragen	Datenbasis *qualitativ*	Datenbasis *monetär*
IST Intern **(Fall I)**	▪ *Ist die Bewahrung bzw. Weiterentwicklung des Leistungspotentials aus strategischen und/oder wirtschaftlichen Gründen geboten?* ▪ *Soll das Leistungspotentials ausgegliedert und die Leistung/der Prozessschritt fremd vergeben werden?*	☒	☒
IST Extern **(Fall II)**	▪ *Sind alle Elemente des Leistungspotentials intern vorhanden?* ▪ *Welche Elemente des Leistungspotentials sind intern nicht vorhanden?* ▪ *Ist der interne Aufbau aus strategischen und/oder wirtschaftlichen Gründen vorteilhaft?*	☒	☒
SOLL Extern **(Fall III)**	▪ *Sind alle Elemente des Leistungspotentials intern vorhanden?* ▪ *Welche Elemente des Leistungspotentials sind intern nicht vorhanden?* ▪ *Ist der interne Aufbau aus strategischen und/oder wirtschaftlichen Gründen vorteilhaft?*	☒	☐ *) ☒
SOLL Extern **(Fall IV)**	▪ *Ist der interne Aufbau des Leistungspotentials aus strategischen Gründen vorteilhaft?*	☒	☐

*) *Kann ggf. durch Experten geschätzt werden.*

Abbildung 35: Entscheidungsfall-spezifische Planungsaufgaben und Datenbasis

Um die **vier Entscheidungsfälle** in einer integrierten Bewertungsmethode abbilden zu können, ist diese modular aufzubauen. Dadurch wird der unabhängige oder kombinierte Einsatz von Lösungsbausteinen ermöglicht, so dass ein Informationsgerechter Bewertungsablauf gewährleistet wird.

5.4.4 Lösung des Entscheidungsproblems

Wie in Abschnitt 2.5.1 skizziert, bildet das Zielsystem die Grundlage eines systematischen Entscheidungsprozesses und stellt den Maßstab zur Beurteilung von Handlungsalternativen dar (vgl. hierzu Mag 1977, S. 26). Im folgenden Abschnitt wird daher zunächst ein **generisches Zielsystem** entwickelt.

5.4.4.1 Definition des Zielsystems

Da das Zielsystem auf die jeweiligen Anforderungen des anwendenden Unternehmens abgestimmt sein muss, ist das generische Zielsystem im Rahmen der Operationalisierung weiter zu spezifizieren. Ein verbreitetes Verfahren zur **Bildung von**

Zielsystemen ist die Anwendung einer **Zielhierarchie** (vgl. Klein und Scholl 2011, S. 132 f.). Dazu werden die Ziele zunächst erfasst, in Ober- und Unterziele gegliedert und anhand ihrer Einflusssphären strukturiert (vgl. Hoffmeister 2008, S. 284). Den Ausgangspunkt der Zielsystementwicklung bildet das Leitbild bzw. die Strategie des Unternehmens. Das Leitbild (oder auch *Vision*) eines Unternehmens beschreibt generisch formulierte Handlungsprämissen, denen sich das Unternehmen bzw. eine Belegschaft verpflichtet. Sie bilden den handlungsleitenden Rahmen, in dem die strategischen Unternehmensziele formuliert werden (vgl. Bea und Haas 2009, S. 72). Die Entwicklung des Leitbilds und dessen Transformation in strategische Ziele ist Aufgabe des strategischen Managements und vollzieht sich in der Regel in mehrjährigen Zyklen. Die strategischen Ziele bilden die erste Stufe der Operationalisierung und haben einen langfristigen Horizont. Um die strategischen Vorgaben praktisch umsetzbar zu machen und im Unternehmen zu verankern, sind die strategischen Ziele weiter zu detaillieren und in funktionale Ziele zu übersetzen. Die Elemente der untersten Hierarchiestufe werden auch als **Elementarziele** bezeichnet (vgl. Klein und Scholl 2011, S. 132 f.). Das Zielsystem der vorliegenden Arbeit basiert auf den in den voranstehenden Abschnitten erläuterten Rahmenbedingungen und ist in Abbildung 36 dargestellt.

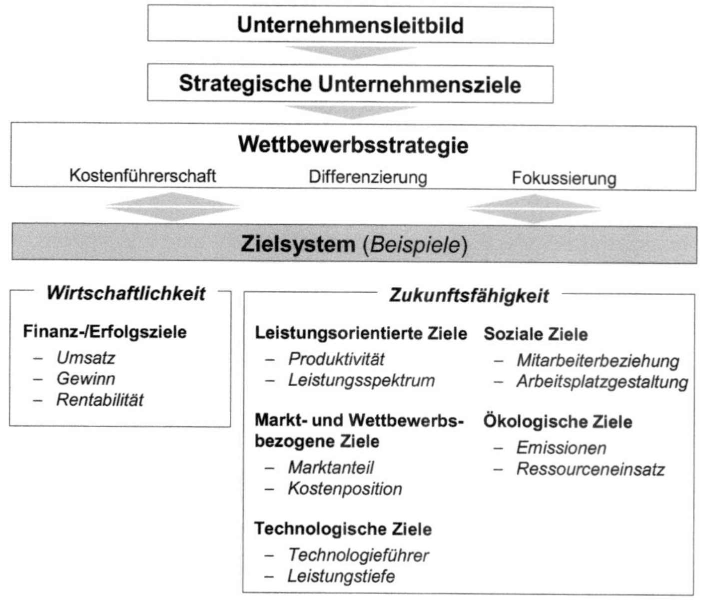

Abbildung 36: Von der Unternehmensstrategie zum Zielsystem

Neben der Wirtschaftlichkeit ist insbesondere die Zukunftsfähigkeit, d.h. die strategische Relevanz der untersuchten Leistungspotentiale zu gewährleisten. Die konkrete

Ausgestaltung des Zielsystems sowie die Gewichtung der Elementarziele sind jeweils abhängig von den situativen Faktoren der betrachteten Branche bzw. des jeweiligen Unternehmens und erfolgt daher im Rahmen der Methodenoperationalisierung (vgl. Kapitel 6). Die Operationalisierung der Ziele erfolgt durch Transformation in Zielgrößen bzw. in Entscheidungskriterien.

5.4.4.2 Konzeption eines qualitativen Bewertungsmoduls

Das Zielsystem bildet die Grundlage für die Entwicklung der Lösungsbausteine. Diese werden im Folgenden konzipiert und geeignete Methoden kriterienbasiert ausgewählt. Das **qualitative Modul** soll die Integration von Entscheidungskriterien in die Bewertung ermöglichen, die nicht durch monetäre Größen beschreibbar sind. Zudem gilt es die Differenzierung zwischen interner und externer Analyse auch bei der Entwicklung des qualitativen Moduls zu berücksichtigen. Aufgrund des Technologiebezugs und der Nähe der Problemstellung zu Fragestellungen aus den Bereichen Produktentwicklung und Technologiemanagement werden entsprechende Methoden hinsichtlich ihrer Eignung für den vorliegenden Anwendungsfall untersucht. Eine Kurzcharakterisierung der untersuchten Ansätze erfolgt in Anhang VII. Aus den in Abschnitt 5.3 systematisierten Anforderungen an die Gesamtmethodik lassen sich Kriterien ableiten, anhand derer die Auswahl einer geeigneten Bewertungsmethode erfolgt (vgl. Tabelle 7).

Eine zentrale Anforderung an eine qualitative Methode besteht in der Abbildung eines **mehrdimensionalen Entscheidungsproblems**. So sind bei der Entscheidung über den Auf- oder Abbau technischer Leistungspotentiale nicht nur z.B. Kostenaspekte, sondern auch soziale oder wettbewerbliche Implikationen zu berücksichtigen. Während mehrdimensionale Ansätze wie die Nutzwertanalyse oder Portfolioverfahren die Einbindung mehrerer Zielsetzungen ermöglichen, sind z.B. Lebenszyklusverfahren in der Regel auf eine bestimmte Zielgröße ausgerichtet (z.B. Kosten, F&E-Aufwand).

Um die verteilte Bewertung im Unternehmen zu ermöglichen und den Bewertungsprozess nachvollziehbar und transparent zu gestalten, sind der **Bewertungsaufbau und -ablauf** durch die Entwicklung eines Kriteriensystems **zu formalisieren**. In diesem Zusammenhang sind Methoden, die einen geringen Formalisierungsgrad aufweisen, wie z.B. die Argumentenbilanz nach Wildemann (1987, S. 64 f.) nur bedingt geeignet, da die Ergebnisse unterschiedlicher Anwender oder Bewertungsobjekte nicht oder nur eingeschränkt vergleichbar sind. Zudem werden oftmals Kriterien unterschiedlicher Granularität gegenübergestellt, was das Bewertungsergebnis verzerrt. Auch in diesem Kontext weisen nutzwertanalytische Ansätze oder Portfolioverfahren Vorteile auf, da ihnen ein gewichtetes Kriteriensystem zugrunde gelegt werden kann.

Neben dem transparenten Kriteriensystem ist die **Kommunikationsfähigkeit der Ergebnisse** ausschlaggebend für die Akzeptanz der Bewertungsergebnisse. Während einzelne Kennziffern für qualitative Verfahren nur wenig Aussagekraft besitzen, sind Rangfolgen oder Bilanzen besser kommunizierbar. Aufgrund der guten Visualisierungsmöglichkeiten von Bewertungsergebnissen in Matrixform stellen Technologie-Portfolios eine gute Diskussionsbasis für Entscheidungsgremien heterogener Zusammensetzung dar und genießen in der Regel eine hohe Nutzerakzeptanz (vgl. Cooper et al. 2001, S. 377). Auch für den Einsatz von Methoden zur Entscheidungsunterstützung gilt, dass der **Aufwand für Konzeption und Anwendung** möglichst gering oder zumindest in einem angemessenen Verhältnis zum resultierenden Nutzen stehen muss. In diesem Zusammenhang ist erkennbar, dass Methoden wie die Argumentenbilanz oder Checklisten zwar mit einem geringen Aufwand einhergehen, jedoch nur bedingt belastbare Bewertungsergebnisse generieren. Kriterienbasierte Verfahren wiederum sind zwar mit einem höheren Konzeptions- und Durchführungsaufwand verbunden, liefern jedoch auch fundierte Aussagen. Weiterhin ist es positiv zu bewerten, wenn die Bewertungsergebnisse direkt oder indirekt mit **operativen** oder **strategischen Handlungsempfehlungen** verknüpft werden können. Während einfache Verfahren der Präferenzbildung in der Regel mit binären Aussagen („investieren vs. nicht investieren") verknüpft werden können, lassen sich mit Hilfe kriterienbasierter Verfahren auch differenziertere Handlungsempfehlungen geben. So lassen sich bspw. mit Hilfe lebenszyklusorientierter Ansätze Handlungsempfehlungen für einzelne Phasen des Lebenszyklus ableiten.

Das Ziel der Bewertung technischer Leistungspotentiale liegt in der Analyse der **absoluten Vorteilhaftigkeit** ihres Auf- oder Abbaus anhand qualitativer und monetärer Faktoren. Somit sind Verfahren, die ausschließlich vergleichende Aussagen zur Priorisierung von Handlungs- bzw. (Des-)Investitionsalternativen treffen, für den vorliegenden Fall nicht geeignet. Entsprechend können klassische Verfahren der Rangfolgebildung oder Benchmarkingansätze von der weiteren Betrachtung ausgeschlossen werden. Nach Abwägung der Kriterien weisen Portfolioverfahren und Scoring-Methoden vorteilhafte Eignungsprofile auf (vgl. Tabelle 7). Ein wesentlicher Vorteil besteht darin, dass mit Hilfe der Methoden **mehrdimensionale Zielsysteme** erfasst und operationalisiert werden können. Gleichzeitig weisen die Methoden eine **hervorragende Anpassungsflexibilität** auf, da sie durch die Abstimmung der Kriterien und Skalen auf die situativen Faktoren des betrachteten Unternehmens justiert werden können. Die Portfoliosystematik ermöglicht darüber hinaus eine Verknüpfung der Bewertungsergebnisse mit **(strategischen) Handlungsoptionen**. Zudem bieten Portfolioansätze durch die Matrixdarstellung gute **Visualisierungsmöglichkeiten** der Bewertungsergebnisse. Durch die Kombination der beiden Methoden kann zudem ein Grad der Formalisierung erzielt werden, der eine analytische Ergebnisherleitung ermöglicht. Dies wiederum wirkt sich positiv auf Nachvollziehbarkeit und Akzeptanz der Methode in der Praxis aus.

Tabelle 7: Kriterienbasierte Eignungsanalyse qualitativer Bewertungsmethoden

Kriterien / Methoden	Eignung für mehrdimensionale Entscheidungsprobleme	Grad der Formalisierung (z. B. durch Kriteriensystem)	Kommunizierbarkeit der Ergebnisse	Geringer Aufwand für Konzeption und Anwendung	Ableitung von Handlungsempfehlungen	Absolute Bewertungsaussage	Quellen (Auswahl)
Analytic Hierarchy Process	●	●	◔	◔	◔	○	Saaty (1980, 1990) Peters und Zelewski (2004)
Argumentenbilanz	◑	◔	◕	●	○	●	Wildemann (1987), S. 64 ff. Specht et al. (2002), S. 218 f.
Benchmarking	◑	◑	◑	◑	◑	○	Camp (2007)
Checklisten	◑	◑	◑	◕	○	●	Specht et al. (2002), S. 220 Vahs und Brem (2013), S. 322 f.
Kosten-Nutzen-Analyse	●	●	◑	◑	○	●	Mühlenkamp (1994)
Lebenszyklusansätze	◔	◕	●	◑	◕	●	Ford und Ryan (1981)
Nutzwertanalyse/ Scoring-Methode	●	●	◑	◑	◑	●	Hoffmeister (2008) Zangemeister (1976), S. 55
Portfolioverfahren	●	●	●	◑	◕	●	Cooper (2003) Maier (1976), Pfeiffer et al. (1982)
Rangfolgebildungsverfahren	◕	◑	◑	◕	○	○	Specht et al. (2002), S. 217 f. Vahs und Brem (2013), S. 325 f.

○ erfüllt Kriterium nicht ● erfüllt Kriterium vollständig

In der Literatur werden zahlreiche Portfolioansätze beschrieben, die sich hinsichtlich ihres Bewertungsfokus und der zugrunde liegenden Kriteriensysteme unterscheiden. Aufgrund des Technologiebezugs der Fragestellung wird für die weitere Ausgestaltung des qualitativen Moduls der **Technologie-Portfolioansatz** genauer analysiert. Portfoliomethoden werden ebenfalls zu den analytisch-qualitativen Methoden gezählt, wenngleich sie je nach Art der Operationalisierung durchaus auch semi-quantitative Charakteristika aufweisen können (siehe Abschnitt 2.5). Bei der Portfoliomethode handelt es sich um ein praxisorientiertes Bewertungs- und Kommunikationsinstrument, das zur Entscheidungsunterstützung sowohl operativer als auch strategischer Fragestellungen eingesetzt werden kann (vgl. Wellensiek et al. 2011, S. 150 f.). Das Portfoliokonzept hat seinen Ursprung in der Finanzmathematik und geht auf die Portfoliotheorie nach Markowitz (1952) zurück. Das Grundprinzip besteht darin, die Vielfalt der zu verarbeitenden Informationen auf wenige relevante Größen zu kondensieren, die als Leitgrößen im Prozess der Unternehmensführung dienen (vgl. Pfeiffer und Dögl 1997, S. 410). Portfolioansätze bieten die Möglichkeit, sowohl Unternehmens-externe als auch -interne Entscheidungsgrößen im Bewertungsprozess zu kombinieren und somit ein Entscheidungsproblem gleichzeitig aus Umwelt- und Unternehmensperspektive zu beleuchten. Das Entscheidungsproblem kann sich dabei auf verschiedene Analyseobjekte, wie z.B. strategische Geschäftsfelder, Produkte, Projekte oder Technologien beziehen. Das Prinzip der Portfolioansätze basiert auf einer zweidimensionalen Matrix, die von einer unabhängigen Dimension (d.h. vom Unternehmen nicht unmittelbar beeinflussbar) und einer abhängigen Dimension (d.h. vom Unternehmen beeinflussbar) aufgespannt wird (vgl. Bullinger 1994, S. 144 f.; Gerpott 2005, S. 155). Die Bewertung bzw. Einordnung des Analyseobjekts in die Matrix erfolgt anhand eines mehrdimensionalen Kriteriensystems, das über Indikatoren und Skalen operationalisiert werden kann. Je nach Position des Analyseobjekts auf der Ergebnismatrix können anschließend Basis- und Normstrategien abgeleitet werden. Diese befinden sich in den meisten Fällen auf einem hohen Aggregationsniveau und müssen daher fallweise spezifiziert werden (vgl. Bullinger 1994, S. 145).

Technologie-Portfolios stellen ein technologieorientiertes Derivat marktorientierter Portfolioansätze dar, da diese die Bedeutung von Technologien nur unzureichend berücksichtigen (vgl. Wolfrum 1991, S. 191; Hahn 2006, S. 226; Bullinger 1994, S. 145). Insbesondere bei Fragestellungen bzgl. der Allokation von F&E-Budget oder der Priorisierung von Handlungs- bzw. Investitionsalternativen dienen technologieorientierte Portfolioverfahren als Entscheidungsunterstützung (vgl. Rumelt und Petrov 1982, S. 72). Sie können sowohl für die Bewertung von Produkt- als auch Prozesstechnologien angewendet werden (vgl. Hahn 2006, S. 226 f.). Weiterhin lassen sie sich auf technologiebezogene Fragestellungen anpassen. In Analogie zu anderen Portfolio-Konzepten werden Technologie-Portfolios von einer technologischen Umweltdimension und unternehmensbezogenen Dimension aufgespannt (vgl. Bullinger 1994, S. 154; Wallentowitz et al. 2009, S. 107; Wolfrum 1994, S. 220 ff.). Auf der **Ordinate** werden die Entscheidungskriterien abgetragen, die sich dem direkten Einflussbereich des betrachteten Unternehmens entziehen. Sie dienen der Ermittlung des allgemeinen Marktpotentials der betrachteten Technologie, das durch die Einbindung einer Technologie in das interne Produkt- oder Prozessspektrum realisiert werden kann (vgl. Hahn 2006, S. 227). Auf der **Abszisse** wird das technologiebezogene Stärken- und Schwächenprofil des Unternehmens im Vergleich zum Wettbewerb abgetragen. Die damit verbundenen Bewertungskriterien können vom Unternehmen direkt beeinflusst werden. Das Stärken- und Schwächenprofil dient der qualitativen Abschätzung des internen Aufwands, der mit einer Eingliederung der betrachteten Technologie in das interne Produktportfolio oder die interne Prozesslandschaft verbunden wäre. Der Detaillierungsgrad der Bewertungsdimensionen variiert zwischen den Bewertungsansätzen. Während einige Ansätze die Bewertungsdimensionen durch Kriterien und Indikatoren umfassend spezifizieren und eine analytische Herleitung des Bewertungsergebnisses ermöglichen, beschränken sich andere Ansätze auf die Beschreibung und Bewertung der beiden Hauptdimensionen. Durch die Matrixdarstellung wird eine **Verknüpfung der Bewertungsergebnisse und strategischen Handlungsoptionen** ermöglicht (vgl. Pfeiffer und Metze 1989, S. Sp. 2013; Bullinger 1994, S. 154). Dabei sind den Feldern des Portfolios eine oder mehrere Handlungsalternativen zugeordnet. So werden Technologien für eine priorisierte Förderung empfohlen, denen ein hohes strategisches Potential zugeschrieben wird und für die das betrachtete Unternehmen im Vergleich zum Wettbewerb stark aufgestellt ist. Derartige Technologien sind für den Erhalt bzw. den Ausbau der Wettbewerbsposition essentiell. Weisen Technologien in den genannten Dimensionen hingegen geringe Bewertungen auf, impliziert das ein geringes strategisches Potential. Die übrigen Ergebnisfelder referenzieren jeweils spezifische Handlungsempfehlungen und verweisen fallbezogen auf eine Detailanalyse der Technologie (vgl. Servatius 1986, S. 135 f.).

Der Ansatz ermöglicht es Entscheidungsträgern, die wesentlichen unternehmensinternen und -externen Entscheidungsfaktoren systematisch zu erfassen und in einem Bewertungsschema abzubilden. Durch die Einbeziehung mehrerer Mitarbeiter in den Bewertungsprozess besteht allerdings die Gefahr, dass infolge unterschiedlicher Interpretationen von Bewertungskriterien etc. die Vergleichbarkeit und damit die Qualität der Bewertungsergebnisse erheblich reduziert werden. Daher ist darauf zu achten, die Bewertungskriterien möglichst präzise zu spezifizieren, um Interpretationsspielräume gering zu halten (vgl. Brockhoff 1999, S. 214 f.; Specht et al. 2002, S. 220). In Bezug auf die Aussagefähigkeit der Ergebnisse muss weiterhin berücksichtigt werden, dass Interdependenzen zwischen Technologien oder Projekten durch Portfolios nur unzureichend abgebildet werden können (vgl. Mikkola 2001, S. 426). Interdependenzen können entstehen, wenn z.B. die Bindung von Ressourcen zum Aufbau eines Leistungspotentials andere Projekte negativ beeinflusst.

5.4.4.3 Implikationen für den Methodenaufbau (Modul A)

Aus den in Abschnitt 5.3 formulierten Anforderungen ergeben sich konkrete Implikationen für die Konzeption des Portfoliomoduls. Eine zentrale Anforderung bildet dabei die **Berücksichtigung der Entscheidungsfälle** (vgl. Abschnitt 5.2). Um die Nachvollziehbarkeit der Bewertungsergebnisse zu steigern, ist weiterhin ein **analytischer Methodenaufbau** unter Berücksichtigung individueller bzw. organisationaler Präferenzsysteme anzustreben. Der analytische Aufbau wird durch die **Kombination von Portfoliosystematik** und **Scoring-Methode** realisiert. Dazu werden die Bewertungsdimensionen mit Kriterien und Indikatoren detailliert, die jeweils durch Skalen operationalisiert werden. Je nach Bewertungsmethode und -kontext können unterschiedliche Arten von Bewertungskriterien eingesetzt werden (vgl. Tabelle 8).

Tabelle 8: Systematisierungsoptionen von Bewertungskriterien

Ausrichtung	Ausprägung
Entscheidungsrelevanz	*obligatorische vs. fakultative Kriterien (Muss-/K.O.-Kriterien vs. Sollkriterien)*
Art der Aussage	*absolute vs. relative Kriterien*
Zweck	*Gestaltungs-, Ergebnis-, Beurteilungsgrößen*
Inhaltlicher Bezug	*Personenbezug vs. Sachbezug (z.B. Leistungsbezug, Kostenbezug, Technologiebezug, Organisationsbezug)*
Quantifizierbarkeit	*Kennzahlen (quantitativ), Transformationsgrößen (semi-quantitativ), qualitative Kriterien*
Messbarkeit	*natürliche Skalen, Proxyzielgrößen, künstliche Zielgrößen*

Um die Position des Bewertungsobjekts auf der Ergebnismatrix zu definieren, sind die gewichteten Bewertungsergebnisse jeweils auf die nächsthöhere Ebene zu aggregieren. Die Gewichtung der jeweiligen Teilergebnisse wird durch das im Vorfeld definierte Präferenzsystem vorgegeben. Im Sinne eines konsistenten Kriteriensystems ist weiterhin die **Orthogonalität der Entscheidungskriterien** sicherzustellen (vgl. Brockhoff 1999, S. 213 f.; Specht et al. 2002, S. 220) (vgl. Abschnitt 6.1.5). Um valide Bewertungsaussagen treffen zu können, müssen Kriteriensysteme Qualitätsanforderungen genügen, die im Folgenden kurz erörtert werden. So gilt es im Sinne der **Vollständigkeit** des Zielsystems alle entscheidungsrelevanten Zielgrößen zu erfassen und Präferenzsysteme zu hinterlegen (u.a. Bamberg et al. 2012, S. 30 ff.; Brauchlin und Heene 1995, S. 141; Eisenführ et al. 2010, S. 68 f.). Gleichzeitig ist eine **präzise Formulierung** der Ziele und Teilziele anzustreben, um sie verständlich und nachprüfbar zu machen. Dabei ist **direkte Messbarkeit** der Ziele vorteilhaft (vgl. Bamberg et al. 2012, S. 31; Eisenführ et al. 2010, S. 68 f.). Der Aspekt der **Operationalität** ist insbesondere im Kontext verteilter Entscheidungsfindung von großer Relevanz. Um etwa Interpretationsspielräume der Anwender möglichst gering zu halten, ist die **klare Abgrenzung** und **einfache Formulierung** der Ziele unerlässlich (vgl. Brauchlin und Heene 1995, S. 141). Ein wesentliches Merkmal konstruktiver Zielsysteme liegt in ihrer **Konsistenz**. Um die Konsistenz zu gewährleisten, ist darauf zu achten, dass Zielkriterien weder Redundanzen noch Abhängigkeiten aufweisen (vgl. Eisenführ et al. 2010, S. 68 f.; Hoffmeister 2008, S. 284; Specht et al. 2002, S. 220). Für den Fall, dass ein Kriteriensystem **konfliktäre Elemente enthält**, sind nach

Bamberg et al. (2012, S. 29) Präferenz- und Entscheidungsregeln vorzusehen, um eindeutige Entscheidungen ableiten zu können.

5.4.4.4 Konzeption eines quantitativen Bewertungsmoduls

Das **Ziel des quantitativen Bewertungsmoduls** besteht in der Analyse der wirtschaftlichen Vorteilhaftigkeit des betrachteten technischen Leistungspotentials unter Verwendung quantitativ-monetärer Entscheidungsgrößen. Dabei handelt es sich in der Regel um ein eindimensionales Teilproblem, zu dessen Lösung Verfahren der **Wirtschaftlichkeits-** und **Investitionsrechnung**[59] oder der **Kostenrechnung** herangezogen werden können. Aufgrund der abweichenden Zielsetzungen der zu differenzierenden Entscheidungsfälle (vgl. Abschnitt 5.2) sind fallbezogene Wirtschaftlichkeitsanalysen zu entwickeln, die sich in Umfang und Ausprägung der Entscheidungskriterien unterscheiden können. Zur **Identifikation** einer geeigneten **methodischen Grundlage** wurden zunächst entsprechende Ansätze aus der Literatur identifiziert und analysiert. Eine Kurzcharakterisierung der untersuchten Ansätze in Steckbriefform findet sich in Anhang VIII.

Für Wirtschaftlichkeitsbetrachtungen im Rahmen der strategischen Analyse und Gestaltung technischer Leistungspotentiale stehen verschiedene Verfahren der Kosten- und Investitionsrechnung zur Verfügung. In der Regel wird die Frage nach der wirtschaftlichen Vorteilhaftigkeit der Eigen- oder Fremderstellung anhand eines Vergleichs der Fremdvergabekosten mit den entscheidungsrelevanten Kosten der internen Leistungserstellung evaluiert. Die **Kosten der Fremdvergabe** umfassen neben den externen Fremdleistungskosten auch die intern anfallenden Koordinations- und Transaktionskosten. Bei der Ermittlung der entscheidungsrelevanten **Kosten der Eigenerstellung** ist neben dem Planungshorizont auch die vorherrschende Kapazitätssituation zu berücksichtigen. Grundsätzlich lassen sich operative und taktisch-strategische Entscheidungssituationen mit Voll- oder Unterbeschäftigung differenzieren.

In Abhängigkeit der jeweiligen Entscheidungssituation sind unterschiedliche Kostenpositionen als entscheidungsrelevant anzusehen. Bei **kurzfristig orientierten** Entscheidungen wird angenommen, dass der Fixkostenblock auf kurzfristige Sicht nicht beeinflussbar ist; in diesem Fall ist es ausreichend, die zusätzlich anfallenden variablen Kosten in die Analyse einzubeziehen (*Grenzplankostenrechnung*). Sofern Kapazitätsrestriktionen bestehen, sind zusätzliche Opportunitätsbetrachtungen anzustellen (vgl. Männel 1981; Picot 1992). Für **langfristig orientierte** Entscheidungsfälle sind neben den kurzfristig variablen Kosten auch die fixen Kosten einzubeziehen. Da

[59] Zur begrifflichen Abgrenzung von *Kosten-*, *Wirtschaftlichkeits-* und *Investitionsrechnung* sei auf Warnecke et al. (1996, S. 12 f.) oder Däumler und Grabe (2003, S. 26) verwiesen. Die Begriffe werden im Rahmen der vorliegenden Arbeit synonym verwendet.

die langfristig orientierten Entscheidungen über die Ein- bzw. Ausgliederung mit (Des-)Investitionen in spezifische Betriebsmittel und Know-how verbunden sind, sind für die Wirtschaftlichkeitsbetrachtung Verfahren der Investitionsrechnung in Erwägung zu ziehen. Analog zur Auswahl einer qualitativen Methode erfolgt auch die Auswahl einer geeigneten quantitativen Methode kriterienbasiert unter Berücksichtigung der Vorgaben aus der Anforderungsanalyse (vgl. Tabelle 9).

Tabelle 9: Kriterienbasierte Eignungsanalyse quantitativer Bewertungsmethoden

Kriterien / Methoden	Eignung der Bewertungsaussage	Länge des Betrachtungshorizonts	Geringer Aufwand für Konzeption und Anwendung	Eignung für die Berücksichtigung von Unsicherheit	Nachvollziehbarkeit der Ergebnisse	Quellen (Auswahl)
Amortisationsrechnung	◑	◕	◕	○	◕	Warnecke et al. (1996), S. 354 Wöhe (2010), S. 533
Annuitätenmethode	◑	◕	◑	○	◑	Kruschwitz (2011), S. 70 ff. Wöhe (2010), S. 544 ff.
Break-Even-Analyse	◑	◕	●	○	●	Schweitzer und Troßmann (1998)
Entscheidungsbaumanalyse	◑	◕	◔	●	◑	Hares und Royle (1994) Haag et al. (2011), S. 349 ff.
Gewinn-/ Kostenvergleichsrechnung	◑	○	◕	○	●	Kruschwitz (2009), S. 32 Warnecke et al. (1996), S. 32
Interne Zinsfußmethode	●	◕	◑	◑	◔	Warnecke et al. (1996), S. 99 Wöhe (2010), S. 546 ff.
Kapitalwertmethode	●	●	◑	◑	◕	Brealey et al. (2006), S. 17 ff. Loderer et al. (2007), S. 29 ff.
Lebenszykluskosten-rechnung	○	●	◑	◔	◕	Ellram (1995)
Prozesskostenanalyse	○	◑	◔	◔	◕	Cooper und Kaplan (1991) Horsch (2010), S. 245 f.
Realoptionen	◑	●	◔	●	◔	Copeland und Antikarov (2002) Hommel und Pritsch (1999)
Renditekennzahlen/ -vergleichsrechnung	●	○	●	◔	◕	Vahs und Brem (2013), S. 334 f. Wöhe (2010), S. 532 ff.
Teil-/Vollkostenrechnung	○	◔	◕	○	◑	Wöhe (2010), S. 921
Target Costing Ansatz	○	◕	◕	◔	◕	Horváth (1993)

○ erfüllt Kriterium nicht ● erfüllt Kriterium vollständig

Wie in Abschnitt 2.5 dargestellt, können mit Hilfe quantitativer Verfahren absolute oder relative Bewertungsaussagen getroffen werden. Da im Kontext des zu lösenden Entscheidungsproblems die **absolute Vorteilhaftigkeit** einer Handlungsentscheidung zu bewerten ist, werden Verfahren im Folgenden nicht weiter berücksichtigt, die ausschließlich relative Aussagen ermöglichen. So sind etwa auf Basis rein kostenorientierter Methoden keine Aussagen zur absoluten wirtschaftlichen Vorteilhaftigkeit möglich, da die Ertragsperspektive vernachlässigt wird[60]. Bedingt geeignet sind dagegen Verfahren, die auch eine Ertragsperspektive einnehmen, bei deren Interpretation es jedoch einer Referenzgröße bedarf. So kann etwa die Amortisationsdauer eines Projekts nur eingeschränkt als Entscheidungsgrundlage zur Auswahl von Handlungsalternativen herangezogen werden, da eine kurze Amortisationsdauer nicht zwingend eine vorteilhafte Handlungsalternative kennzeichnet (vgl. hierzu u.a. Kruschwitz 2009, S. 40).

Vielmehr bedarf es einer zeitlichen Referenzgröße, anhand derer die absolute Vorteilhaftigkeit ermittelt werden kann. Ebenso liefert die Break-Even-Analyse nur dann eine absolute Bewertungsaussage, wenn eine Referenzgröße (z.B. ein definierter Zeitraum) vorgegeben ist. Ein weiterer Aspekt, den es bei der Auswahl einer geeigneten Methode zu berücksichtigen gilt, ist der **Aussagegehalt der Methode**. So sind die Ergebnisse der meisten erörterten Verfahren zunächst genau zu verstehen und zu interpretieren, bevor aus ihnen Entscheidungen abgeleitet werden. Dabei sind insbesondere die Ergebnisse von Verfahren eingehend zu analysieren, deren Schwachpunkte in der Mehrdeutigkeit ihrer Bewertungsaussagen liegen (z.B. interne Zinsfußmethode - vgl. Kruschwitz 2009, S. 102 ff.). Der **Betrachtungshorizont** der Ansätze stellt ein weiteres zentrales Auswahlkriterium dar. Da die vorliegende Fragestellung einen mittel- bis langfristigen Bewertungsfokus einnimmt, sind statische Verfahren, wie die einfache Kosten- oder Gewinnvergleichsrechnung oder Kennzahlenansätze aufgrund ihres kurzfristigen, meist einperiodigen Bewertungshorizonts nicht geeignet. Methoden, die eine mehrperiodige Analyse ermöglichen, wie z.B. Lebenszykluskostenansätze sind hingegen besser geeignet. Bezüglich ihres jeweiligen **Konzeptions- und Anwendungsaufwands** weisen die untersuchten Ansätze zum Teil erhebliche Unterschiede auf. Während es für die Anwendung einer Break-Even-Analyse einer Gegenüberstellung der erwarteten Ein- und Auszahlungen bedarf, ist die Entwicklung und Durchführung einer Entscheidungsbaumanalyse bzw. die Entwicklung einer Realoptionssystematik mit einem hohen Zeit- und Ressourcenaufwand verbunden. Die **Nachvollziehbarkeit der Ergebnisse** ist für die Akzeptanz der Methode und ihrer Ergebnisse im Anwendungskontext von großer Bedeutung. Die

---

[60] Einschränkend muss an dieser Stelle bemerkt werden, dass anhand vergleichender Methoden auch absolute Aussagen getroffen werden können, wenn als Vergleichsalternative die Kapitalverzinsung durch den Marktzins herangezogen wird (vgl. Röhrle 1997, S. 111).

Nachvollziehbarkeit wird von einem einfach-systematischen Verfahrensaufbau und einer stringenten zugrunde liegenden Berechnungsarithmetik positiv beeinflusst. In diesem Zusammenhang weisen einfache Verfahren der Kostenrechnung oder Kennzahlenansätze Vorteile gegenüber mathematisch anspruchsvolleren, mehrstufigen Kalkulationsverfahren wie z.B. Realoptionen oder der internen Zinsfußmethode auf.

In Anlehnung an die in Kapitel 2.4 dargestellte Systematisierung von Entscheidungsproblemen ist festzustellen, dass die der vorliegenden Arbeit zugrunde liegenden Fragestellungen der **taktischen** bzw. **strategischen Planungsebene** zuzuordnen sind. Da die Kapazitäten bei mittel- und langfristigen Entscheidungen nicht mehr als konstant angenommen werden und der Planungshorizont mehrere Perioden umfasst, eignen sich insbesondere dynamische Methoden der Investitionsrechnung zur Analyse der wirtschaftlichen Vorteilhaftigkeit (vgl. Mikus 2009, S. 130 f.; Picot 1992, S. 108; Hoffmeister 2008, S. 23). Dynamische Verfahren ermöglichen die Bewertung anhand einer Zielgröße; dabei handelt es sich in der Regel um Zahlungsgrößen, die den jeweiligen Planungsperioden zugeordnet werden[61]. Im Gegensatz zu statischen Verfahren ermöglichen dynamische Methoden die Einbeziehung von (Des-) Investitionen, die mit der langfristigen Ein- bzw. Ausgliederung von technischen Leistungspotentialen einhergehen. Nach Abwägung der Vor- und Nachteile quantitativer Bewertungsmethoden stellt die Kapitalwertmethode ein geeignetes Bewertungsinstrument zur Ermittlung der wirtschaftlichen Vorteilhaftigkeit der Ein- oder Ausgliederung technischer Leistungspotentiale dar.

Das **Prinzip der Kapitalwertmethode** basiert auf der Interpretation von Entscheidungsobjekten als Zahlungsreihen, deren Wert anhand ihres Zeitwerts ausgedrückt werden kann. Die Berechnung des Barwerts erfolgt durch Diskontierung der mit der Investition verbundenen Zahlungssalden auf einen Betrachtungszeitpunkt mit Hilfe eines Kalkulationszinssatzes (vgl. Formel 1).

$$K_0 = - A_0 + \sum_{t=1}^{n} \left[(e_t - a_t) \times (1 + i)^{-t}\right] + R_n \times (1 + i)^{-n} \qquad \textbf{(Formel 1)}$$

K_0	=	Kapitalwert in Periode 0	[€]
A_0	=	Investitionszahlungen in Periode 0	[€]
e^t	=	Einzahlung in Periode t	[€/Jahr]
a^t	=	Auszahlung in Periode t	[€/Jahr]
n	=	Anzahl Jahre	
i	=	Kalkulationszinssatz	[€/Jahr]
R_n	=	Resterlös am Ende der Nutzungsdauer	[€]

[61] Zum Zusammenhang von Kosten, Erlösen und Zahlungsgrößen siehe Wöhe (2010, S. 535) oder Kremeyer (1982, S. 104 ff.).

Folgende vereinfachende Annahmen werden dem Ansatz zugrunde gelegt (vgl. u.a. Mikus 2009, S. 135; Warnecke et al. 1996, S. 90 ff.; Staehelin et al. 2007, S. 81 ff.):

- Es wird ein vollkommener Kapitalmarkt angenommen, auf dem Kapital zum einheitlichen Zins wiederangelegt werden kann.
- Die mit dem technischen Leistungspotential verbundenen Zahlungsreihen sind ex ante bestimmbar. Das bedeutet, dass sowohl die mit der internen Leistungserstellung verbundenen Zahlungsreihen als auch die Fremdbezugspreise ermittelt werden können.
- Die Zahlungsreihen können in Abhängigkeit ihres zeitlichen Anfalls den Planungsperioden zugeordnet werden.
- Ein- und Auszahlungen können in mengenabhängige und mengenunabhängige Bestandteile aufgeschlüsselt werden.
- Es werden keine Ersatzinvestitionen im Betrachtungszeitraum berücksichtigt; etwaige (Des-)Investitionen fallen somit in der ersten, Liquidationserlöse in der letzten Planungsperiode an.

Der interne Aufbau bzw. der Einsatz des technischen Leistungspotentials ist dann vorteilhaft, wenn der Kapitalwert der saldierten Zahlungsreihen von Eigenerstellung und Fremdbezug positiv ist (vgl. Mikus 2009, S. 136 f.). Ein positiver Kapitalwert deutet darauf hin, dass die mit dem Vorhaben verbundenen Anschaffungszahlungen im Betrachtungszeitraum wiederbeschafft, die ausstehenden Beträge mit dem Kalkulationszins i verzinst und ein barwertiger Überschuss erzielt wird (vgl. Wöhe 2010, S. 542). Der Kalkulationszins bildet die unternehmensspezifischen Kapitalkosten ab. Da die Wahl des Kalkulationszinssatzes einen großen Einfluss auf das Ergebnis hat, ist die Auswahl der Berechnungsgrundlage entsprechend transparent zu gestalten.

Beim Einsatz und der Interpretation der Kapitalwertmethode sind einige Aspekte zu berücksichtigen. So ist im Falle knapper Investitionsmittel die **Aussagefähigkeit** der Methode für die Priorisierung von Investitionsalternativen begrenzt. Grund hierfür ist, dass der Kapitalwert nicht auf den Kapitaleinsatz bezogen wird. Infolge dessen würde stets die Alternative mit dem höheren Kapitalwert priorisiert, auch wenn diese mit einem deutlich höheren Kapitaleinsatz verbunden wäre (vgl. Warnecke et al. 1996, S. 90 ff.). Weiterhin ist zu beachten, dass die **Ermittlung zukünftiger Zahlungsreihen** und **Diskontierungssätze** nicht trivial und in der Praxis oftmals mit hohem Aufwand verbunden ist (vgl. Loderer et al. 2007, S. 205 f.). Zudem wird der Aspekt der **Unsicherheit** lediglich anhand von Diskontierungssätzen einbezogen.

5.4.4.5 Implikationen für den Methodenaufbau (Modul B)

Analog zu Modul A sind auch bei der Analyse der wirtschaftlichen Vorteilhaftigkeit **verschiedene Fälle** zu differenzieren. So gilt es etwa bei der Ausgliederungsentscheidung technischer Leistungspotentiale andere Ein- und Auszahlungspositionen in die Betrachtung einzubeziehen[62] als bspw. bei der Eingliederungsentscheidung[63]. Allgemein gilt, dass im Vorfeld der Wirtschaftlichkeitsanalyse alle relevanten Informationen zu ermitteln sind; neben den **Ein- und Auszahlungen (A_0, e^t, a^t)** sind der **Kalkulationszinssatz i**, die **Periodenanzahl n** und der erzielbare **Liquidationserlös R_n** am Ende der Nutzungsdauer zu bestimmen (vgl. Abschnitt Operationalisierung).

5.4.4.6 Konzeption eines integrativen Ergebnismoduls (Modul C)

Um die Teilergebnisse des quantitativen und qualitativen Moduls zu einer Bewertungsaussage zu synthetisieren, bedarf es einer Methode, die die Integration von Informationen unterschiedlicher Qualität ermöglicht. Dabei ist zu beachten, dass der aus dem Bewertungsprozess resultierende Erkenntnisgewinn nicht durch eine zu hohe Aggregation der Teilergebnisse in einer eindimensionalen Ergebnisgröße reduziert wird[64]. Vielmehr ist eine Darstellungsmethode zu wählen, die die eigenständige Interpretation der Teilergebnisse zulässt und somit eine vollständige und transparente Entscheidungsgrundlage für die Anwender darstellt. Grundsätzlich bieten sich für die Integration von Teilergebnissen unterschiedlicher Informationsqualität folgende Möglichkeiten:

- Parametrisierung des qualitativen Teilergebnisses ➔ Integration durch ein quantitatives Verfahren
- Transformation des quantitativen Teilergebnisses ➔ Integration durch ein qualitatives Verfahren
- Kombination qualitativer und quantitativer Teilergebnisse durch eine integrative Methode

Während die ersten beiden Optionen aufgrund der Transformation mit einem Informationsverlust verbunden sind, ermöglichen integrative Methoden die Kombination der Teilergebnisse ohne die eigenständige Interpretationsfähigkeit der Teilergebnisse zu verlieren. Neben der Verknüpfung der Teilergebnisse besteht eine wesentliche Zielsetzung des Ergebnismoduls in der Aufbereitung und Visualisierung der Bewertungsergebnisse. Diese Aspekte spielen für die Nachvollziehbarkeit und Akzeptanz einer Methode bzw. ihrer Ergebnisse eine wesentliche Rolle (vgl. u.a. Zangemeister 2000, S. 127 f.). Die Ergebnisvisualisierung kann z.B. anhand von Profil- oder Matrixdarstellungen, Steckbriefen, Kreis- oder Balkendiagrammen erfolgen. Das skizzierte Anforderungsprofil an ein integratives Ergebnismodul wird durch Portfoliodarstellungen vollständig erfüllt, da sie sowohl die grafische als auch die analytische Ver-

[62] z.B. Zahlungen im Zusammenhang mit der Entsorgung von Betriebsmitteln oder Umschulungsmaßnahmen für Mitarbeiter
[63] z.B. Zahlungen im Zusammenhang mit Anpassungen der Infrastruktur
[64] Zu den Problemen der Integration von Teilergebnissen unterschiedlicher Informationsqualität siehe Hoffmeister (2008, S. 276 f.).

knüpfung von Teilergebnissen und Handlungsoptionen unterstützen (vgl. Abbildung 37). Die inhaltlich-logische Verknüpfung der Ergebnisse mit den Handlungsempfehlungen kann über konditionale „Wenn-Dann-Regeln“ formalisiert werden (*Wenn Teilergebnis A gleich X und Teilergebnis B gleich Y dann lautet die Handlungsempfehlung Z*).

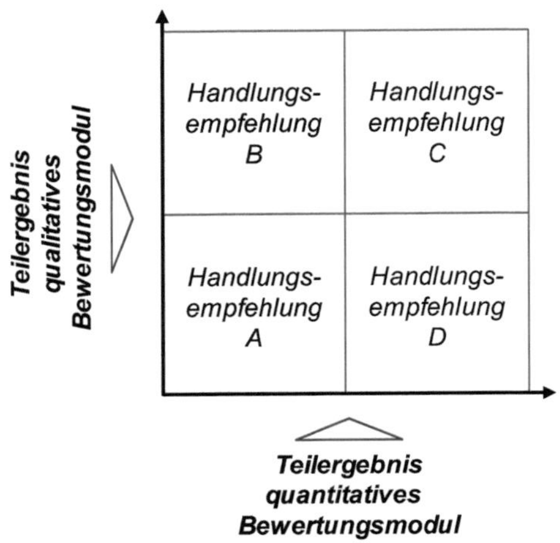

Abbildung 37: Integration der Teilergebnisse und Ableitung von Handlungsempfehlungen

5.5 Zusammenfassung

Anhand der Problemstellung und der Erkenntnisse aus Literatur- und Praxisanalyse wurde zunächst die **Zielsetzung der Methode** präzisiert und das **Bezugsobjekt** abgegrenzt. Die zu entwickelnde Methode soll herstellerunabhängige Instandhaltungsdienstleister bei der Analyse der strategischen und wirtschaftlichen Vorteilhaftigkeit des Auf- bzw. Abbaus technischer Leistungspotentiale unterstützen. Als Ausgangspunkt und **Bezugsobjekt** der Analyse wurde das Instandhaltungsobjekt definiert. In diesem Zusammenhang wurde zunächst ein **Systemmodell** entwickelt, das ein Instandhaltungsobjekt in eine *System-*, *Prozess-* und *Potentialebene* gliedert. Die systemorientierte Sichtweise ermöglicht die systematische und vollständige Erfassung der zur internen Leistungserstellung erforderlichen technischen Ressourcen und Fähigkeiten. In Abhängigkeit der Technologiereife und der Leistungstiefe zum Entscheidungszeitpunkt wurden anschließend **vier Entscheidungsfälle** definiert, die es bei der Analyse zu differenzieren gilt. Die Entscheidungsfälle unterscheiden sich jeweils bezüglich der vorhandenen Informationsbasis sowie der zugrunde liegenden Fragestellung. Anhand der im Rahmen der Literatur- und Praxisanalyse ermittelten **Anforderungen** an die Methode wurde im nächsten Schritt das **Grobkonzept** der Methode entwickelt. Als Grundstruktur des Grobkonzepts dient die **Fallunterschei-**

dung, anhand derer sich die jeweiligen Entscheidungsprobleme ableiten lassen. Auf dieser Basis wurde ein **modulares Bewertungskonzept** entwickelt, das qualitative und quantitative Methoden integriert und die zur Verfügung stehende Informationsbasis bestmöglich nutzt. Mit Hilfe einer **kriterienbasierten Eignungsanalyse** wurden die Portfoliosystematik und die Kapitalwertmethode als qualitative bzw. quantitativ-monetäre Methodenbausteine ausgewählt. Zur Integration der Teilergebnisse der qualitativen und quantitativen Bewertung wurde abschließend ein Ergebnismodul spezifiziert, das die Teilergebnisse mit strategischen Handlungsempfehlungen verknüpft. Das modulare Methodenkonzept wird in Abbildung 38 dargestellt und im folgenden Kapitel detailliert.

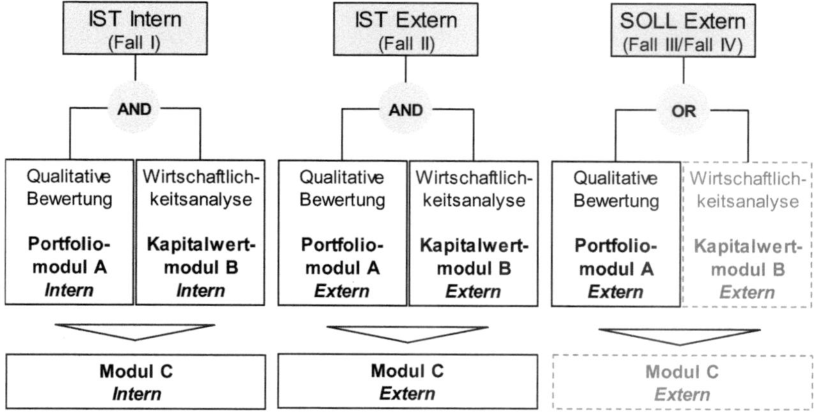

Abbildung 38: Grobkonzept der Methode (Fallunterscheidung und Modulstruktur)

6 METHODENENTWICKLUNG

Die Detaillierung der Methode erfolgt unter Berücksichtigung der in Kapitel 5 formulierten Anforderungen. So werden zunächst **zwei Portfoliomodule** (Modul A1 - intern bzw. Modul A2 - extern) entwickelt, die auf die fallspezifischen Zielsysteme und Informationsgerüste ausgelegt sind und durch Scoring-Methoden operationalisiert werden. Anschließend wird ein **Kapitalwertmodul** entwickelt, das die Integration fallspezifischer Zahlungsreihen ermöglicht. Das Kapitel schließt mit der Operationalisierung eines Ergebnismoduls, das die Teilergebnisse der anderen Module aggregiert und die Verknüpfung mit strategischen Handlungsempfehlungen ermöglicht.

6.1 Modul A - Qualitative Bewertung

Um die Bewertungsergebnisse nachvollziehbar bzw. reproduzierbar zu machen, sind die Bewertungsdimensionen der Portfoliomodule jeweils durch Kriteriensysteme zu spezifizieren (vgl. Abbildung 39). Die Kriteriensysteme umfassen eine Menge an Merkmalen, die zur vollständigen Beschreibung des Entscheidungsproblems erforderlich sind. Stellt ein Kriterium an sich bereits einen komplexen, mehrdimensionalen Sachverhalt dar, sind seine Teilaspekte anhand von Indikatoren näher zu beschreiben. So kann bspw. die *Marktattraktivität* über Indikatoren wie z.B. das *relative Marktwachstum* und die *aktuelle* bzw. *zukünftige Konkurrenzsituation* spezifiziert werden. Zur Operationalisierung werden die Indikatoren in geschlossene Fragen überführt und durch Skalen messbar gemacht (vgl. Abschnitt 6.1.3).

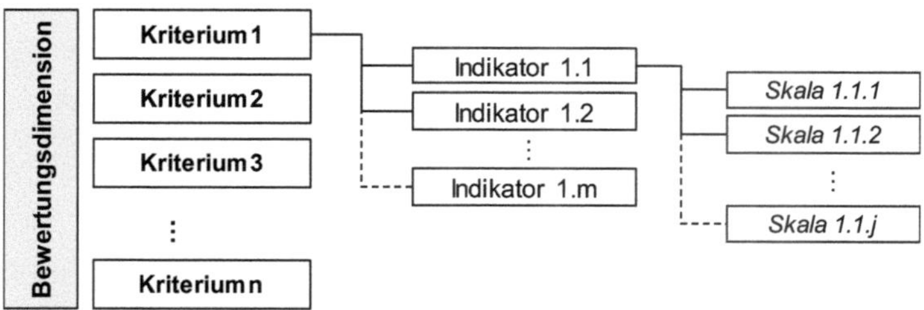

Abbildung 39: Mehrstufiges Kriteriensystem

Insbesondere bei mehrdimensionalen Entscheidungsproblemen ist eine Vielzahl von Kriterien zu berücksichtigen. Grundsätzlich gilt jedoch, dass mit steigender Anzahl an betrachteten Kriterien nicht nur Aufwand und Komplexität der Verfahrensanwendung steigen, sondern auch die Gefahr, dass Abhängigkeiten zwischen den Entscheidungskriterien bestehen (vgl. Metzger 1977, S. 44). Grundsätzlich gilt es jedoch bei der Ausgestaltung der Methode deren Handhabbarkeit als oberste Prämisse zu berücksichtigen (vgl. Metzger 1977, S. 44; Auch und Bullinger 1985, S. 11). Da es sich bei der Entwicklung eines Kriteriensystems um einen schöpferisch-kreativen Prozess handelt, ist dieser nur bedingt zu algorithmieren (vgl. Metzger 1977, S. 41). Dennoch hat die Auswahl und Operationalisierung der Entscheidungsvariablen systematisch und begründet zu erfolgen, um nicht willkürlich zu erscheinen (vgl. hierzu Brockhoff 1999, S. 347 f.). Um einen systematischen Aufbau des Portfoliomoduls zu gewährleisten, orientiert sich die Entwicklung an dem bei Bullinger (1994, S. 163) beschriebenen idealtypischen Vorgehen (vgl. Abbildung 40).

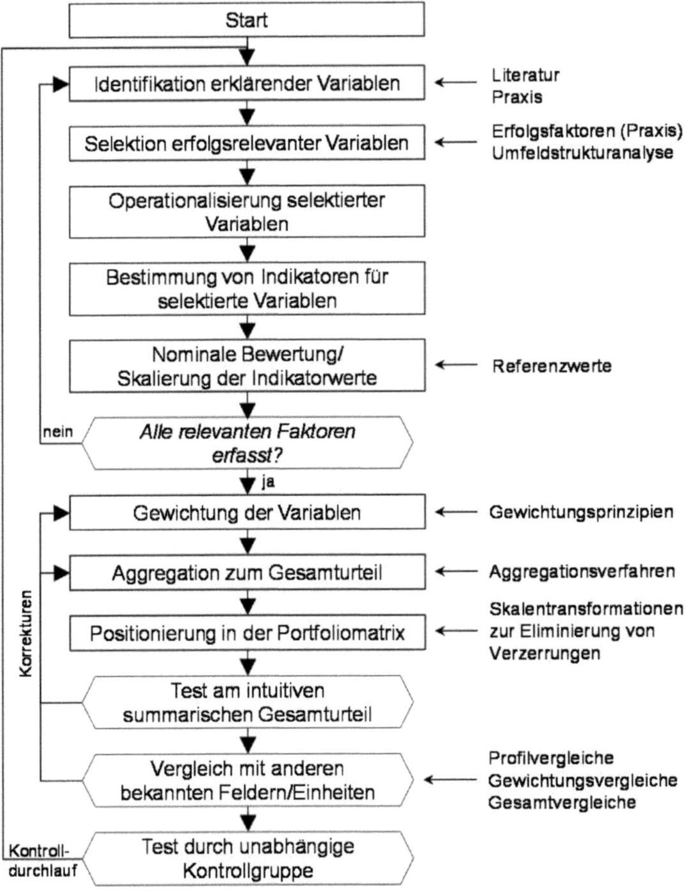

Abbildung 40: Standardprozedere zur Entwicklung eines Portfoliomoduls (in Anlehnung an Bullinger 1994, S. 165)

6.1.1 Entwicklung eines generischen Kriteriensystems

Im ersten Schritt wurden durch eine Literaturstudie Kriterien identifiziert, die zur Bewertung technischer Leistungspotentiale geeignet sind. Aufgrund thematischer

Schnittmengen mit dem Innovations- und Technologiemanagement, dem technischen Dienstleistungsmanagement sowie der technologiestrategischen Leistungstiefengestaltung wurde die Recherche auf Beiträge aus diesen Forschungsfeldern fokussiert. Die identifizierten Merkmale wurden anschließend katalogisiert und in Anlehnung an das bei Eisenführ et al. (2010, S. 71) vorgeschlagene Vorgehen nach inhaltlichen Analogien in Themengruppen geclustert (vgl. Anhang IX). Anschließend wurden unter Berücksichtigung der Erkenntnisse aus der Praxisanalyse (vgl. Abschnitt 4.3) die für technische Instandhaltungsdienstleister entscheidungsrelevanten Kriterien ausgewählt. Im Folgenden werden die Bewertungskriterien kurz erläutert und ihre Auswahl begründet.

6.1.2 Selektion erfolgskritischer Variablen Modul A1 (intern)

Wie in Abschnitt 5.2 erörtert, kann die Entscheidung über die Zukunftsfähigkeit eines bereits intern etablierten Leistungspotentials nicht ausschließlich auf Basis wirtschaftlicher Kriterien erfolgen. So können etwa technologie- oder wettbewerbsstrategische Gründe den Ausschlag für den weiteren Einsatz eines eigentlich unrentablen technischen Leistungspotentials geben. Im Rahmen des Moduls A1 (intern) werden die aus Sicht des Instandhaltungsdienstleisters entscheidungsrelevanten Kriterien systematisiert. Das resultierende Kriteriensystem zur Bewertung der Attraktivität des untersuchten Leistungspotentials wird in Abbildung 41 dargestellt.

6.1.2.1 Kriterien zur Bewertung der Potentialattraktivität

Der Entwicklung des Kriteriensystems liegen die folgenden Leitfragen zugrunde:

- *Warum ist das jeweilige Kriterium für den Fall entscheidungsrelevant?*
- *Anhand welcher Indikatoren kann das Kriterium spezifiziert werden?*

Für die Bewertung der Zukunftsfähigkeit technischer Leistungspotentiale spielen **Markt-bezogene** Aspekte eine zentrale Rolle. Dabei werden **Marktattraktivität** und **Marktgröße** differenziert.

Marktattraktivität

Die Attraktivität des technischen Leistungspotentials hängt wesentlich von der Attraktivität der Märkte ab, denen es zugeordnet werden kann. Verfügen nur wenige Wettbewerber über vergleichbare technische Leistungspotentiale und ist der wirtschaftliche Einsatz nicht durch eine hohe Wettbewerbsintensität gefährdet, so hat dies einen positiven Einfluss auf die Zukunftsfähigkeit des Leistungspotentials. Eine hohe Marktattraktivität stellt somit einen Grund für die Beibehaltung oder die Weiterentwicklung des technischen Leistungspotentials, z.B. durch Aufrüstung von Betriebsmitteln oder Zusatzqualifikationen von Mitarbeitern, dar. Die Marktattraktivität wird durch die Indikatoren erwartetes relatives Marktwachstum und Konkurrenzsituation beschrieben. Die Konkurrenzsituation wird über die Anzahl der Wettbewerber und deren Marktverhalten spezifiziert. Je weniger Unternehmen über ein technisches Leistungspotential verfügen, desto positiver wirkt sich dies auf die Attraktivitätsdimension aus. Aggressives Wettbewerbsverhalten eines oder mehrerer Wettbewerber (z.B. aggressive Preispolitik) wirkt sich hingegen negativ auf die Bewertung aus. Eine gemäßigte Wettbewerbssituation wird vorteilhaft bewertet, da diese in der Regel mit einem geringen Preis-, Kosten-, Qualitäts- oder Innovationsdruck einhergeht. Bei der Analyse der Wettbewerbssituation sind branchenspezifische Unterschiede zu beachten. So können in einigen Instandhaltungsbranchen neben weiteren Instandhaltungsdienstleistern auch die Hersteller des Instandhaltungsobjekts zum Wettbewerb gezählt werden[65].

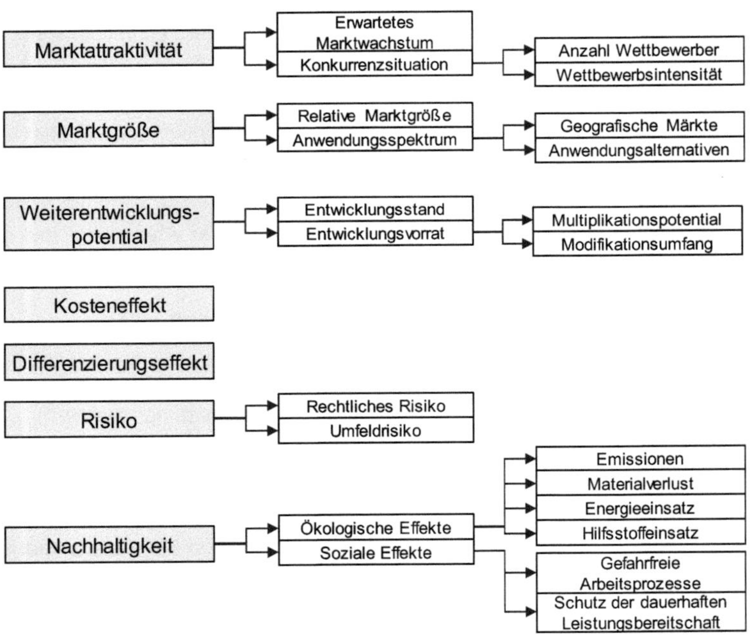

Abbildung 41: Kriteriensystem zur Bewertung der Potentialattraktivität (Modul A1 - intern)

Marktgröße

Neben der Attraktivität ist auch die Größe des Marktes zu berücksichtigen, der durch ein technisches Leistungspotential erschlossen wird. Die Marktgröße wird durch die Indikatoren Größe potentieller Märkte und Anwendungsspektrum ausgedrückt. Im

[65] In einigen Fällen können auch die Kunden der Instandhalter zum Wettbewerb gezählt werden, sofern diese über eigene Instandhaltungsaktivitäten verfügen (wie z.B. bei der Instandhaltung von Flugzeugen). Darüber hinaus können Ersatzteilhändler als Konkurrenz wahrgenommen werden, wenn z.B. der Teiletausch eine Alternative zur Reparatur darstellt.

Untersuchungszusammenhang dient das Umsatzpotential als Indikator für die Marktgröße. Darüber hinaus wird die Breite des Anwendungsspektrums als Indikator für die Marktgröße verwendet. Dabei wird zwischen dem geografischen und technologischen Anwendungsspektrum differenziert. Können durch die Eingliederung des technischen Leistungspotentials geografisch neue Märkte erschlossen werden, wird dies als positiv eingestuft, da der Zugang zu neuen Umsatz- und Ertragsquellen eröffnet wird. Kann das technische Leistungspotential auch zur Instandhaltung anderer Technologien (= *alternative Anwendungsfelder*) eingesetzt werden, wirkt sich dies ebenfalls positiv auf die Bewertung aus.

Weiterentwicklungspotential

Dem Kriterium Weiterentwicklungspotential liegt die These zugrunde, dass die künftige (Markt-)Position eines Unternehmens durch den Einsatz innovativer und entwicklungsfähiger technischer Leistungspotentiale positiv beeinflusst wird. Entsprechend sind technische Leistungspotentiale mit einem hohen Weiterentwicklungspotential als attraktiv zu bewerten. Analog zu Produkttechnologien durchlaufen auch die zur Instandhaltung erforderlichen technischen Leistungspotentiale unterschiedliche Lebenszyklusphasen (vgl. Abschnitt 2.2)[66]. Um das Weiterentwicklungspotential bewerten zu können, ist zu untersuchen, auf welchem Entwicklungsstand es sich aktuell befindet und welcher Entwicklungsvorrat vorhanden ist. Die Bestimmung des Entwicklungsstands erfolgt in Anlehnung an das Substitutionspotentialkonzept (vgl. Bullinger 1994, S. 124 ff.). Somit lassen sich der aktuelle Entwicklungsstand, die Grenzen der Entwicklung und alternative Anwendungsfelder kombiniert betrachten. Der Entwicklungsvorrat lässt sich anhand möglicher weiterer Anwendungsmöglichkeiten des Leistungspotentials beschreiben.

Kosteneffekt

In Anlehnung an die generischen Wettbewerbsstrategien nach Porter (1980, S. 35 ff.) können Wettbewerbsvorteile durch die Erlangung einer vorteilhaften Kostenposition erschlossen bzw. ausgebaut werden (vgl. Abschnitt 2.1.1). Dies ist insbesondere für technische Instandhaltungsdienstleister von Relevanz, da diese oftmals langfristige Rahmenverträge mit ihren Kunden abschließen. Da eine kurzfristige Anpassung der Angebotspreise daher nur eingeschränkt möglich ist, kann die Ertragsposition nur durch die Justierung der Kostenposition angepasst werden. Die Zukunftsfähigkeit des technischen Leistungspotentials lässt sich ergo über das Vermögen ausdrücken, die Kostenposition des betrachteten Instandhaltungsdienstleisters zu verbessern.

[66] Pfeiffer et al. (1982, S. 85) verweisen in diesem Zusammenhang darauf, dass sich eine Produkttechnologie und eine damit in Zusammenhang stehende Prozesstechnologie durchaus in unterschiedlichen Lebenszyklusphasen befinden können. Ebenso zeigen Helfat und Peteraf (2003), dass die zur Leistungserstellung erforderlichen Leistungspotentiale unterschiedliche Lebenszyklusphasen durchlaufen.

Dieser Aspekt wird anhand des Kriteriums Kosteneffekt erfasst. Wenn etwa die Ausgliederung des Leistungspotentials die Kostenposition des Unternehmens verbessert, liefert dies Hinweise auf einen negativen Kosteneffekt.

Differenzierungseffekt

Alternativ zur Verbesserung der Kostenposition können Unternehmen durch eine Differenzierung vom Wettbewerb einen strategischen Vorteil erlangen (Porter 1980, S. 35 ff.). Die Differenzierung vom Wettbewerb wird dann erreicht, wenn das Leistungspotential ein Alleinstellungsmerkmal im Wettbewerb darstellt. Das Alleinstellungsmerkmal kann sowohl in der Generierung einer einzigartigen Produkteigenschaft als auch im Angebot eines einzigartigen Leistungsspektrums bestehen (vgl. Pelzer 1999, S. 58). Stellt das betrachtete technische Leistungspotential ein Differenzierungsmerkmal im Wettbewerb dar, so ist dies bei der Bewertung der Zukunftsfähigkeit als positiv einzustufen. Anhand des Kriteriums Differenzierungseffekt wird erfasst, in welchem Maße das analysierte technische Leistungspotential ein Differenzierungsmerkmal im Instandhaltungswettbewerb darstellt. Differenzierungsmerkmale können dabei u.a. aus der Erzeugung einer qualitativ hochwertigen Instandhaltungsleistung, kurzen Reaktions- und Bearbeitungszeiten oder der Entwicklung eines außergewöhnlichen Leistungsportfolios resultieren.

Risiko

Die Zukunftsfähigkeit des technischen Leistungspotentials hängt weiterhin davon ab, ob sein Einsatz langfristig sichergestellt werden kann. Somit ist das Verfügbarkeitsrisiko instandhaltungsrelevanter Informationen, Dokumentation oder erforderlicher Berechtigungen ein geeignetes Kriterium zur Bewertung der Zukunftsfähigkeit. Für eine zielgerichtete und rentable Nutzung technischer Leistungspotentiale ist es erforderlich, dass nicht nur die entsprechenden Informationen und Dokumentationen vorliegen, sondern auch die Berechtigung zur Nutzung derselben. Ist die Verfügbarkeit nur kurzfristig sichergestellt, ist dies in Hinblick auf die Zukunftsfähigkeit negativ zu bewerten. So können Änderungen in der Gesetzgebung dazu führen, dass die Verfügbarkeit oder Verwendbarkeit von instandhaltungsrelevanten Informationen eingeschränkt wird. Ein Beispiel stellen in diesem Kontext Änderungen von Gewährleistungs- oder Urheberrechtsbestimmungen dar, die mit Restriktionen bei der Anwendbarkeit selbstentwickelter Instandhaltungsprozeduren oder selbsterstellter technischer Dokumentation einhergehen können. Darüber hinaus können Umfeldrisiken, wie z.B. konjunkturelle Schwächeperioden, die Vorteilhaftigkeit der Anwendung des Leistungspotentials beeinträchtigen.

Nachhaltigkeit

Die Attraktivität des technischen Leistungspotentials ist weiterhin davon abhängig, ob seine Anwendung mit den Kriterien der Nachhaltigkeit vereinbar ist. In Anlehnung an das Nachhaltigkeitsverständnis nach Carter und Rogers (2008, S. 364 f.) sind nicht nur die ökologischen, sondern auch die sozialen Implikationen der Anwendung zu analysieren[67]. Die ökologischen Effekte werden im Bewertungsschema durch Indikatoren wie Schadstoffemissionen, Material-, Hilfsstoff- und Energieeinsatz erfasst. Gleichzeitig werden die sozialen bzw. arbeitswissenschaftlichen Auswirkungen durch die Analyse von Gefährdungspotentialen am Arbeitsplatz sowie der Effekte für die Mitarbeitermotivation abgebildet.

6.1.2.2 Kriterien zur Bewertung der Unternehmensposition

Neben allgemeinen, Potential-bezogenen Entscheidungskriterien sind für eine integrierte Bewertung auch Unternehmens-bezogene Aspekte einzubeziehen. So ist für die Entscheidung über die Beibehaltung, Weiterentwicklung oder Ausgliederung des technischen Leistungspotentials zu untersuchen, ob und in welchem Umfang technische Ressourcen und Fähigkeiten bereits intern vorhanden sind, die den weiteren Einsatz oder die Weiterentwicklung des technischen Leistungspotentials ermöglichen. Das resultierende Kriteriensystem zur Bewertung der Unternehmensposition ist in Abbildung 42 dargestellt.

Materielle Ressourcen

In Hinblick auf die Bewertung der Zukunftsfähigkeit ist zu untersuchen, ob die interne Ressourcenposition ausgeschöpft ist oder Ineffizienzen aufweist. Auch wenn die erforderlichen Betriebsmittel intern vorhanden sind, kann das analysierte technische Leistungspotential wichtige Betriebsmittelkapazitäten binden, die in alternativer Verwendung für das Unternehmen vorteilhafter wären. Zudem werden die Indikatoren Effizienz und Effektivität des Ressourceneinsatzes zur Bestimmung der ressourcenbezogenen Unternehmensposition herangezogen. Der mit dem Einsatz des technischen Leistungspotentials verbundene Raumbedarf ist bei der Bestimmung der Ressourcenposition ebenfalls einzubeziehen, da Raum insbesondere im Bereich der Werkstatt-basierten Instandhaltung einen Engpassfaktor darstellt und finanzielle Ressourcen bindet (z.B. Raummiete). Beispiele für Potentialelemente mit einem großen Raumbedarf sind z.B. Unterflurhebeanlagen oder Radsatzbearbeitungsanlagen im Bereich der Schienenfahrzeuginstandhaltung.

[67] Gemäß dem „Triple-bottom-line"-Ansatz sind zudem die finanziellen Implikationen einzubeziehen. Dieser Aspekt wird im Kriteriensystem ausgeblendet, da die finanziellen Aspekte durch die Wirtschaftlichkeitsanalyse bereits erfasst werden.

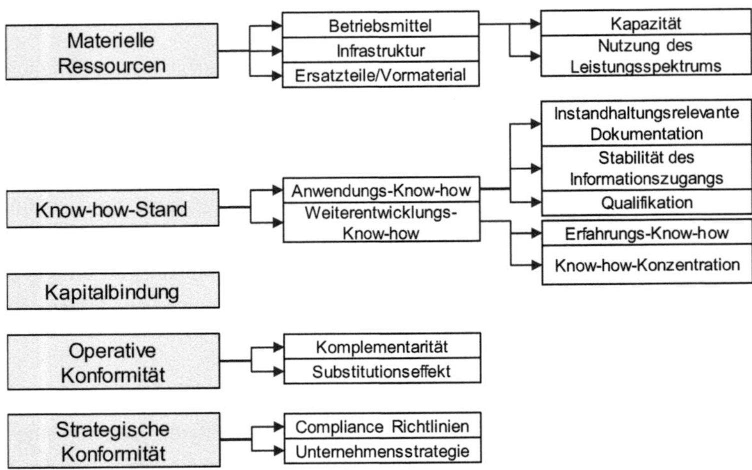

Abbildung 42: Kriteriensystem zur Bewertung der Unternehmensposition (Modul A1 - intern)

Know-how-Stand

Die Bedeutung von Know-how für die Erbringung technischer Instandhaltungsleistungen wurde im Rahmen der Praxisanalyse umfassend bestätigt (vgl. Kapitel 4). Demnach ist neben Betriebsmitteln und infrastrukturellen Rahmenbedingungen insbesondere instandhaltungsrelevantes Know-how erforderlich, um einen Prozessschritt intern erbringen zu können. Es wird zwischen Entwicklungs-spezifischem und Anwendungs-spezifischem Know-how unterschieden. Während Entwicklungs-spezifisches Know-how für den Aufbau bzw. die Weiterentwicklung des Leistungspotentials erforderlich ist, wird Anwendungs-spezifisches Know-how(-to) für die Durchführung der Instandhaltungsleistung benötigt. Zur Bestimmung der unternehmensspezifischen Position in Bezug auf den Know-how-Stand wird untersucht, ob und in welcher Anzahl Mitarbeiter im Unternehmen verfügbar sind, die für die Anwendung bzw. die Weiterentwicklung des Leistungspotentials im Unternehmen eingesetzt werden können. Als Indikation für den Know-how-Stand können somit die Qualifikationsprofile des Unternehmens herangezogen werden. Sind keine Mitarbeiter mit den erforderlichen Qualifikationsprofilen im Unternehmen vorhanden, wird untersucht, in welchem Zeitrahmen die erforderliche Mitarbeiterkapazität qualifiziert werden kann. Sofern im Unternehmen keine Kapazitätsengpässe bei qualifiziertem Personal bestehen, besteht aus Know-how-Sicht keine Notwendigkeit für eine Ausgliederung.

Kapitalbindung

Weiterhin ist bei der Bestimmung der Unternehmensposition die Kapitalbindung des technischen Leistungspotentials einzubeziehen. Gebundenes Kapital steckt bspw. in Betriebsmitteln, Lizenzen oder spezifischer Infrastruktur. Je höher die Kapitalbindung zum Betrachtungszeitpunkt, desto höher sind mögliche Einsparungseffekte, die aus der Fremdvergabe bzw. der Ausgliederung des Leistungspotentials resultieren.

Operative Konformität

Anhand der operativen Konformität werden die innerbetrieblichen Effekte untersucht, die mit Ausgliederung des betrachteten Leistungspotentials verbunden sind. Als Indikatoren für die operative Konformität werden *Komplementaritäts-* und *Substitutionseffekte* angeführt. Sofern eine Ausgliederung des technischen Leistungspotentials den wirtschaftlichen Einsatz weiterer technischer Leistungspotentiale beeinträchtigt, ist eine Ausgliederung in Frage zu stellen. Existieren im Unternehmen hingegen Leistungspotentiale, durch die das betrachtete Leistungspotential substituiert werden kann, so wirkt sich dies nachteilig auf die Bewertung aus.

Strategische Konformität

Weiterhin ist anhand des Kriteriums *strategische Konformität* zu analysieren, ob bzw. inwieweit die Weiterentwicklung oder Ausgliederung des Leistungspotentials in Einklang mit den mittel- und langfristigen Zielsetzungen des Unternehmens stehen. Als Indikatoren für die strategische Konformität werden Implikationen für Rahmenverträge sowie die Übereinstimmung mit explizierten unternehmensstrategischen Leitlinien eingesetzt. So lässt sich die strategische Bedeutung des technischen Leistungspotentials aus seiner Bedeutung für die Erfüllung von langfristigen Instandhaltungsverträgen ableiten. Durch den Abgleich mit den Leitmotiven der Unternehmensstrategie kann überdies festgestellt werden, ob die Weiterentwicklung oder Ausgliederung mit der strategischen Ausrichtung des Instandhaltungsdienstleisters vereinbar ist. So weist bspw. die Weiterentwicklung eines Qualifikationsprofils zur Reparatur von getriebebehafteten Windenergieanlagen eine geringe strategische Konformität auf, wenn die strategische Perspektive des Leistungsportfolios auf getriebelose Konzepte ausgerichtet ist.

6.1.3 Selektion erfolgskritischer Variablen Modul A2 (extern)

Aufgrund der abweichenden Fragestellung und Zielsetzung der internen und externen Analyse weisen die Kriteriensysteme der qualitativen Module Unterschiede auf. Die Ausgangssituation der externen Analyse besagt, dass einzelne oder alle Elemente des zur Leistungserstellung erforderlichen Leistungspotentials intern nicht bzw. nur teilweise vorhanden sind. Zudem ist die Belastbarkeit direkt oder indirekt monetarisierbarer Entscheidungsvariablen eingeschränkt, da keine Erfahrungswerte vorliegen.

6.1.3.1 Kriterien zur Bewertung der Potentialattraktivität

In Abgrenzung zur internen Analyse sind für die Bestimmung der Zukunftsfähigkeit des technischen Leistungspotentials Entscheidungsparameter einzubeziehen, die sich aus der Unsicherheit in Bezug auf technische und wettbewerbliche Entwicklungen ergeben. Das resultierende Kriteriensystem wird in Abbildung 43 dargestellt und anschließend erläutert.

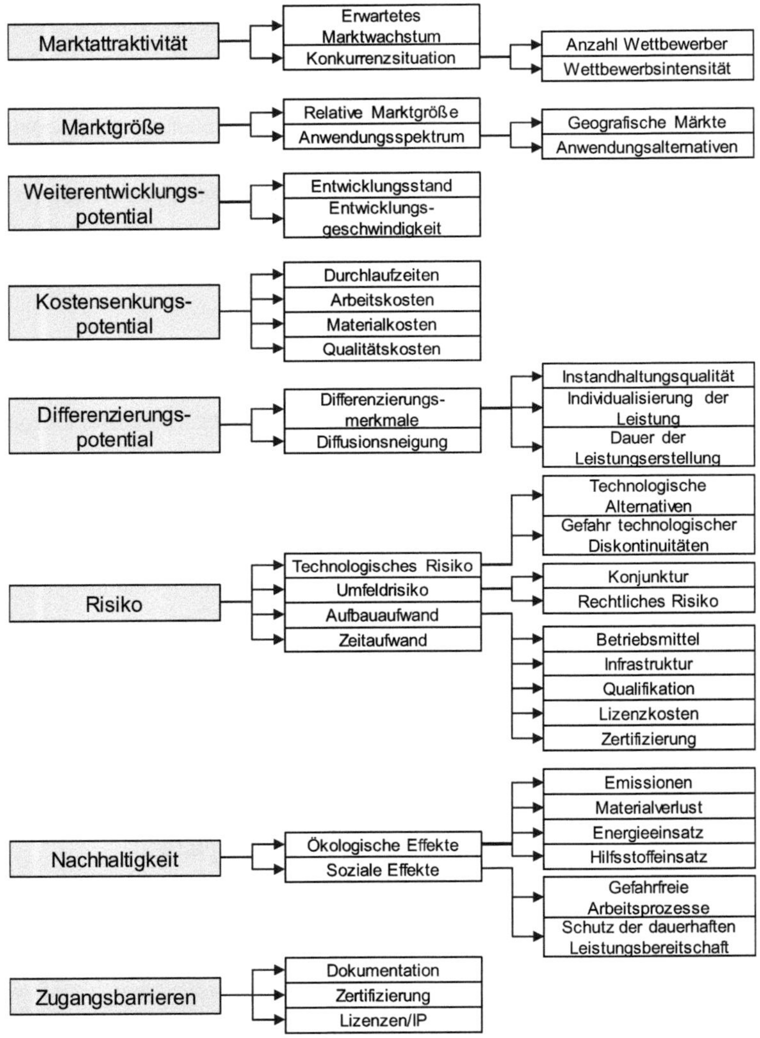

Abbildung 43: Kriteriensystem zur Bewertung der Potentialattraktivität (Modul A2 - extern)

Marktattraktivität und Marktgröße

Analog zur internen Analyse sind die Marktgröße und -attraktivität bei der Bewertung der Attraktivität des technischen Leistungspotentials einzubeziehen. So stellt das bereits bestehende oder perspektivische Marktpotential ein wesentliches Merkmal der Attraktivität technischer Leistungspotentiale dar. Ebenso wie in Modul A1 wird die Marktattraktivität anhand der Indikatoren *erwartetes Marktwachstum* und *Konkurrenzsituation* beschrieben und die Marktgröße über die *relative Marktgröße* und die *alternativen Anwendungsfelder* erfasst.

Weiterentwicklungspotential

Zur Bestimmung des Weiterentwicklungspotentials ist zunächst der Entwicklungsstand des Leistungspotentials zu untersuchen. Je weiter das Leistungspotential im Lebenszyklus vorangeschritten ist, desto geringer ist seine Attraktivität zu bewerten, da es mittel- bis kurzfristig obsolet werden wird. Dies ist zum Beispiel der Fall, wenn die Kunden das Instandhaltungsobjekt aus ihrem Portfolio ausgliedern. Während durch den Indikator *Entwicklungsstand* die Position des technischen Leistungspotentials im Lebenszyklus bestimmt wird, liefert der Indikator *Entwicklungsgeschwindigkeit* Hinweise auf die Dynamik der Potentialentwicklung.

Kostensenkungspotential

Unter dem Kriterium Kostensenkungspotential werden die Auswirkungen des technischen Leistungspotentials für die Kostenposition des Unternehmens subsummiert[68]. So können bspw. durch den Einsatz technischer Leistungspotentiale mit leistungsstarken, hochautomatisierten Betriebsmitteln die Durchlaufzeiten in der Instandhaltung gesenkt werden, was in der Regel geringere Lager- und Kapitalkosten impliziert. Ein Effekt des Einsatzes leistungsstarker Betriebsmittel besteht zudem in verringerten Arbeitskosten durch reduzierten Personaleinsatz. Zudem kann die Kostenposition des Instandhaltungsdienstleisters verbessert werden, wenn das Unternehmen befähigt wird, alternative Materialien einzusetzen, die zu einer Reduzierung der Materialkosten führen. Wenn der Einsatz des Leistungspotentials eine Verbesserung der Prozessqualität bewirkt, können zudem die Qualitätskosten gesenkt werden, da z.B. weniger Nachkontrollen erforderlich sind.[69].

Differenzierungspotential

Da sowohl das Produkt- als auch das Leistungsspektrum vom Wettbewerb kopiert werden können, ist die Stabilität des Wettbewerbsvorteils durch Differenzierung in die Bewertung einzubeziehen. Diese kann durch die Diffusionsneigung bzw. Adaptionsfähigkeit beschrieben werden. So ist eine einfache Adaptionsfähigkeit des Leistungspotentials durch den Wettbewerb als nachteilig zu bewerten, da es das Diffe-

---

[68] Dieses Kriterium wird nur für den Entscheidungsfall IV eingesetzt, da die Kostenwirksamkeit des Leistungspotentials in den anderen Fällen durch die Wirtschaftlichkeitsanalyse erfasst wird.

[69] Die direkt monetären Kriterien (u.a. *Einsparungen durch Bestandsreduktion*, *Materialkosten*) werden nur im Entscheidungsfall IV in das qualitative Kriteriensystem aufgenommen, da sie in den anderen Fällen durch die Wirtschaftlichkeitsanalyse erfasst werden.

renzierungspotential senkt. Weitere Differenzierungsmöglichkeiten bieten sich Instandhaltungsdienstleistern über eine hohe Qualität der Leistung, ein kundenindividuelles Leistungsangebot sowie durch eine geringe Dauer der Leistungserbringung[70]. Während sich die Leistungsqualität z.B. anhand einer verbesserten Standzeit des Instandhaltungsobjekts ausdrücken lässt, kann die Individualisierung des Leistungsangebots über den Einsatz kundenspezifischer Verfahren oder Materialien sowie die Herstellung spezieller Produkteigenschaften erfolgen (z.B. Erhöhung der MTBR[71]).

Risiko

Weiterhin ist bei der Bewertung der Attraktivität technischer Leistungspotentiale das Risiko einzubeziehen, das mit der Eingliederungsentscheidung technischer Leistungspotentiale einhergeht. Das Risiko resultiert aus der Unsicherheit bezüglich zukünftiger Umweltzustände und wird durch die Variablen *Eintrittswahrscheinlichkeit* und *Schadenshöhe* definiert (vgl. March und Shapira 1987, S. 1407 f.). Je höher das mit der Eingliederung verbundene Risiko bewertet wird, desto negativer wirkt sich dies auf die Bewertung der Attraktivitätsdimension aus. Die Eintrittswahrscheinlichkeit wird über die Indikatoren *technologisches* und *umfeldinduziertes Risiko* abgebildet. Als Einflussfaktoren für das technologische Risiko werden in Anlehnung an Specht und Michel (1988, S. 510) die *Anzahl alternativer Technologien* sowie die *Gefahr technologischer Diskontinuitäten* eingesetzt. Über das Kriterium *Umfeldrisiko* wird die Eintrittswahrscheinlichkeit makroökonomischer Abweichungen (z.B. infolge konjunktureller Schwankungen) sowie rechtlich bedingter Veränderungen in der Bewertung berücksichtigt. Die potentielle Schadenshöhe hängt mit dem Aufwand zusammen, der für die Eingliederung des technischen Leistungspotentials getrieben wird. Der Eingliederungsaufwand setzt sich aus Investitionen in Betriebsmittel und Infrastruktur, Kosten für Qualifizierungsmaßnahmen sowie Aufwand für Zertifizierungen und Lizenzen zusammen.

Nachhaltigkeit

Neben möglichen Risiken sind auch Nachhaltigkeitsaspekte bei der Bewertung der Attraktivität technischer Leistungspotentiale einzubeziehen. Die Berücksichtigung von ökologischen und sozialen Nachhaltigkeitsaspekten erfolgt analog zur internen Analyse.

---

[70] An dieser Stelle wird die zeitliche Dimension geringer Prozesszeiten bewertet. Der monetäre Effekt wird bereits durch das Kriterium *Kostensenkungspotential* erfasst.

[71] *Mean Time Between Repair/Removal*: Die Zeit zwischen zwei Reparaturen kann durch den Einsatz qualitativ hochwertiger Ersatzteile oder besonderer Bearbeitungsverfahren beeinflusst werden.

Zugangsbarrieren

Wie in der Problemstellung und Praxisanalyse erörtert, ist die Planungssituation herstellerunabhängiger Instandhaltungsdienstleister von einem zunehmend erschwerten Zugang zu instandhaltungsrelevanten Informationen geprägt. Dies stellt für Instandhaltungsdienstleister eine Markteintrittsbarriere dar, die durch die Indikatoren *Dokumentation* und *Lizenzierung/IP* erfasst wird. Je höher die Bedeutung technischer Dokumentation für die Leistungserstellung und je restriktiver diese von den IP-Eignern gehandhabt wird, desto kritischer ist dies für den Potentialaufbau. Wie aus der Praxisanalyse hervorgeht, sind zudem Zertifizierungen für technische Instandhaltungsdienstleister erfolgskritisch. In der Regel ist das Vorhandensein erforderlicher Zertifizierungen obligatorisch, um den Kunden Instandhaltungsleistungen anzubieten. Die Bedeutung dieses Aspekts ist unternehmensspezifisch zu bewerten. So kann aus Sicht eines finanzstarken Instandhaltungsdienstleisters die Existenz von Markteintrittsbarrieren durchaus positiv bewertet werden, da aufgrund vorhandener finanzieller Mittel etwaige Zertifizierungsaufwände problemlos erbracht werden, die von kleineren Wettbewerbern nicht geleistet werden können. Für den vorliegenden Fall werden aufwändige Zertifizierungsmaßnahmen jedoch als Attraktivitäts-mindernd eingestuft.

6.1.3.2 Kriterien zur Bewertung der Unternehmensposition

Zur Bewertung der Vorteilhaftigkeit des internen Potentialaufbaus ist die Unternehmensposition zu bestimmen. So gilt es zu untersuchen, ob und in welchem Umfang die Elemente des Leistungspotentials im Unternehmen entweder vorhanden oder entwickelbar sind. Die Kriterien und Indikatoren zur Bewertung der Unternehmensposition werden in Abbildung 44 dargestellt.

Ressourcenpotential

Ein zentrales Bewertungskriterium zur Bestimmung der Unternehmensposition stellt die spezifische Ausstattung des Unternehmens mit erforderlichen materiellen und immateriellen Ressourcen dar. Dabei ist zwischen Ressourcen zu differenzieren, die direkt am Leistungserstellungsprozess beteiligt sind (siehe unten) und solchen, die zum Aufbau bzw. für den Einsatz technischer Leistungspotentiale erforderlich sind (z.B. Laboranlagen).

Neben Betriebsmitteln (z.B. Tooling, Testequipment) und technischer Infrastruktur (z.B. Raum) sind in der Regel Ersatzteile und Vormaterial für die interne Leistungserstellung erforderlich. Im Rahmen der unternehmensbezogenen Analyse ist zu untersuchen, ob die genannten Ressourcen intern vorhanden sind und über ausreichende Kapazitäten verfügen. Wie im Rahmen der Praxisanalyse ermittelt (vgl. Abschnitt 4) ist für herstellerunabhängige Instandhaltungsdienstleister die Verfügbarkeit bzw. der

Zugang zu Ersatzteilen erfolgskritisch. Somit ist die unternehmensspezifische Verfügbarkeitssituation für Ersatzteile und Vormaterial in der Bewertung zu berücksichtigen. Bestehende Rahmenverträge mit Ersatzteillieferanten wirken sich positiv auf die Unternehmensposition aus.

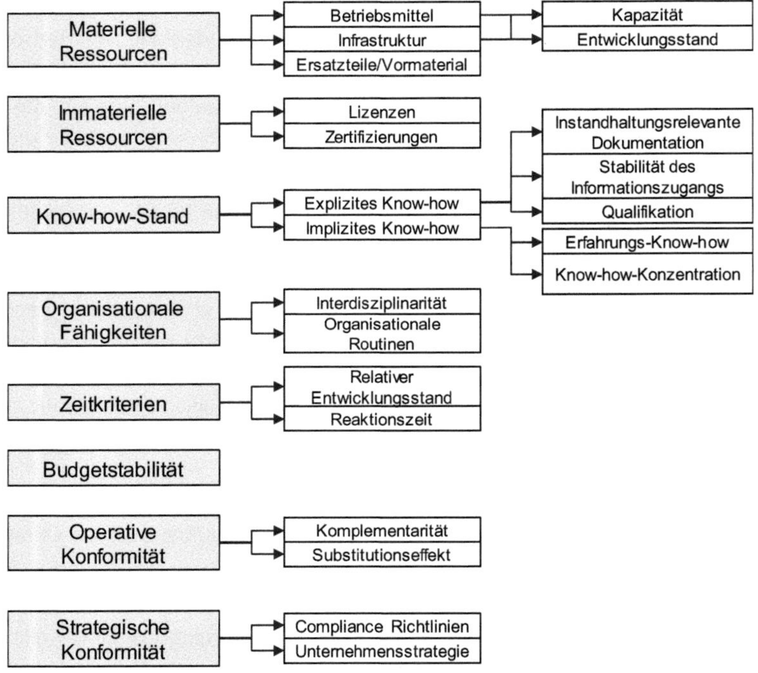

Abbildung 44: Kriteriensystem zur Bewertung der Unternehmensposition (Modul A2 - extern)

Zertifizierungen und **Lizenzen** spielen in der Instandhaltung technischer Systeme ebenfalls eine zentrale Rolle (vgl. Kapitel 4). Da sowohl Zertifizierungen und Berechtigungen notwendige Voraussetzungen für die Leistungserstellung sind, sind die Indikatoren entsprechend hoch zu gewichten. Zur Bestimmung der unternehmensspezifischen Ausstattung mit immateriellen Ressourcen ist zu analysieren, ob und in welchem Umfang die erforderlichen Zertifizierungen und Lizenzen vorliegen. Ebenso wie die Materialverfügbarkeit sind auch das Vorhandensein erforderlicher Zertifizierungen und Lizenzen notwendige Voraussetzungen für die Erbringung von Instandhaltungsleistungen.

Know-how-Stand

Zur Bestimmung der unternehmensspezifischen Know-how-Position ist neben der Verfügbarkeit auch die Stabilität des instandhaltungsrelevanten Know-how zu berücksichtigen. Dieses Know-how kann sowohl in expliziter, dokumentierter Form als auch in impliziter, personengebundener Form vorliegen (vgl. Wellensiek et al. 2011, S. 141). Explizites Wissen liegt in Form von Handbüchern, technischer Dokumentation aber auch qualifizierten Mitarbeitern[72] vor und kann als spezielle Form immaterieller Ressourcen interpretiert werden. Während der Umfang über die *interne Verfügbarkeit* instandhaltungsrelevanter *Dokumentation* und die *Anzahl qualifizierter/qualifizierbarer Mitarbeiter* abgebildet wird, wird die Stabilität über den *mittel-/langfristigen Zugang zu relevanten Informationen* erfasst. In diesem Zusammenhang gilt es für Instandhaltungsdienstleister nicht nur den Status Quo sondern insbesondere das zukünftige Verhalten der Hersteller in Bezug auf technisches Wissen und technische Dokumentation zu antizipieren, um etwaige Engpässe bei der Informationsverfügbarkeit vorherzusehen. Die Stabilität ist entscheidungsrelevant, da der aktuell oder zukünftig erschwerte Zugang zu instandhaltungsrelevanten Informationen den Aufbauprozess des Leistungspotentials derart verzögern bzw. verteuern kann, dass der Aufbau letztlich aus ökonomischen und technologiestrategischen Erwägungen nicht vorteilhaft ist. Implizites Wissen hingegen basiert auf den individuellen Fähigkeiten der Mitarbeiter. Die besondere Relevanz impliziten Know-hows für die Unternehmensposition ergibt sich aus der Eigenschaft, dass es nur bedingt kopiert werden kann (vgl. Abschnitt 2.1.2); gleichzeitig liegt es im Unternehmen nur temporär vor, da die Wissensträger jederzeit durch Wettbewerber abgeworben werden können. Implizites Wissen manifestiert sich in der Instandhaltungspraxis in individuellen Fähigkeiten der Mitarbeiter, wie z.B. kreativem Denken und Handeln, effizienter, effektiver und kreativer Fehlersuche, Transfervermögen und Troubleshootingkompetenzen oder einer allgemein selbstständigen Arbeitsweise.

Als Indikation für die Tiefe des im Unternehmen vorhandenen Know-hows wird die *Erfahrung mit vergleichbaren technischen Leistungspotentialen* herangezogen. Diesem Ansatz liegt das Erfahrungs- bzw. Lernkurven-Konzept zugrunde, wonach die Prozesskosten mit der Anwendungsdauer sinken bzw. die Prozessqualität steigt (vgl. Kreilkamp 1987, S. 334 ff.). Die Stabilität des impliziten Wissens wird über den Indikator *Know-how-Konzentration* erfasst.

Organisationale Fähigkeiten

Als organisationale Fähigkeiten werden Koordinationsmechanismen und organisationale Routinen gefasst, die sowohl den Aufbau von Leistungspotentialen als auch die Leistungserstellung unterstützen. Diese sind insbesondere bei technisch komplexen Instandhaltungsobjekten erforderlich, da zur Leistungserstellung mehrere technische Ressourcen und Fähigkeiten eingebunden bzw. kombiniert werden müssen. Ein Indi-

[72] Qualifizierte Mitarbeiter werden als Indikator für explizites Know-how eingesetzt, da Qualifizierungsmaßnahmen in der Regel standardisiert sind und dokumentiertes, also explizites Wissen vermitteln.

kator für dieses Kriterium ist die Etablierung interdisziplinärer Teamstrukturen im Rahmen der Planung und Durchführung von Instandhaltungsprozessen[73]. Durch die Zusammenarbeit von Experten unterschiedlicher Fachbereiche können Prozesse wie z.B. Fehlersuche effektiver gestaltet werden. Ebenso ist die Implementierung und Formalisierung organisationaler Routinen (z.B. Standardprozesse, Wissensmanagementprozesse) förderlich, um die Eingliederung oder Nutzung von Leistungspotentialen effektiv und effizient zu gestalten. Den positiven Effekt, der mit der Implementierung z.B. eines Wissensmanagementsystems im Dienstleistungskontext erzielt werden kann, stellen Krallmann und Hoffrichter (1998, S. 255) heraus.

Zeitkriterien

Als Zeitkriterien[74] werden Bewertungsmerkmale verstanden, die einen Vergleich des betrachteten Unternehmens mit dem Wettbewerb auf Basis zeitbezogener Kriterien ermöglichen. So wird der *relative Entwicklungsstand* im Vergleich zum Wettbewerb als Indikator für die Unternehmensposition herangezogen. Als Referenzpunkte werden in diesem Zusammenhang der *Entwicklungsstand des Wettbewerbs* sowie der *Zeitpunkt des Markteintritts* der instandzuhaltenden Technologie gewählt. Ein relativer Entwicklungsvorsprung ist vorteilhaft, da somit die Marktwahrnehmung des Unternehmens als Technologieführer gestärkt wird. Weiterhin wird die *Reaktionszeit* des Unternehmens als Indikator für die Bestimmung der Unternehmensposition eingesetzt. Damit wird das Vermögen beschrieben auf technologische Diskontinuitäten zu reagieren (z.B. Modifikationen des Instandhaltungsobjekts durch den OEM). Eine hohe Reaktionsgeschwindigkeit wirkt sich positiv auf die Fähigkeit eines Unternehmens aus, als Technologieführer am Markt zu agieren.

Budgetstabilität

Bei den meisten der in der Literatur unter dem Begriff „finanzielle Kriterien" genannten Größen handelt es sich um direkt oder indirekt zahlungswirksame Größen, die im vorliegenden Ansatz im Rahmen der Wirtschaftlichkeitsanalyse hinreichend Berücksichtigung finden. Daher werden im Portfoliomodul nur schwer quantifizierbare Kriterien eingesetzt, die eine Aussage über die Unternehmensposition in Bezug auf technische Leistungspotentiale treffen. So lässt sich die Budgetstabilität nur unzureichend in der quantitativ-monetären Analyse berücksichtigen. Unter diesem Merk-

---

[73] Neben Aspekten wie der *Quantität* und *Qualität* (bzw. der *Flexibilität* und *Kreativität*) des verfügbaren Personals, verwenden z.B. Brose und Corsten (1983, S. 349) die *Zusammensetzung der Mitarbeiter* als Gütekriterium. Dabei wird angenommen, dass das Vorhandensein interdisziplinärer Projektteams die Qualität der Ergebnisse erhöht.

[74] Die *Zeitkriterien* sind nur für weit in der Zukunft liegende technische Leistungspotentiale relevant (vgl. Entscheidungsfall IV), da der Entwicklungsstand bereits in *externer* Anwendung befindlicher Leistungspotentiale per Definition schlechter sein muss als der des Wettbewerbs (vgl. *relativer Entwicklungsstand*). Darüber hinaus sind die Spezifikationen des Instandhaltungsobjekts in den Entscheidungsfällen I-III bereits weitgehend fixiert (vgl. *Reaktionszeit*).

mal wird die Verfügbarkeit der finanziellen Mittel subsummiert, die zum Aufbau oder zum Einsatz des technischen Leistungspotentials erforderlich sind. Insbesondere für langfristig angelegte Eingliederungsvorhaben stellt die Budgetstabilität nicht nur ein erfolgskritisches, sondern ein obligatorisches Kriterium dar. Die Verfügbarkeit der erforderlichen finanziellen Ressourcen kann bspw. durch die Re-Allokation von Ressourcen, etwa infolge eines Strategiewechsels, gefährdet werden.

Operative Konformität

Analog zu Modul A1 wird anhand des Kriteriums operative Konformität untersucht, welche Auswirkungen die Eingliederung des technischen Leistungspotentials für weitere intern vorhandene Leistungspotentiale hat. So ist es positiv in Bezug auf die Eingliederungsentscheidung zu bewerten, wenn der interne Aufbau technischer Ressourcen oder Fähigkeiten die Erschließung weiterer, bisher nicht beherrschter Leistungspotentiale ermöglicht bzw. unterstützt. Als Beispiel hierfür seien Komplementaritätseffekte genannt, die z.B. mit der Anschaffung von Betriebsmitteln einhergehen können. Gleichzeitig können sich durch den Potentialaufbau Substitutionseffekte einstellen, die für das Unternehmen vorteilhaft sind. Dies ist bspw. der Fall, wenn durch die Einbindung des Leistungspotentials andere Leistungspotentiale substituiert werden, die eine geringere Ressourceneffizienz aufweisen.

Strategische Konformität

Das Kriterium *strategische Konformität* wird ebenfalls analog zu Modul A1 eingesetzt, um zu analysieren, ob bzw. inwieweit die Eingliederung des Leistungspotentials in Einklang mit den mittel- und langfristigen Zielsetzungen des Unternehmens zu bringen ist. Als Indikatoren für die strategische Konformität werden die *Vereinbarkeit mit internen Compliance-Richtlinien* sowie die *Übereinstimmung mit explizierten unternehmensstrategischen Leitlinien* eingesetzt. Sofern die Eingliederung des technischen Leistungspotentials mit internen Compliance-Richtlinien im Widerspruch steht, wirkt sich dies negativ auf die Unternehmensposition aus. Dieser Aspekt ist bei der Bewertung zu berücksichtigen, da insbesondere im Bereich der Beschaffung und Verwendung instandhaltungsrelevanter Informationen rechtliche Grauzonen bestehen und auch genutzt werden[75]. Sofern die Unternehmensstrategie in dokumentierter Form vorliegt, kann die Bestimmung der Konformität über einen Abgleich mit den dort formulierten Leitlinien erfolgen. Diese sind in der Regel unternehmensinternen Strategiepapieren oder Geschäftsberichten zu entnehmen.

---

[75] Als *Grauzone* wird in diesem Zusammenhang die Informationsbeschaffung „auf dem kurzen Dienstwege“ auf operativer Ebene bezeichnet. So wurde im Rahmen der Experteninterviews vereinzelt darauf verwiesen, dass „man sich in der Branche kenne und über viele Themen austausche“ (vgl. Abschnitt 4.3).

6.1.4 Anpassung des generischen Kriteriensystems auf unternehmensspezifische Anforderungen

Um das generische Kriteriensystem für die praktische Anwendung handhabbar zu machen, ist es an die unternehmensspezifischen Rahmenbedingungen und Zielsetzungen anzupassen. So ist bspw. für Unternehmen, die eine stringente **Kostenführerschaftsstrategie** verfolgen, das Bewertungsmerkmal *Differenzierungspotential* nicht entscheidungsrelevant und kann somit für die Bewertung ausgeklammert werden. Die Spezifizierung des Kriteriensystems erfolgt in drei Schritten:

1. Auswahl entscheidungsrelevanter Kriterien
2. Definition des unternehmensspezifischen Präferenzsystems
    a. Definition der Gewichtungsfaktoren
    b. Definition von K.O.-Kriterien
3. Anpassung der Skalenbeschreibungen an branchenspezifisches Fachvokabular, unternehmensspezifische Wordings, Kennzahlen etc.

Um eine hohe Ergebnisgüte zu gewährleisten, ist bei der Ausgestaltung des Kriteriensystems auf die **Orthogonalität** der Bewertungsachsen zu achten. So ist bei der Entwicklung sicherzustellen, dass Abhängigkeiten zwischen Entscheidungskriterien minimiert werden. Bei der Anwendung der Portfoliomethode ist überdies zu beachten, dass Abhängigkeiten sowohl zwischen den beiden Entscheidungsdimensionen (= Matrixdimensionen) als auch innerhalb der Dimensionen zwischen einzelnen Kriterien bestehen können (vgl. Brockhoff 1999, S. 213 f.). Da die vollständige Unabhängigkeit der Variablen nicht realistisch erscheint, sind für die Operationalisierung des Verfahrens sowie die spätere Interpretation der Ergebnisse die Abhängigkeiten in ihrer Anzahl und Ausprägung offen zu legen. Die Erörterung der Abhängigkeiten kann anhand eines **paarweisen Vergleichs** oder spezieller **Abhängigkeitskorrekturverfahren** erfolgen (vgl. z.B. Fröhner et al. 2002, S. 182 ff.; Zangemeister 1976, S. 160 f.).

6.1.5 Operationalisierung des Bewertungsrahmens

Unter **Operationalisierung** wird das „Messbarmachen von Konstrukten" verstanden und dient der Konstruktion eines wiederholbaren Messmodells, das die angestrebten Zielzustände „eindeutig und intersubjektiv verständlich" wiedergibt (vgl. Raab-Steiner und Benesch 2010, S. 22; Brauchlin und Heene 1995, S. 142). Dazu sind das Zielsystem zu konkretisieren und die Ziele anhand messbarer Zielgrößen bzw. Kriterien zu differenzieren (vgl. Klein und Scholl 2011, S. 94).

6.1.5.1 Skalen

Einen zentralen Schritt bei der Operationalisierung stellt die Messbarmachung des Bewertungsrahmens dar. Darunter wird die eindeutige Zuordnung von Zahlen zu Kriterien- und Merkmalsausprägungen nach einer definierten Regel bezeichnet (vgl. Assenmacher 2010, S. 18). Zur Messbarmachung des Kriteriensystems werden die Indikatoren zunächst in geschlossene Fragen transformiert. Dabei wird darauf geachtet, dass die Fragen bzw. Antwortalternativen verständlich formuliert werden, sich auf einer einheitlichen logischen Ebene befinden und sich gegenseitig ausschließen (vgl. Bortz und Döring 2009, S. 140). Der Zielkonflikt bei der Wahl geeigneter Bewertungsskalen besteht darin, eine hohe Abbildungsgenauigkeit zu erlangen, ohne gleichzeitig das Differenzierungsvermögen der Anwender zu überfordern. So steigt mit der Anzahl der Antwortmöglichkeiten zwar die potentielle Genauigkeit der Bewertungsergebnisse; gleichzeitig leidet jedoch die Güte der Bewertung, da die Differenzierung der Antwortalternativen für die Anwender zunehmend schwieriger wird.

Die Skalenbildung im Rahmen der vorliegenden Arbeit erfolgt anhand zehnstufiger Likert-Skalen[76] (vgl. Abbildung 45).

Qualifikation

1	2	3	4	5	6	7	8	9	10
Es sind keine Mitarbeiter verfügbar, die über das erforderliche Qualifikations-niveau verfügen. Es ist nicht möglich langfristig entsprechende Mitarbeiter zu qualifizieren oder einzustellen.		*Es sind wenige Mitarbeiter verfügbar, die über das erforderliche Qualifikations-niveau verfügen bzw. sie sind eher langfristig qualifizier- bzw. einstellbar.*		*Es sind Mitarbeiter verfügbar, die über das erforderliche Qualifikations-niveau verfügen bzw. sie sind mittelfristig qualifizier- bzw. einstellbar.*		*Es sind einige Mitarbeiter verfügbar, die über das erforderliche Qualifikations-niveau verfügen bzw. sie sind kurz- bis mittelfristig qualifizier- bzw. einstellbar.*		*Es sind ausreichend Mitarbeiter verfügbar, die über die erforderlichen Qualifikationen verfügen.*	

Abbildung 45: Beispiel für Bewertungsskala (Modul A2 - extern, *Indikator U3.1.3*)

Likert-Skalen basieren auf der Prämisse, dass jede Skalenausprägung eine positive oder negative Position in Bezug zum Messobjekt einnimmt. So ist die Zustimmung zu einer positiven Einstellung mit der Ablehnung der negativen Position gleichzusetzen (vgl. Rost 2004, S. 50). Likert-Skalen verwenden Rating-Skalen, die die einfache Erzeugung intervall-skalierter Bewertungsurteile ermöglichen. Die Skala basiert auf einem Merkmalskontinuum, dessen Intervalle durch Zahlen, Beispiele oder verbale Beschreibungen definiert sind (vgl. Bortz und Döring 2009, S. 176 ff.). Zur Vereinfachung werden die Abschnitte des Merkmalskontinuums als äquidistant angenommen (vgl. Bortz und Döring 2006, S. 224)[77]. Ein Vorteil zehnstufiger Skalen liegt in ihrer Analogie zu Prozentwerten, die eine intuitive Bewertung für den Anwender verein-

[76] Auf eine detaillierte Diskussion relevanter Skalentypen wird an dieser Stelle verzichtet. Für eine weiterführende Diskussion verschiedener Skalen sei u.a. auf Bortz und Döring (2006, S. 223-230) verwiesen.

[77] Für eine Erörterung der tatsächlichen Skalenniveaus von Ratingskalen sowie resultierender Urteilsfehler sei ebenfalls auf Bortz und Döring (2006, S. 181 ff.) verwiesen.

facht. Um das Differenzierungsvermögen der Anwender nicht zu überfordern, werden für die zehnteilige Skala lediglich fünf Ausprägungen ausformuliert[78]. Dieser Ansatz verbindet die Vorteile gerad- und ungeradzahliger Bewertungsstufen. So wird dem Anwender bei unsicheren Urteilen zwar eine Mittelkategorie angeboten, gleichzeitig wird er jedoch zu einem tendenziellen Urteil angehalten (vgl. Bortz und Döring 2009, S. 180). Alternativ werden Ratingskalen eingesetzt, die den Grad der Zustimmung des Anwenders über eine zehnstufige Skala abbilden (*1 - Stimme zu, 10 - Stimme nicht zu*).

6.1.5.2 Gewichtung der Entscheidungsparameter

Die Aggregation der Teilergebnisse erfolgt anhand gewichteter additiver Indizes. Im Gegensatz zur multiplikativen Verknüpfung der Teilergebnisse ermöglicht die additive Verknüpfung die Kompensation einzelner Indikatorbewertungen (vgl. Specht et al. 2002, S. 219 f.). Durch die Gewichtung werden die Relationen und Bedeutungen einzelner Indikatoren und Kriterien innerhalb des Kriteriensystems spezifiziert, was insbesondere im Falle mehrdimensionaler bzw. mehrstufiger Kriteriensysteme relevant ist (vgl. Jolly 2003, S. 383 ff.; Klein und Scholl 2011, S. 105 ff.). Gleichzeitig wird das der Bewertung zugrunde liegende Präferenzsystem offengelegt, das je nach Bewertungskontext auf unternehmensweiten oder individuellen Prämissen basieren kann. Bei der Entwicklung eines mehrgliedrigen Kriteriensystems, wird der **Entscheidungswert *D*** jeder Gliederungsebene durch die Addition der mit den **Gewichtungsfaktoren g_i** gewichteten **Kriterienwerte K_i** berechnet (vgl. Formel 2). Durch die gewichtete Aggregation der Ergebniswerte auf die nächsthöhere Ebene, lässt sich schließlich der Entscheidungswert der Portfoliodimension errechnen.

$$D = \sum_{i=1}^{n} K_i \times g_i$$ **(Formel 2)**

mit $g_i > 0$

$\sum_{i=1}^{n} g_i = 1$

n = Anzahl der Kriterien

Die Gewichtungsfaktoren werden durch eine einfache Kriterienhierarchie mit Hilfe von Experten des anwendenden Unternehmens auf Basis strategischer und operativer Leitlinien festgelegt (vgl. hierzu Zangemeister 2000, S. 125; Bortz und Döring 2009, S. 147). Somit wird sichergestellt, dass das resultierende gewichtete Kriteriensystem die langfristigen Unternehmensziele adäquat abbildet. Bei der praktischen

[78] vgl. hierzu die Erörterung bei Ryll und Götze (2010, S. 118)

Anwendung ist darauf zu achten, dass unternehmensweit einheitliche Skalen angewendet werden, um die Nachvollziehbarkeit und Vergleichbarkeit der Ergebnisse zu gewährleisten (vgl. Specht et al. 2002, S. 224). Um eine hohe Praktikabilität zu gewährleisten, werden die Kriterien zunächst anhand des **Bewertungsfaktors** a_i über eine fünfstufige Skala (1 = *geringer Relevanz*; 5 = *sehr hohe Relevanz*) miteinander in Beziehung gesetzt. Der **Gewichtungsfaktor** g_i ergibt sich schließlich aus Formel 3:

$$g_i = \frac{a_i}{\sum_{j=1}^{n} a_j} \qquad \textbf{(Formel 3)}$$

mit $a_{i/j} \in [1;5]$

$i = 1 \ldots n$

Auch wenn die Entscheidungswerte quasi-analytisch hergeleitet werden, basieren sowohl die zugrunde liegenden Gewichtungen als auch die Entscheidungswerte selbst auf Meinungen bzw. Erfahrungswissen und unterliegen somit den subjektiven Einflüssen der Entscheider (vgl. Zangemeister 2000, S. 125; Hoffmeister 2008, S. 294). Insbesondere bei der Interpretation der (Teil-)Ergebnisse ist zu berücksichtigen, dass die Objektivität der Bewertungsaussagen begrenzt ist.

6.1.5.3 Definition von K.O.-Kriterien

Unabhängig von der Kriteriengewichtung gibt es in der Regel Bedingungen, die notwendigerweise erfüllt werden müssen, bevor eine Bewertungsaussage getroffen werden kann. Diese werden als **K.O.-Kriterien** bezeichnet und in der Methode durch Schwellenwerte operationalisiert (Minimum- oder Maximalwerte). Wird ein Schwellenwert unter- bzw. überschritten, wird der Auswertung ein Hinweis vorangestellt, dass die Ergebnisse nur unter Vorbehalt zu interpretieren sind.

Aufgrund der heterogenen Rahmenbedingungen der Entscheidungsfälle können die K.O.-Kriterien nicht im generischen Kriteriensystem hinterlegt werden, sondern sind jeweils in Abhängigkeit der vorliegenden Problemstellung und des spezifischen Zielsystems des betrachteten Unternehmens zu definieren. Grundsätzlich stellen alle Kriterien potentielle K.O.-Kriterien dar. So ist bspw. die ***Materialverfügbarkeit*** als K.O.-Kriterium zu definieren, wenn Hersteller eine restriktive Materialversorgung als Wettbewerbshebel einsetzen, so dass in der Folge der Instandhaltungsdienstleister keinen Zugriff auf erforderliche Ersatzteile hat. Als weitere Beispiele für K.O.-Kriterien können ***Lizenzen***, ***Zertifizierungen*** oder ***Budgetsicherheit*** angeführt werden, die in der Regel eine notwendige Bedingung für die interne Leistungserstellung darstellen.

6.1.5.4 Unternehmensspezifische Formulierung der Skalen

Um die Interpretationsspielräume der Skalen zu reduzieren und eine hohe Akzeptanz der Bewertung im Anwenderkreis zu gewährleisten, sind die Skalenbeschreibungen auf unternehmensspezifische Formulierungen, Begriffe oder Skalen anzupassen. So lassen sich bspw. natürlichsprachige ordinalskalierte Merkmale durch die Angabe von monetären Größen weiter präzisieren. Um Willkür bei der Definition von Skalengrenzen zu vermeiden, sind diese an unternehmensspezifischen Grundsätzen zu orientieren. In Unternehmen bestehen oftmals Vorschriften, die Investitionsvolumina vorgeben, die keiner Genehmigung der jeweils höheren Hierarchiestufe bedürfen. Diese Grenzen können zur Spezifikation der Merkmale herangezogen werden (vgl. Abbildung 46).

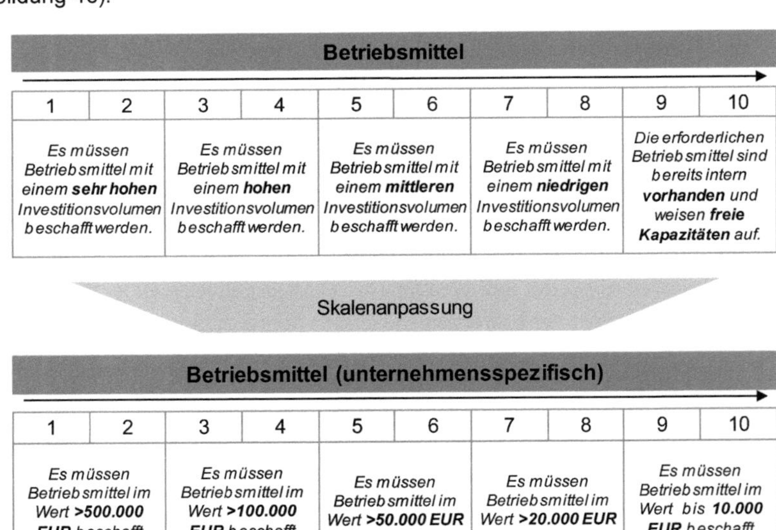

Abbildung 46: Beispielhafte Anpassung der Skalenbeschreibung an unternehmensspezifische Anforderungen (Modul A2 - extern, *Indikator U1.1*)

6.1.6 Ableitung strategischer Handlungsempfehlungen

Die gewichteten Ergebniswerte der Potential- und Unternehmens-bezogenen Dimension werden zu einem Wertetupel zusammengefasst, das die Position des Untersuchungsobjekts auf dem Ergebnisportfolio definiert. Das Ergebnisportfolio verknüpft die Bewertungsergebnisse mit strategischen Handlungsempfehlungen. Aufgrund der abweichenden Entscheidungsprobleme und Kriteriensysteme der internen bzw. externen Analyse (vgl. Modul A1 bzw. A2) werden im vorliegenden Ansatz zwei unterschiedliche Ergebnisportfolios entwickelt (vgl. Abbildung 47).

Wird dem technischen Leistungspotential eine geringe bis mittlere Attraktivität bzw. Zukunftsfähigkeit attestiert, wird bei gleichzeitig schwacher Unternehmensposition die **Fremdvergabe** (externe Analyse) bzw. **Ausgliederung** (interne Analyse) des technischen Leistungspotentials empfohlen. Die dadurch frei werdenden Ressourcen können alternativen Verwendungszwecken zugeführt werden. Im Falle einer Ausgliederungsempfehlung sind vorab jedoch die Interaktionseffekte sowie etwaige Abhängigkeiten der untersuchten technischen Ressourcen und Fähigkeiten mit anderen technischen Leistungspotentialen zu untersuchen.

Wird die Attraktivitätsdimension mittel bis hoch bewertet und weist das analysierte Unternehmen eine hohe Unternehmensposition auf, ist die **Eingliederung** des technischen Leistungspotentials (externe Analyse) bzw. der **fortwährende Einsatz** anzustreben (interne Analyse). Aufgrund der hohen strategischen Relevanz des technischen Leistungspotentials werden durch die Eingliederung bzw. die Weiterführung des technischen Leistungspotentials Ertragspotentiale erschlossen bzw. gefestigt, die einen nachhaltigen Ausbau der Wettbewerbsposition ermöglichen.

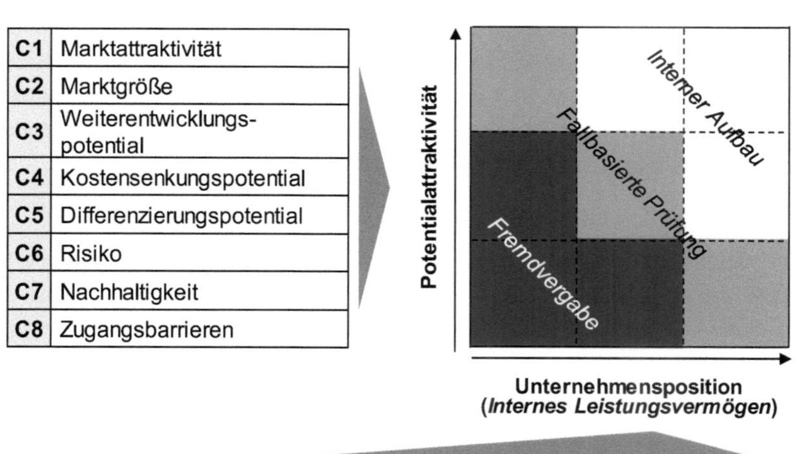

Abbildung 47: Ableitung strategischer Handlungsempfehlungen (Bsp.: Modul A2 - extern)

In den übrigen Fällen ist das Bewertungsergebnis zunächst einer **fallbasierten Prüfung** zu unterziehen. Insbesondere in diesen Fällen werden die Vorzüge des detaillierten Kriteriensystems offenbar, da die erhobenen Informationen Hinweise auf spezifische Handlungsbedarfe enthalten. Als Datengrundlage dient dabei die Bewertungsdokumentation. Wird bspw. die Unternehmensposition durch eine vergleichsweise schlechte Know-how-Position negativ beeinflusst, sind technologiespezifische Qualifikationsmaßnahmen anzustreben und zu priorisieren. Das Kriteriensystem schafft Transparenz, an welchen Stellen Defizite bestehen und mit vertretbarem Aufwand beseitigt werden können.

6.2 Modul B - Wirtschaftlichkeitsanalyse

Sofern die Kalkulation oder Abschätzung monetärer Größen möglich ist (vgl. Entscheidungsfälle I-III), wird die qualitative Analyse durch eine Wirtschaftlichkeitsbetrachtung ergänzt. **Ziel des Moduls B** ist es, in Abhängigkeit der fallspezifischen Fragestellung die mit dem technischen Leistungspotential verbundenen Zahlungsgrößen zu erfassen und die Entscheidung über dessen *Weiterbetrieb*, die *Ausgliederung* oder die *Eingliederung* aus der Wirtschaftlichkeitsperspektive zu unterstützen. Die zentrale Fragestellung besteht folglich darin, ob das analysierte technische Leistungspotential eine angemessene Verzinsung des eingesetzten Kapitals garantiert. Da die Güte der Bewertungsergebnisse in hohem Maße von der Art und Qualität der Eingangsparameter abhängig ist, werden im Folgenden zunächst die zentralen Eingangsparameter beschrieben und Varianten der Erfassung bzw. Kalkulation diskutiert. Anschließend werden in Anlehnung an die in Abschnitt 5.4.3 differenzierten Entscheidungsfälle zwei Varianten des Moduls B entwickelt.

6.2.1 Definition des Informationsbedarfs

Zu den maßgeblichen Einflussfaktoren für die wirtschaftliche Vorteilhaftigkeit gehören die **Höhe** und die **zeitliche Sequenz** der mit dem Leistungspotential verbundenen **Zahlungsströme** sowie der **Kalkulationszinssatz**. Die Zahlungsreihen setzen sich aus den mit dem technischen Leistungspotential verbundenen Investitionen, den Selbstkosten sowie den Erträgen bzw. Einsparungen zusammen und können in der Regel durch Experten geschätzt oder über Analogieverfahren kalkuliert werden (vgl. Abschnitt 5). Hinsichtlich des Detaillierungsgrades der einbezogenen monetären Entscheidungsparameter werden in der Literatur unterschiedliche Ansätze beschrieben (vgl. z.B. Auch und Bullinger 1985, S. 11). Aufgrund der Heterogenität betrieblicher Leistungssysteme erscheint eine Limitierung der einzubeziehenden Zahlungsgrößen nicht sinnvoll. Daher werden im vorliegenden Fall beispielhafte Zahlungspositionen angeführt, die im Anwendungsfall ggf. weiter zu detaillieren bzw. auf unternehmensspezifische Rahmenbedingungen anzupassen sind.

Der **Planungszeitraum** ist unternehmensspezifisch festzulegen und wird in **Erstellungs- und Betriebsphase** untergliedert[79]. Aufgrund der langen Lebenszyklen der untersuchten Investitionsgüter ist ein möglichst langer Betrachtungshorizont zu wählen. Dabei ist jedoch zu beachten, dass mit der Länge des Betrachtungshorizonts die Unsicherheit bezüglich der kalkulierten Zahlungsreihen zunimmt.

Der **Kalkulationszinssatz** repräsentiert die unternehmensspezifische Mindestrendite, die die Schwelle der wirtschaftlichen Vorteilhaftigkeit definiert. Dabei kann es sich um einen markt- oder branchenüblichen Wert oder eine unternehmensspezifische Größe handeln (vgl. Warnecke et al. 1996, S. 148 f.). Durch die Einbeziehung des marktüblichen Zinssatzes kann analysiert werden, ob der Kapitaleinsatz in einem internen Projekt oder durch die Anlage am Kapitalmarkt vorteilhafter ist. Zur Bestimmung des unternehmensspezifischen Kalkulationszinses sind die Risikostruktur bzw. Risikoexposition sowie die Finanzierungsstruktur des Unternehmens einzubeziehen[80]. Entsprechend wird der Zinssatz durch eine anteilige Berechnung der Eigen- und Fremdkapitalzinsen gebildet. Weitere Eingangsparameter für die Wirtschaftlichkeitsanalyse sind die **Anzahl erwarteter Instandhaltungsereignisse** unter Nutzung des betrachteten technischen Leistungspotentials sowie die **Kosten des Fremdbezugs**. Dieser kann in der Regel durch Marktpreise oder Angebote der Fremddienstleister ermittelt werden.

Der **Kapitalwert** der internen Leistungserstellung wird anhand der auf den Betrachtungszeitpunkt auf- bzw. abgezinsten Ein- und Auszahlungen bestimmt. Ist die interne Leistungserstellung mit Investitionen in das Anlagevermögen verbunden, sind diese ebenso in der Zahlungsbilanz zu berücksichtigen wie etwaige Liquidationserlöse am Ende des Betrachtungszeitraums. Somit lässt sich der interne Kapitalwert durch die Formel 4 berechnen:

$$K_0^{int} = -A_0 - \sum_{t=1}^{n} \left[\frac{y_t \times a_t^{int} + A_t^{int} + M_t}{q^t} \right] + \frac{R}{q^n} \qquad \textbf{(Formel 4)}$$

mit

K_0^{int}	=	Kapitalwert der internen Erstellung in Periode 0	[€]
A_0	=	Investitionszahlungen in Periode 0	[€]
y_t	=	Anzahl Instandhaltungsaufträge	
a_t^{int}	=	mengenabhängige Auszahlungen in Periode t	[€/Jahr]
A_t^{int}	=	mengenunabhängige Auszahlungen in Periode t	[€/Jahr]

[79] Für eine Erörterung der optimalen Gestaltung des Planungshorizonts sei auf Teichmann (1975) verwiesen.

[80] Für eine Übersicht über Konventionen zur Bestimmung des Kalkulationszinssatzes siehe Däumler und Grabe (2003, S. 35 ff.).

M_t = mengenunabhängige Auszahlungen zur Sicherstellung der Betriebsbereitschaft in Periode t [€/Jahr]
q = Diskontierungsfaktor [%]
n = Planungshorizont [Jahre]
R = Resterlös am Ende der Nutzungsdauer [€]

Der Kapitalwert der **externen Leistungserstellung** ergibt sich, sofern das erforderliche technische Leistungspotential intern noch nicht vorhanden ist, aus der Formel 5:

$$K_0^{ext} = -\sum_{t=1}^{n} \left[\frac{y_t \times a_t^{ext} + A_t^{ext}}{q^t} \right]$$ **(Formel 5)**

mit

K_0^{ext} = Kapitalwert der externen Erstellung in Periode 0 [€]
a_t^{ext} = mengenabhängige Auszahlungen der externen Leistungserstellung in Periode t [€/Jahr]
A_t^{ext} = mengenunabhängige Auszahlungen bei Fremderstellung in Periode t [€/Jahr]

Die mit der externen Leistungserstellung verbundenen Auszahlungen resultieren u.a. aus Fremdleistungskosten (= Angebotspreise der externen Dienstleister) sowie internen und externen Transaktionskosten. Diese umfassen u.a. Kalkulations-, Anbahnungs- und Vergabekosten, sowie Transportkosten (vgl. Picot 1992, S. 111 f.). Ob sie mengenabhängigen oder -unabhängigen Charakter aufweisen ist jeweils fallspezifisch festzustellen.

6.2.2 Modul B1 - Entscheidungsfall I

In Entscheidungsfall I ist durch die Wirtschaftlichkeitsanalyse zu überprüfen, ob die interne Leistungserstellung weiterhin vorteilhaft ist oder ob eine Ausgliederung geboten ist. In diesem Fall sind in der Regel keine Investitionen in das Betriebsvermögen erforderlich. Im Falle bereits vorhandener Leistungspotentiale ist zu überprüfen, ob der Weiterbetrieb des Leistungspotentials aus wirtschaftlichen Gesichtspunkten weiterhin vorteilhaft ist. Ist dies nicht der Fall, ist die Ausgliederung des Leistungspotentials anzustreben. Der Kapitalwert der internen Leistungserstellung wird nach Formel 6 berechnet[81].

$$K_0^{int} = -\sum_{t=1}^{n} \left[\frac{y_t \times a_t^{int} + A_t^{int} + M_t}{q^t} \right] + \frac{R}{q^n}$$ **(Formel 6)**

[81] vgl. hierzu die Ausführungen von Mikus (2009, S. 137)

Sofern die externe Leistungserstellung nicht mit Desinvestitionen einhergeht, wird der Kapitalwert anhand der Formel 7 berechnet:

$$K_0^{ext} = R_0 - \sum_{t=1}^{n} \left[\frac{y_t \times a_t^{ext} + A_t^{ext} + A_t^{int'}}{q^t} \right] \qquad \textbf{(Formel 7)}$$

mit

R_0	=	Liquidationserlös bei Desinvestition in Periode 0	[€/Jahr]
$A_t^{int'}$	=	nicht eliminierbare mengenunabhängige Auszahlungen bei Fremderstellung in Periode t	[€/Jahr]

Ist der **Kapitalwert der internen Leistungserstellung** höher als der der externen Leistungserstellung, ist aus Wirtschaftlichkeitsgesichtspunkten an einer internen Leistungserstellung festzuhalten. Insbesondere in späten Lebenszyklusphasen eines Instandhaltungsobjekts kann es jedoch der Fall sein, dass sinkende Instandhaltungsfallzahlen mit relativ hohen mengenunabhängigen Zahlungen für Ersatzteilbestände, Betriebsmittelunterhalt oder Raummiete einhergehen. Ist in diesen Fällen der Kapitalwert der externen Leistungserstellung höher, ist vom Standpunkt der Wirtschaftlichkeit aus gesehen die Ausgliederung des technischen Leistungspotentials bzw. die Fremdvergabe der Leistung anzustreben.

6.2.3 Modul B2 - Entscheidungsfälle II/III

Die Leitfrage der Wirtschaftlichkeitsanalyse der Entscheidungsfälle II und III lautet, ob es aus Wirtschaftlichkeitsgesichtspunkten vorteilhaft ist, das technische Leistungspotential intern aufzubauen. Die Wirtschaftlichkeitsanalyse kann anhand einer Einzelbetrachtung der Varianten **interne und externe Leistungserstellung** erfolgen; gleichzeitig kann jedoch auch eine integrierte Berechnung anhand einer Differenzinvestition erfolgen (vgl. Mikus 2009, S. 136). In diesem Fall werden die mit der internen und externen Leistungserstellung verbundenen mengenabhängigen und -unabhängigen Auszahlungssalden den erforderlichen Investitionen sowie den diskontierten Bereitschaftszahlungen und Liquidationserlösen gegenübergestellt (vgl. Formel 8).

$$K_0^{Diff} = -A_0 - \sum_{t=1}^{n} \left[\frac{y_t \times (a_t^{int} - a_t^{ext}) + A_t^{int} + M_t - A_t^{ext}}{q^t} \right] + \frac{R}{q^n} \qquad \textbf{(Formel 8)}$$

Ist der Kapitalwert der Differenzinvestition positiv, ist der interne Aufbau des technischen Leistungspotentials anzustreben, da die interne Leistungserstellung wirtschaftlich vorteilhaft ist. In diesem Fall wird durch die interne Leistungserstellung eine Verzinsung des eingesetzten Kapitals erzielt, die über dem Kalkulationszins liegt.

Die Ermittlung der Kapitalwerte erfolgt jeweils Einzahlungs-neutral. Grund hierfür ist, dass in der Regel keine Einzahlungsdifferenzen zwischen interner und externer Leistungserstellung bestehen, da der vom Kunden bezahlte Preis für die Leistungserstellung unabhängig von der Leistungstiefe des Dienstleisters ist. Zudem ist die Ermittlung der Einzahlungen in der Instandhaltungspraxis mit erheblichem Aufwand verbunden und oftmals nicht umfassend möglich. Ursächlich hierfür sind Rahmenverträge bzw. Full-Service-Verträge mit den Kunden, die in der Regel Fixpreise für Leistungsbündel beinhalten. In diesen Fällen stellt die Umlage der Erlöse auf einzelne Leistungen bzw. technische Leistungspotentiale eine Herausforderung dar. Dennoch kann die Leistungstiefenentscheidung Einzahlungseffekte bedingen, die bei der Wirtschaftlichkeitsanalyse zu berücksichtigen sind. Wird bspw. durch die Eingliederung des technischen Leistungspotentials eine Reduzierung der Durchlaufzeiten ermöglicht, kann dies zusätzliche Einsparungseffekte z.B. im Personalbedarf oder den Lagerbeständen zur Folge haben. Diese Zusatzeffekte der Leistungstiefengestaltung sind dann über die Berücksichtigung der Einzahlungsströme zu berücksichtigen.

6.2.4 Sensitivitätsanalyse

Da der Einsatz dynamischer Verfahren der Wirtschaftlichkeitsanalyse mit einer Vielzahl von Annahmen sowie ex ante-Schätzungen von Zahlungsreihen verbunden ist, sind die Kalkulationen mit Unsicherheit behaftet. Bei der Interpretation der Ergebnisse ist zu beachten, dass z.B. die angenommenen Auftragszahlen, Kostensätze oder Kalkulationszinssätze von externen Faktoren abhängig sind und damit Schwankungen unterliegen können. So können bspw. die Materialpreise oder Preise der Fremdvergabe infolge einer Änderung der Wettbewerbs- bzw. Preisstrategie eines Lieferanten oder Wettbewerbers im Betrachtungszeitraum so stark ansteigen, dass die interne Leistungserstellung für den betrachteten Instandhaltungsdienstleister nicht mehr wirtschaftlich ist. Um den Aspekt der Unsicherheit in der Bewertung der Vorteilhaftigkeit zu berücksichtigen, wird das Modul B um eine **Sensitivitätsanalyse** ergänzt. Der Einsatz der Sensitivitätsanalyse zielt vorwiegend auf die Untersuchung der folgenden Fragestellungen (vgl. u.a. Wöhe 2010, S. 563):

- *Welche Kalkulationsparameter beeinflussen das Ergebnis des Berechnungsmodells wie stark?*
- *Wie stark müssen die jeweiligen Kalkulationsparameter variiert werden, um zu einer Änderung der Bewertungsaussage zu führen?*

Der Einfluss der Kalkulationsparameter auf das Ergebnis der Wirtschaftlichkeitsanalyse kann durch die Variation einzelner oder mehrerer Parameter analysiert werden. Die Darstellung der Parametervariation erfolgt anhand von Sensitivitätsdiagrammen. Dadurch können diejenigen Einflussfaktoren identifiziert werden, die die Vorteilhaftigkeitsentscheidung besonders stark beeinflussen. Weiterhin können kritische Werte für die jeweiligen Parameter ermittelt werden, die eine Änderung der Bewertungsaussage herbeiführen. Sensitivitätsanalysen eignen sich nicht zur vollständigen Lösung von Entscheidungsproblemen unter Unsicherheit; sie liefern jedoch Hinweise auf die wesentlichen Einflussparameter des Entscheidungsproblems und tragen somit zur Verbesserung des Problemverständnisses der Entscheidungsträger bei (vgl. Kruschwitz 2011, S. 309 f.). Dadurch werden diese befähigt, Maßnahmen zur Beherrschung der Unsicherheit zielgerichteter auszuwählen.

6.3 Modul C - Ergebnisaggregation

Um die qualitativen und quantitativen Teilergebnisse der Module A und B zu ganzheitlichen Bewertungsaussagen zu integrieren, werden diese in Modul C zusammengeführt und mit strategischen Handlungsempfehlungen verknüpft. So sollen in Abhängigkeit der technologiestrategischen und wirtschaftlichen Bedeutung der untersuchten technischen Leistungspotentiale Empfehlungen für die mittel- und langfristige Ein- oder Ausgliederung bzw. den weiteren Einsatz abgeleitet werden. Die Integration der Teilergebnisse erfolgt anhand eines Ergebnisportfolios; so wird eine anschauliche Visualisierung der Ergebnisse gewährleistet und die unternehmensinterne Diskussion bzw. Kommunikation unterstützt. Das Ergebnisportfolio bildet das Teilergebnis des Moduls A auf der Ordinate und das Teilergebnis des Moduls B auf der Abszisse ab und ordnet den Ergebniswerten strategische Handlungsempfehlungen zu. Aufgrund der abweichenden Fragestellung der Entscheidungsfälle sind unterschiedliche Ergebnisportfolios zu realisieren, die auf die Fragestellung abgestimmte Handlungsempfehlungen umfassen.

Die **Bedeutung integrierter Bewertungsaussagen** wird insbesondere im Fall gegensätzlicher Ergebnistendenzen offenbar. So kann der Aufbau des technischen Leistungspotentials auch bei Vorliegen eines negativen Kapitalwerts empfehlenswert sein, wenn aus der potentialorientierten Analyse hervorgeht, dass der Aufbau des technischen Leistungspotentials die frühzeitige Erschließung eines langfristigen Technologiepfads ermöglicht.

6.3.1 K.O.-Kriterien

Im ersten Schritt der Ergebnisaggregation wird geprüft, ob die Bedingungen der im Vorfeld bestimmten **K.O.-Kriterien** erfüllt sind. Als Indikation dafür dienen die zu Beginn des Bewertungsprozesses definierten Schwellenwerte, die für die K.O.-Kriterien erreicht werden müssen. Wenn z.B. der Einsatz des technischen Leistungspotentials die Leistungsbereitschaft oder -fähigkeit der Mitarbeiter einschränkt, ist von einem Aufbau oder Einsatz auch dann abzusehen, wenn er aus wirtschaftlichen Motiven geboten ist.

6.3.2 Entscheidungsfall I

Liegen weder strategische noch wirtschaftliche Gründe für die Zukunftsfähigkeit des technischen Leistungspotentials vor (d.h. **x+y<8 und NPV<0**), wird die kurz- bzw. mittelfristige Ausgliederung empfohlen (vgl. **Segment 1** in Abbildung 48). Dies ermöglicht die Freisetzung von Ressourcen (z.B. Betriebsmittelkapazitäten, Raum), deren alternative Verwendung wirtschaftlich vorteilhafter sein könnte. Darüber hinaus können durch die Veräußerung obsoleter Betriebsmittel die Kapitalbindung reduziert oder zusätzliche liquide Mittel generiert werden. Ist die Erhaltung des technischen Leistungspotentials aus wirtschaftlichen Gründen nicht vorteilhaft (**NPV<0 und 8<x+y<14**), so kann es dennoch Gründe dafür geben, das technische Leistungspotential weiter vorzuhalten (vgl. **Segment 2** in Abbildung 48).

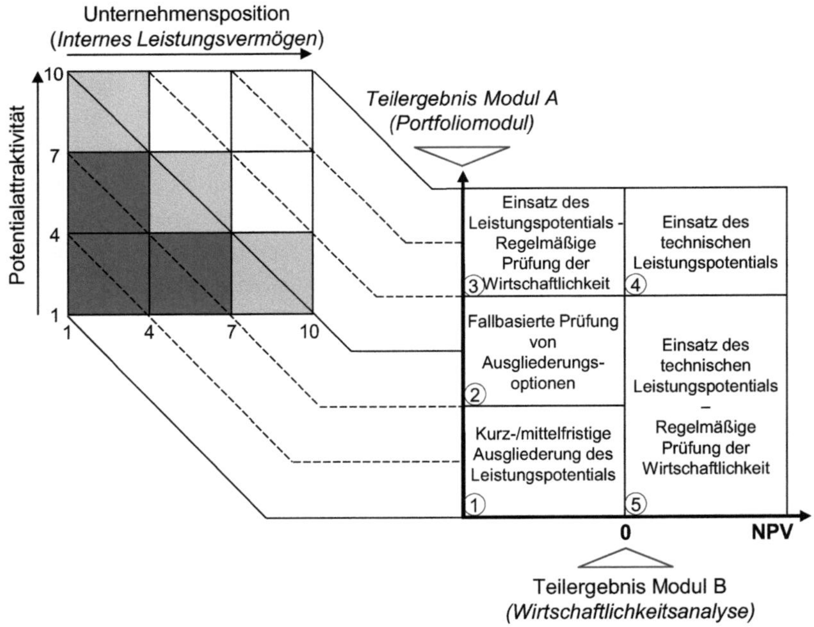

Abbildung 48: Ergebnismodul Entscheidungsfall I

Diese Gründe können bspw. in Komplementäreffekten mit anderen Leistungspotentialen bestehen, die durch eine Ausgliederung beeinflusst werden würden. In diesem Fall sind ebendiese Abhängigkeiten zu überprüfen. An technischen Leistungspotentialen, die sowohl eine hohe Attraktivität als auch eine vorteilhafte Unternehmensposition aufweisen (**d.h. x+y>14**), ist auch im Falle eines negativen Kapitalwerts (**NPV<0**) selektiv festzuhalten, wenn sie etwa ein Alleinstellungsmerkmal im Wettbewerb darstellen oder zur Erfüllung von Langfristverträgen erforderlich sind (vgl. **Segment 3** in

Abbildung 48). Gleichzeitig ist jedoch in den Fällen 2 und 3 jeweils eine regelmäßige Analyse der finanziellen Vorteilhaftigkeit geboten. So sind die strategische Bedeutung und das in Kauf genommene Verlustpotential in regelmäßigen Abständen nutzwertanalytisch zu begutachten (Leitfrage: *Rechtfertigt der technologiestrategische Nutzwert des technischen Leistungspotentials den in Kauf genommenen finanziellen Verlust?*). Sofern das Leistungspotential eine hohe Zukunftsfähigkeit und eine stabile Unternehmensposition aufweist und zudem wirtschaftlich ist (d.h. **x+y>14 und NPV>0**), ist der weitere Einsatz geboten (vgl. **Segment 4** in Abbildung 48). Ist der Einsatz des technischen Leistungspotentials aus wirtschaftlichen Gründen sinnvoll (**NPV>0**), ist der weitere Einsatz grundsätzlich anzustreben. Weist das Leistungspotential jedoch gleichzeitig eine geringe Zukunftsfähigkeit und/oder eine relativ schlechte Unternehmensposition auf (d.h. **x+y<14**), kann der Einsatz nur unter regelmäßiger Prüfung der Kapazitätssituation erfolgen.

6.3.3 Entscheidungsfälle II/III

Liegen weder strategische noch wirtschaftliche Gründe für den internen Aufbau des Leistungspotentials vor (d.h**. x+y<8 und NPV<0**), ist der Fremdbezug des mit dem Leistungspotential verbundenen Prozessschritts anzustreben (vgl. **Segment 1** in Abbildung 49). Im Falle einer mittleren Bewertung des Moduls A (d.h. **8<x+y<14**) und eines negativen Kapitalwerts, wird eine fallbasierte Prüfung von Fremdleistungsoptionen empfohlen. Dazu ist zunächst anhand der Ergebnisdimensionen des Moduls A zu analysieren, ob die Attraktivität oder die relative Unternehmensposition höher bewertet sind. Während im Falle einer hohen Attraktivität und gleichzeitig geringen relativen Unternehmensposition ein Potentialaufbau vorteilhaft ist, wäre im umgekehrten Fall die externe Leistungserstellung anzustreben (vgl. **Segment 2** in Abbildung 49). Weist das betrachtete Leistungspotential in Bezug auf die Attraktivitäts- und Unternehmensdimension einen hohen Wert auf (d.h. **x+y>14**), ist der Potentialaufbau in den meisten Fällen auch bei gleichzeitigem Vorliegen einer negativen Wirtschaftlichkeitsprognose (**NPV<0**) anzustreben. Im Praxiskontext existiert dieser Fall, wenn die Vorteilhaftigkeit der internen Instandhaltung einer innovativen Technologie untersucht wird. Aufgrund der geringen Stückzahlen in den ersten Perioden nach der Markteinführung ist der interne Potentialaufbau in der Regel nicht wirtschaftlich. Dennoch kann der frühzeitige Aufbau in diesem Fall vorteilhaft sein, wenn es sich bspw. bei der Technologie um eine Schlüsseltechnologie mit hohem Marktpotential handelt. Durch den frühzeitigen Einstieg können Lerneffekte erzielt werden, die zu einem späteren Zeitpunkt die Entwicklung einer vorteilhaften Wettbewerbsposition ermöglichen. Bei sowohl strategischer als auch wirtschaftlicher Vorteilhaftigkeit ist das technische Leistungspotential aufzubauen (vgl. **Segment 4** in Abbildung 49). Solange die wirtschaftliche Vorteilhaftigkeit **(NPV>0)** gegeben ist, ist der Aufbau des technischen Leistungspotentials grundsätzlich anzustreben. Da Unternehmen jedoch über begrenzte Ressourcen verfügen, können die möglichen Aufbauprojekte in den seltensten Fällen vollständig bzw. simultan umgesetzt werden.

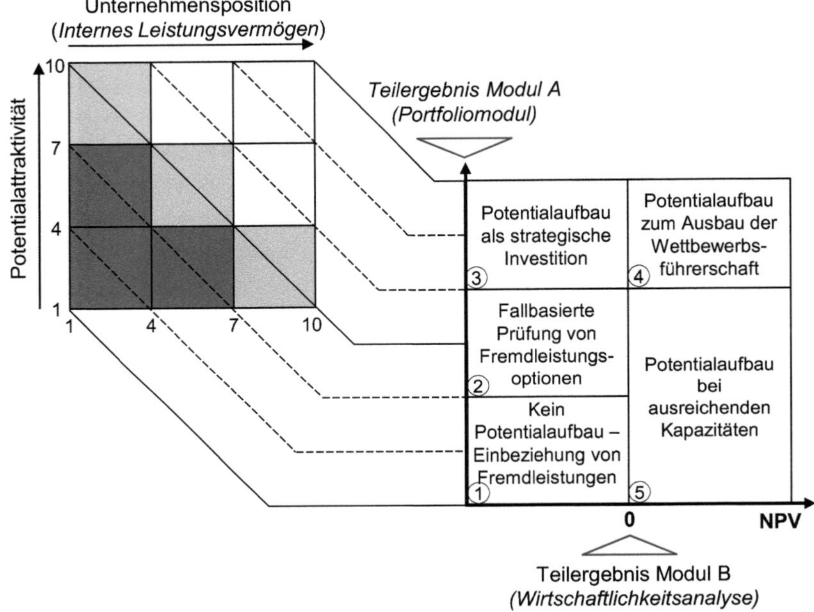

Abbildung 49: Ergebnismodul Entscheidungsfälle II/III

6.4 Organisatorische Einbindung

Die Durchführung der Bewertung stellt aufgrund der Mehrdimensionalität der zugrunde liegenden Problemstellungen hohe Anforderungen an die beteiligten Entscheidungsträger. So müssen die am Bewertungsprozess beteiligten Mitarbeiter sowohl über Kenntnisse von Markt und Wettbewerb als auch über ein profundes technologisches Know-how verfügen, um bspw. das Verhalten der Wettbewerber bewerten oder die Elemente des technischen Leistungspotentials identifizieren zu können. Alternativ können **interdisziplinäre Projektteams** mit der Durchführung der Bewertung betraut werden, um die technologiespezifische Expertise mit einer unternehmensstrategischen Perspektive zusammenzuführen. Aufgrund der strategischen Dimension der Fragestellung schlagen einige Autoren vor, Mitarbeiter strategischer Stabsbereiche (z.B. Technologiemanagement, Capability-Management) oder der Geschäftsführung in die Bewertung einzubeziehen (vgl. Gerpott 2005, S. 144; Picot 1992, S. 106).

6.5 Umsetzung der Methode in einem EDV-Tool

Um einen effizienten Bewertungsablauf zu gewährleisten und eine systematische Dokumentation der Bewertung zu unterstützen, wurde die Methode in das IT-Tool ZEvS (*Zukunftsfähigkeits-Evaluations-System*) überführt. Die technische Umsetzung erfolgte auf Basis von MS Excel mit Visual Basic for Applications (VBA); die Vorteile dieser Lösung liegen u.a. in der weiten Verbreitung der Software in der Unternehmenspraxis und dem damit verbundenen geringen Implementierungsaufwand sowie der hohen Nutzerakzeptanz. Für die Toolentwicklung waren die folgenden **Prämissen** maßgeblich:

- Fallunterscheidung als Grundstruktur
- Abbildung der entwickelten Bewertungsmodule
- Realisierung eines effizienten Bewertungsprozesses
- Anpassungsfähigkeit der Methode an unternehmensspezifische Anforderungen (u.a. durch Zielsysteme, Skalenbeschreibungen)
- Intuitive Gestaltung des User Interface
- Leitfadengestützter Bewertungsablauf

Die Entwicklung der prototypischen Softwarelösung erfolgte in Anlehnung an die klassischen Phasenmodelle des Software Engineering (vgl. Royce 1970; Boehm 1979), das den Entwicklungsprozess in die Phasen ***Anforderungsanalyse/Lastenheftdefinition***, ***Entwurf/Design*** (Grob-/Feinentwurf), ***prototypische Implementierung*** und ***Validierung/Test*** gliedert. Die **Startseite des Tools** umfasst die zentralen Steuerungsfunktionen (vgl. Abbildung 50). So können allgemeine Projektinformationen (u.a. *Projekttitel*, *Anwender*, *Abteilung*) eingegeben und Voreinstellungen vorgenommen werden. In Anlehnung an das in Abschnitt 5.4 skizzierte Vorgehensmodell zur Analyse und Gestaltung technischer Leistungspotentiale werden im ersten Schritt zunächst der zu analysierende Teilprozess und die Elemente des technischen Leistungspotentials eingegeben.

Über die Auswahl des vorliegenden Entscheidungsfalls wird die Modulzusammenstellung für den Bewertungsprozess konfiguriert. Um die generische Systematik auf unternehmensspezifische Anforderungen einzustellen, können über die Kriteriengewichtung entscheidungsrelevante Kriterien selektiert und K.O.-Kriterien definiert werden. Weiterhin können die Skalenbeschreibungen an unternehmensspezifische Wordings angepasst werden. Die Voreinstellungen sind Passwort-geschützt, um einen standardisierten Bewertungsablauf zu gewährleisten und individuelle Präferenzsysteme zu vermeiden. So wird sichergestellt, dass die Bewertungsergebnisse unterschiedlicher Anwender vergleichbar bleiben.

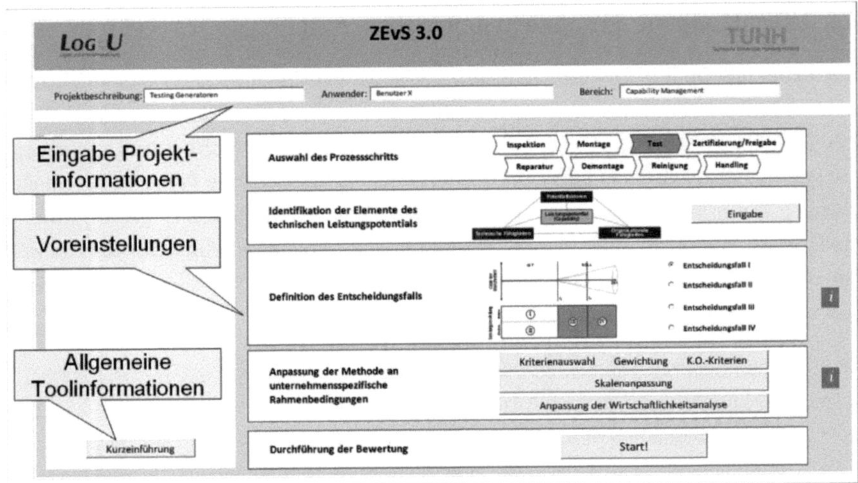

Abbildung 50: Screenshot Bewertungssystem ZEvS - *Startseite*

Der Bewertungsprozess erfolgt sequentiell; dabei wird der Anwender zunächst durch das Kriteriensystem des qualitativen Portfoliomoduls geführt. Anhand von Kommentarfunktionen können zusätzliche Informationen dokumentiert werden (vgl. Abbildung 51).

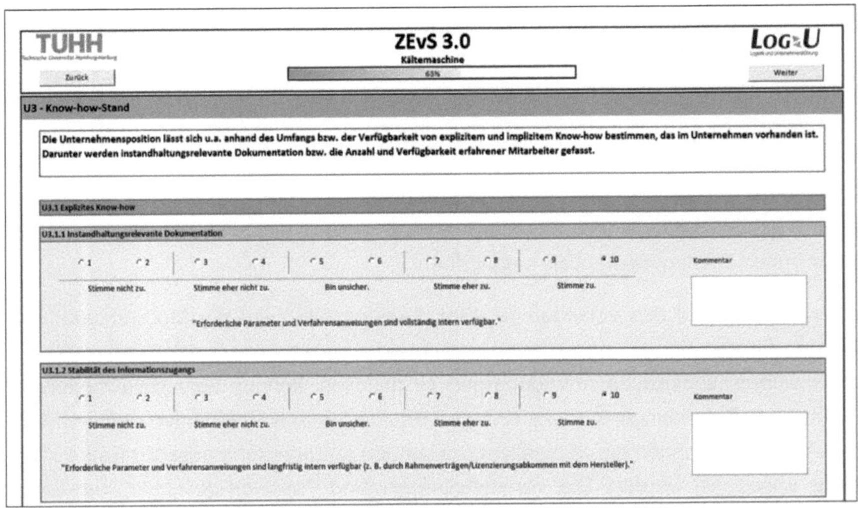

Abbildung 51: Screenshot Bewertungssystem ZEvS - *Qualitatives Modul A*

Je nach Entscheidungsfall wird im Anschluss an die qualitative Bewertung eine Wirtschaftlichkeitsanalyse durchgeführt. Dazu sind zunächst die relevanten Inputparameter (*Periodenanzahl*, *Kalkulationszins etc.*) einzugeben und anschließend die Zahlungsreihen zu spezifizieren. Das Tool bietet verschiedene Auswertungsoptionen, die je nach Einsatzzweck eine unterschiedliche Granularität aufweisen. So können die Teilmodule jeweils separat ausgewertet werden. Dabei stehen sowohl Langversionen für Detailanalysen und Dokumentationszwecke als auch Kurzversionen und grafische Auswertungen als Diskussionsgrundlage und Präsentationsvorlagen zur Verfügung. Die Integration der Teilergebnisse und Ableitung der Handlungsempfehlungen erfolgt über ein grafisches Ergebnismodul (vgl. Abbildung 52).

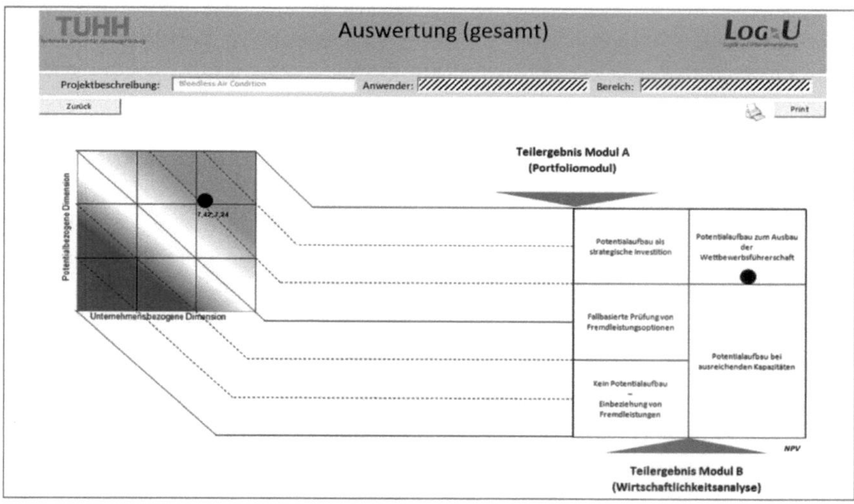

Abbildung 52: Screenshot Bewertungssystem ZEvS – *Ergebnisaggregation*

6.6 Verifizierung der Methode

Die Verifizierung des entwickelten Verfahrens erfolgt anhand der in Abschnitt 5.3 definierten inhaltlichen und konzeptionellen Anforderungen (vgl. Tabelle 10). Somit lässt sich die Aussagefähigkeit des Verfahrens bzw. dessen Belastbarkeit bereits im Vorfeld des Praxiseinsatzes abschätzen.

Das vorgestellte Verfahren unterstützt herstellerunabhängige Instandhaltungsdienstleister bei der **systematischen Analyse und Gestaltung technischer Leistungspotentiale**. Als Kernelemente des Ansatzes werden die Identifikation des zugrunde liegenden Entscheidungsproblems, die Auswahl und Gewichtung entscheidungsrelevanter Kriterien und die mehrdimensionale Bewertungssystematik beschrieben. Zudem werden die zentralen Elemente des Planungssystems (Planungsträger und involvierte Bereiche) definiert und die Planungstechniken umfassend skizziert. Der **Leistungspotentialbezug** des Verfahrens wird über die Kriterienauswahl sowie die

Zahlungsreihen der Module A und B realisiert. So beziehen sich die Bewertungskriterien der qualitativen Portfoliomodule auf die Kernelemente des technischen Leistungspotentials (u.a. *Betriebsmittel*, *Know-how*, *Infrastruktur*); gleichzeitig werden die Faktoren im Rahmen der Kapitalwertbetrachtung anhand der Zahlungsreihen vollständig erfasst (u.a. *Betriebsmittelinvestitionen*, *Qualifikationsmaßnahmen*, *Lizenzierung*). Durch die Orientierung des Bewertungsablaufs an den generischen Prozessschritten der Instandhaltung werden die **instandhaltungsspezifischen Wertschöpfungsstrukturen** umfassend berücksichtigt. Zudem werden instandhaltungsspezifische Elemente des technischen Leistungspotentials wie z.B. instandhaltungsrelevante Dokumentation, Lizenzen oder Zertifizierungen sowohl im Kriteriensystem des Moduls A als auch in den Zahlungsreihen des Moduls B abgebildet.

Die in Abschnitt 5.2 differenzierten **Entscheidungsfälle** stellen die Grundstruktur des Verfahrens dar. Die abweichenden Problemstellungen der Entscheidungsfälle wurden durch fallspezifische Bewertungsmodule in der Methodenentwicklung berücksichtigt. Durch den Einsatz entscheidungsorientierter (anstatt diagnoseorientierter) Bewertungsmethoden wird das leitende Ziel der vorliegenden Arbeit unterstützt, strategische Handlungsempfehlungen für herstellerunabhängige Instandhaltungsdienstleister zu generieren. Die Teilergebnisse der Module A und B liefern isolierte Bewertungsaussagen mit handlungsweisendem Charakter. Das **Modul C** ermöglicht die Ableitung **strategischer Handlungsempfehlungen** unter Berücksichtigung sowohl qualitativer als auch monetärer Kriterien. Die **Mehrdimensionalität** der zugrunde liegenden Entscheidungsprobleme wird sowohl in der Methodenkonfiguration als auch in der Auswahl der entscheidungsunterstützenden Bewertungstechniken berücksichtigt. Durch die Einbindung der Portfoliosystematik wird die Berücksichtigung mehrerer Zielkriterien (im vorliegenden Fall u.a. *Marktattraktivität*, *Risikoneigung*, *Nachhaltigkeit*) ermöglicht, die durch die Wirtschaftlichkeitsbetrachtung um eine monetäre Zieldimension ergänzt werden. Die **Anpassungsfähigkeit des Verfahrens** an unternehmensspezifische Rahmenbedingungen ist insbesondere in Hinblick auf den Einsatz in der Instandhaltungspraxis relevant. So lässt sich das Kriteriensystem in Modul A über die Einstellung des unternehmensspezifischen Präferenzsystems und die Definition von **K.O.-Kriterien** auf das Zielsystem des Unternehmens einstellen. Zudem sieht das Verfahren die Anpassung der Bewertungsskalen in Modul A an unternehmensspezifische Begriffe oder branchenspezifisches Fachvokabular vor. Somit wird die Verständlichkeit erhöht und die Akzeptanz der Ergebnisse verbessert. Die **Berücksichtigung der Unsicherheit** wird zum einen in der Entwicklung des qualitativen Kriteriensystems (vgl. u.a. Kriterium *Risiko*) und zum anderen durch die Erweiterung des Kapitalwertmoduls durch eine Sensitivitätsanalyse sichergestellt. Die **Reproduzierbarkeit** bzw. **Nachvollziehbarkeit der Bewertungsergebnisse** ergibt sich aus dem systematischen Verfahrensaufbau sowie der Bewertungsalgorithmik, die auf einem Präferenzsystem basiert. Zwar wird dieses dem Anwender im Bewertungsprozess nicht offengelegt um etwaigen Manipulationen vorzubeugen, jedoch lassen sich die Ergebnisse ex post anhand der Gewichtungen einfach reproduzieren. Die **grafische Aufbereitung der Ergebnisse** durch Portfoliodarstellungen und Graphen erleichtert die Kommunikation und Diskussion der Ergebnisse und trägt somit ebenso zur Akzeptanz des Verfahrens in der Instandhaltungspraxis bei. Der **Anwendungsaufwand** des vorgestellten Verfahrens ist relativ hoch. Ursächlich hierfür ist zum einen die Ausrichtung des Bewertungsprozesses an den Teilprozessschritten der Instandhaltung; zum anderen weist das Kriteriensystem des qualitativen Moduls mehrere Ebenen auf und ist in seiner Ausgangskonfiguration mit 30 (interne Analyse) bzw. 55 Kriterien (externe Analyse) umfangreich, was einen entsprechenden Bewertungsaufwand impliziert. Dass der Bewertungsaufwand dennoch als moderat bzw. angemessen bezeichnet werden kann, liegt nicht zuletzt in der Bedeutung **taktischer Entscheidungen** für den Unternehmenserfolg begründet. So kann die Entscheidung für den internen Aufbau des technischen Leistungspotentials je nach Branche ohne weiteres mit Investitionen in Millionenhöhe und noch höheren Erlösen einhergehen. Um den Anwendungsaufwand handhabbar zu machen, wurde ein **prototypisches Bewertungstool** programmiert. Zusammenfassend kann festgestellt werden, dass das entwickelte Entscheidungsverfahren die konzeptionellen und inhaltlichen Anforderungen umfassend erfüllt.

Tabelle 10: Verifizierung der Anforderungen an die Methode

Anforderungen	**Kapitel/Abschnitt**
Inhaltlich	
Systematisierung des Entscheidungsprozesses	5.4
Leistungspotentialbezug	5.1; 5.4.2
Verknüpfung Ressourcen- und Marktperspektive	5.4.4; 6.1
Instandhaltungsbezug	5.1
Abbildung unterschiedlicher Entscheidungsfälle	5.2; 5.4.3
Ableitung strategischer Handlungsoptionen	6.3
Konzeptionell	
Mehrdimensionalität	5.4.4.1; 6.1 – 6.4
Anpassbarkeit	6.1.2; 6.1.3
Berücksichtigung von Unsicherheit	6.1; 6.2.4
Reproduzierbarkeit und Nachvollziehbarkeit	6.1.3
Systematischer Aufbau	5.4; 5.5
Visualisierung der Ergebnisse	6.1 – 6.4
Angemessener Bewertungsaufwand	6.4
Vertraute Daten als Eingabegröße	6.1.3

7 Evaluation der Methode

Nach der Konzeption (vgl. Kapitel 5) und Entwicklung (vgl. Kapitel 6) einer Methode zur Analyse und Gestaltung technischer Leistungspotentiale ist zu zeigen, dass sich das Verfahren im Praxiseinsatz bewährt und die Bewertungsaussagen logisch sind. Die Anwendung und Evaluation des Verfahrens entspricht den beiden letzten Phasen des bei Ulrich (1984) beschriebenen Forschungsprozesses. Hierbei gilt es die Regeln und Modelle des Verfahrens im Anwendungszusammenhang zu überprüfen und Handlungsempfehlungen zur Beratung der Praxis abzuleiten. Dazu wird zunächst das Evaluationskonzept kurz erläutert und die Auswahl der Fallbeispiele begründet. Die Vorstellung der Fallbeispiele umfasst neben einer kurzen technischen Einführung die Identifikation der Elemente des technischen Leistungspotentials, die Darstellung der Auswahl und Gewichtung von Entscheidungskriterien sowie die Ergebnisdarstellung. Um die den Evaluationspartnern zugesicherte Vertraulichkeit zu gewährleisten, erfolgt die Darstellung der Ergebnisdaten anonymisiert. Das Kapitel schließt mit einer kritischen Reflexion der Ergebnisse aus der beispielhaften Verfahrensanwendung.

7.1 Definition des Untersuchungsfelds

Für die praktische Evaluation des Verfahrens wurde ein herstellerunabhängiges Unternehmen aus dem Bereich der Flugzeuginstandhaltung ausgewählt. Das Leistungsspektrum des Unternehmens umfasst das Angebot von herstellerunabhängigen Wartungs-, Reparatur- und Überholungsdiensten für Flugzeuge und Flugzeugkomponenten sowie Unterstützungsleistungen wie z.B. Materialhandling und Logistikdienstleistungen. Das Produktspektrum des Unternehmens reicht von der Einzelteilreparatur bis zur Vollversorgung für Airlines und andere Flugzeugbetreiber (u.a. Leasinggesellschaften, Regierungen). Das Unternehmen beschäftigte zum Zeitpunkt der Evaluation weltweit mehrere tausend Mitarbeiter und erzielt einen Jahresumsatz in Höhe von mehreren Milliarden Euro. Der Aufbau des Unternehmens entspricht weitgehend dem bei Hinsch (2010, S. 197) skizzierten typischen Aufbau eines MRO-Betriebs.

Als **Untersuchungsfeld** wurde der Bereich der **Bauteil- bzw. Geräteinstandhaltung** gewählt. Als Gerät werden im Luftfahrtkontext Subsysteme bezeichnet, die im Rahmen von On-Wing-Aktivitäten[82] aus einem Flugzeug ausgebaut und zur Wartung, Reparatur oder Überholung in **Fachwerkstätten** innerhalb oder außerhalb des betrachteten Unternehmens geleitet werden (vgl. Abbildung 53). Beispiele für Ausbauteile sind u.a. Hydraulikpumpen, Flugsteuerungscomputer, Kühlturbinen, Fahrwerks-

[82] Als „On-Wing“-Aktivität werden Instandhaltungsmaßnahmen bezeichnet, die direkt am Flugzeug im Hangar oder auf dem Rollfeld durchgeführt werden können.

komponenten, Komponenten für Beleuchtung und Signalgebung, Sauerstoffgeräte oder Notrutschen.

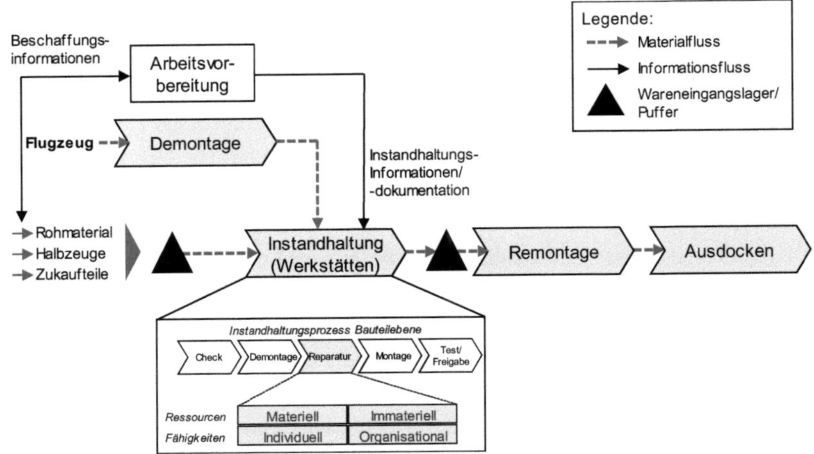

Abbildung 53: Prozessschema Flugzeug- und Bauteilinstandhaltung (erweitert nach Oltrogge 1993, S. 22)

Die Werkstätten sind in der Regel nach physikalischen Wirkprinzipien der betreuten Ausbauteile gegliedert (vgl. Kinnison 2004, S. 165; Hinsch 2010, S. 213 f.). So werden neben Pneumatik-, Hydraulik- und Mechanikwerkstätten in der Regel auch Bereiche zur Instandhaltung von avionischen Bauteilen vorgehalten[83]. Das Leistungsspektrum umfasst neben Reinigungs-, Adjustierungs- und Prüfaufgaben auch die Zerlegung, Reparatur oder Modifikation von Bauteilen (vgl. Hinsch 2010, S. 213). Darüber hinaus gibt es Werkstätten, in denen Unterstützungsleistungen (z.B. mechanische Bauteilbearbeitung) erbracht werden. Um das Untersuchungsfeld genauer zu spezifizieren, wird im folgenden Abschnitt zunächst auf die ***wettbewerblichen***, ***technologischen*** und ***prozessualen*** Charakteristika der Bauteilinstandhaltung eingegangen.

Das **Wettbewerbsumfeld** herstellerunabhängiger Instandhaltungsdienstleister in der Luftfahrtbranche ist durch eine erhöhte Dynamik gekennzeichnet. So werden Instandhaltungsdienstleistungen nicht nur von klassischen MRO-Betrieben angeboten, sondern zunehmend auch von Instandhaltungsdivisionen der Gerätehersteller sowie

[83] Der Begriff Avionik setzt sich aus dem Begriffspaar *Aviatik* (von lat. *avis* = Vogel) und *Elektronik* zusammen und bezeichnet die elektrischen und elektronischen Bordgeräte, die zur Flugsteuerung, Kommunikation, Navigation oder Datenverarbeitung erforderlich sind. Beispiele hierfür sind u.a. Flight Management Systeme (FMS), Bussysteme (z.B. ARINC, CAN-Bus) oder Navigationsinstrumente (Instrumentenlandesysteme).

kleinen Servicewerkstätten mit einem spezialisierten Leistungsspektrum.[84] Die Originalteilehersteller setzen instandhaltungsrelevante Dokumentation und Equipment als strategische Hebel im Wettbewerb ein, entweder um Marktanteile im After Sales-Geschäft zu sichern oder anderweitige Ertragspotentiale in nachgelagerten Wertschöpfungsstufen zu erschließen. Insbesondere der restriktive Umgang mit Dokumentation und IP oder eine restriktive Ersatzteilversorgung herstellerunabhängiger Instandhaltungsdienstleister bedingen eine Verschiebung klassischer Wettbewerbsbeziehungen (vgl. Abbildung 54). Vor diesem Hintergrund ist es für herstellerunabhängige Instandhaltungsdienstleister zunehmend erfolgskritisch, ihre technischen Ressourcen und Fähigkeiten proaktiv und kontinuierlich auf die sich ändernden Rahmenbedingungen einzustellen.

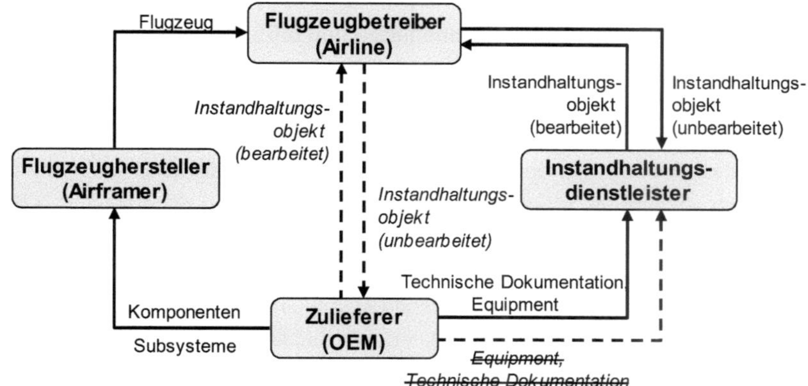

Abbildung 54: Wertschöpfungsstrukturen in der Luftfahrzeuginstandhaltung (Kersten et al. 2013a, S. 224)

Das Technologie- und Prozessumfeld der Bauteilinstandhaltung ist durch einige Charakteristika geprägt, die sich auf die Planungssituation auswirken:

- Technologie- und Prozesskomplexität
- Betriebsmittelintensität
- Hohe Bedeutung von instandhaltungsrelevanter Dokumentation
- Hohe Bedeutung von Zertifizierungen und Know-how
- Latenz im Planungsprozess

[84] Auch die Flugzeughersteller (Airframer) treten mit eigenen Instandhaltungsprodukten an die Kunden heran, fungieren jedoch bisher als Makler von Instandhaltungsleistungen, da sie sich vorwiegend auf ihr Kerngeschäft der Entwicklung und Produktion von Luftfahrzeugen konzentrieren (vgl. u.a. Boeing 2012).

Das Umfeld der Bauteilinstandhaltung ist durch eine sehr **hohe Technologie- und Prozesskomplexität** gekennzeichnet. Ursächlich hierfür sind zum einen die hohe Anzahl und Heterogenität der in den Flugzeugmustern verbauten Geräte. Zudem unterliegt das Technologiespektrum einer Dynamik, da im Laufe des Flugzeuglebenszyklus immer wieder neue Modifikationsstände der Bauteile durch die Bauteilhersteller entwickelt werden. Zum anderen sind für jedes Bauteil unterschiedliche Prozessvarianten vorzusehen, die sich in **Prozessziel und -inhalt** (u.a. Inspektion, Reparatur mit bekanntem oder unbekanntem Fehlerbild, Überholung, Bauteiltausch), **Prozessdauer** (einfache Inspektion mit einer Dauer von wenigen Minuten vs. Überholung etwa einer Main Engine Control-Unit mit einem Arbeitsumfang von ca. 180h) oder **Prozesseigner** (vollständige interne Instandhaltung vs. Fremdvergabe einzelner oder sämtlicher Prozessschritte) unterscheiden. Ein weiteres Charakteristikum der Bauteilinstandhaltung ist der hohe **Betriebsmittel- und Infrastrukturaufwand** für die Leistungserstellung. So müssen Geräteinstandhaltungsbetriebe zur Sicherstellung der Leistungsbereitschaft eine Vielzahl an Bauteil-spezifischen oder generischen **Betriebsmitteln** vorhalten. Dabei handelt es sich neben Werkzeug (z.B. Drehmomentschlüssel, Spezialwerkzeuge) und Reinigungsanlagen (z.B. Spülstände für Hydraulikgeräte) insbesondere um investitionsintensive Prüfmittel oder Testequipment (z.B. ATE - Automatisches Test Equipment zum Testing von avionischen Geräten). Darüber hinaus stellt die Bauteilinstandhaltung umfangreiche Anforderungen an die **Infrastruktur** des Instandhaltungsbetriebs. Neben Maßnahmen zum Schall- und Explosionsschutz sind ESD-gerechte Böden[85], Druckluftspeicher, Kühlkammern oder Entlüftungssysteme für die Erbringung vieler Bauteilinstandhaltungsmaßnahmen obligatorisch. Weiterhin ist die Verfügbarkeit **instandhaltungsrelevanter Informationen und Daten** erfolgskritisch. In der Bauteilinstandhaltung liegen diese Informationen u.a. in Form von Instandhaltungshandbüchern (CMM) in dokumentierter Form vor[86]. Neben technischen Bauteilspezifikationen umfassen die Handbücher Anweisungen zum Instandhaltungsprozedere sowie Prüfparameter und Testpunkte. Der Aufbau der Handbücher ist standardisiert und orientiert sich an typischen Prozessschritten der Instandhaltung (vgl. ATA iSpec 2200). Darüber hinaus umfassen die Handbücher Angaben über obligatorisch oder fakultativ einzusetzende Betriebsmittel und Hilfsstoffe. Liegen die Informationen nicht oder nur lückenhaft vor, ist eine interne Erbringung der Instandhaltungsleistung in der Regel nicht möglich.

Um Instandhaltungsleistungen erbringen zu können, müssen Luftfahrtbetriebe die entsprechenden **Zertifizierungen** vorweisen. Die Zertifizierungen werden von den

---

85 engl.: *electrostatic discharge* (Elektrostatische Entladung)

86 Neben CMM gibt es weitere instandhaltungsrelevante Dokumentationsformen, wie z.B. Aircraft Maintenance Manuals (AMM), Maintenance Planning Documents (MPD) oder Illustrated Parts Catalogues (IPC).

verantwortlichen Luftfahrtbehörden[87] erteilt und können sich u.a. auf *Vorschriften zur Aufrechterhaltung der Lufttüchtigkeit* (vgl. EASA Part M), *Vorschriften zur Genehmigung von Instandhaltungsbetrieben* (vgl. EASA Part 145), *Lizenzierung von freigabeberechtigtem Personal* beziehen (vgl. EASA Part 66) (vgl. Engmann 2013, S. 39 ff.). Darüber hinaus können Instandhaltungsbetriebe als Entwicklungsbetriebe zertifiziert und somit zur *Entwicklung bzw. Modifikation von Bauteilen sowie zur Anpassung von Instandhaltungsprozessen* berechtigt sein (vgl. EASA Part 21J). Zudem steigen die Anforderungen an das **Know-how** der Mitarbeiter infolge der erhöhten technischen Komplexität stetig. So gehen technologische Entwicklungen wie eine erhöhte Softwareintegration oder zunehmende Integration von Funktionen auf einer Komponente (vgl. u.a. Garside und Pighetti 2009; Hinsch 2010, S. 214) mit neuen Qualifikationsprofilen der Mitarbeiter der Instandhaltungsbetriebe einher. Insbesondere Erfahrungswissen der Mitarbeiter spielt in der Bauteilinstandhaltung eine wichtige Rolle. Da es eine effektivere und effizientere Fehlersuche und -behebung ermöglicht (vgl. Kinnison 2004, S. 247 f.). Aufgrund der Kritikalität von Dokumentation und Know-how sind diese Elemente im Planungsprozess herauszustellen.

Ein weiteres Merkmal der Instandhaltung von Gerätekomponenten ist die zeitliche Latenz zwischen Indienststellung des Instandhaltungsobjekts und der Instandhaltungsrelevanz. Ursächlich hierfür sind Gewährleistungsverpflichtungen der Hersteller bzw. Subsystemlieferanten, die im Regelfall eine Dauer von bis zu 24 Monaten betragen. Bisher wird die zeitliche Latenz für den Aufbau technischer Leistungspotentiale genutzt. Oftmals werden Überlegungen über die Leistungstiefengestaltung jedoch erst deutlich später angestellt. Dieser Zusammenhang ist in Abbildung 55 dargestellt. So wird zwar die strategische Entscheidung über den Mustereinstieg oder die geplante Eigenleistungstiefe im Vorfeld der Indienststellung gefällt; taktische Entscheidungen werden bisher jedoch *on-demand* getroffen. Anhand der skizzierten Eigenschaften der Bauteilinstandhaltung wird deutlich, dass die Instandhaltung von Gerätekomponenten ein geeignetes Umfeld für die Evaluation der entwickelten Methode darstellt.

[87] z.B. IATA (International Air Transport Association), JAA (Joint Aviation Authorities), FAA (Federal Aviation Authorities), EASA (European Aviation Safety Agency)

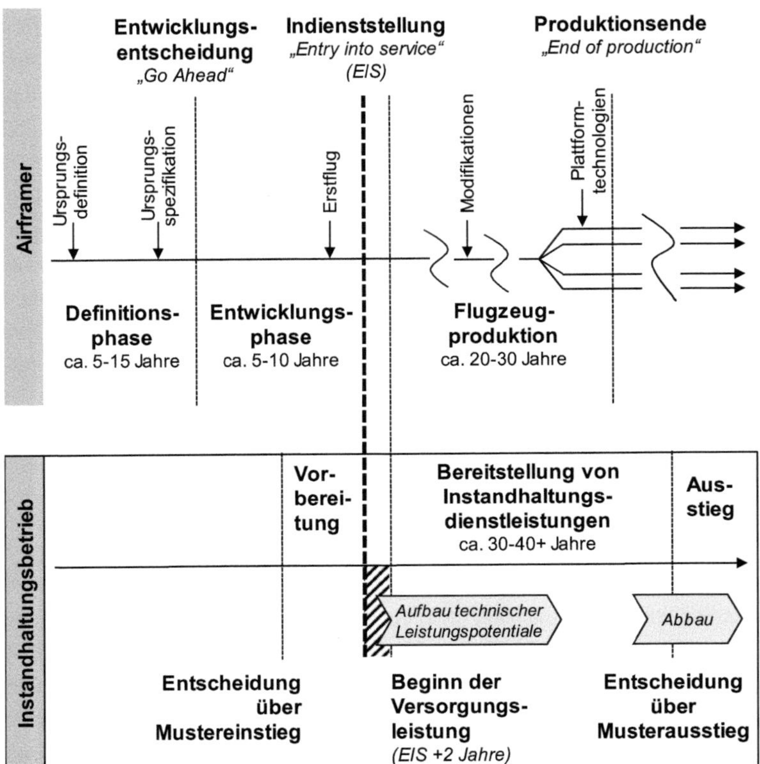

Abbildung 55: Flugzeuglebenszyklus vs. Instandhaltungszyklus (in Erweiterung von Clark 2007, S. 9)

7.2 Konzeption der Fallstudien

Um die Validität der Bewertungsaussagen in Bezug auf die in Abschnitt 5.2 differenzierten Entscheidungsfälle zu zeigen, wurden **drei Fallstudien** im betrachteten Unternehmen durchgeführt.

Die Durchführung der Fallstudien erfolgte in Zusammenarbeit mit der Abteilung *Fertigungsstrategie* des MRO-Unternehmens. Das Aufgabenprofil dieses Bereichs umfasst u.a. die mittel- und langfristige Gestaltung des Instandhaltungssystems und nimmt somit eine Schnittstellenfunktion zwischen Bereichsstrategie und technischen Funktionsbereichen ein. Die Mitarbeiter verfügen daher sowohl über Kenntnisse der Markt- und Wettbewerbssituation als auch über technologiespezifisches Wissen.

Zunächst erfolgte eine Einführung in die Bewertungssystematik, um die Zielsetzung, die Entscheidungslogik sowie relevante Fachtermini und den Verfahrensaufbau zu erläutern. Anschließend wurde das unternehmensspezifische Zielsystem aufgenommen und die entscheidungsrelevanten Kriterien aus dem generischen Kriteriensystem selektiert. Weiterhin wurden K.O.-Kriterien definiert, die Kriteriengewichtungen justiert und die Bewertungsskalen auf unternehmensspezifische Begrifflichkeiten angepasst. Als Ergebnis des Vorbereitungsworkshops stand somit ein auf die Anforderungen des Unternehmens ausgerichtetes Kriteriensystem. Der zweite Workshop umfasste die Einführung in die Fallunterscheidung sowie die Durchführung des Verfahrens anhand des Bewertungstools ZEvS. Anschließend erfolgte eine kritische Diskussion der Ergebnisse der Fallstudien. Abschließend wurde die Methode analysiert und Weiterentwicklungspotentiale diskutiert.

7.3 Fallstudien

Nach einer kurzen Einführung in den jeweiligen Betrachtungsfall werden die Elemente des technischen Leistungspotentials identifiziert. Anschließend wird das unternehmensspezifische Ziel-/Kriteriensystem dargestellt. Die Darstellung der (Teil-) Ergebnisse erfolgt modulweise und resultiert in der Ableitung strategischer Handlungsempfehlungen. Der Abschnitt schließt mit einer kritischen Reflexion der Ergebnisse.

7.3.1 Fallstudie 1

Als Betrachtungsobjekt im **Fallbeispiel 1** wurde das technische Leistungspotential ausgewählt, das für Bereitstellung des Teilprozessschritts *Test* eines **Integrated Drive Generators** (kurz: *IDG*) erforderlich ist. Bei einem IDG handelt es sich um ein Aggregat, das Wechselstrom für die Bordnetzversorgung eines Flugzeugs erzeugt. Das Aggregat besteht aus einem hydraulischen Wandler und einem Generator; der hydraulische Wandler wandelt die variable Turbinendrehzahl in eine konstante Eingangsdrehzahl für den Generator, welcher Wechselstrom und eine konstante Frequenz bereitstellt (vgl. Meckler et al. 2005). Bei dem Teilprozessschritt *Test* handelt es sich um ein kritisches Element im gesamten Instandhaltungsprozess eines IDG, da es eine Voraussetzung für andere Teilprozesse darstellt. Dies hängt mit der Vielzahl von Einsatzzwecken der Testfunktion zusammen, die u.a. in der Fehlersuche, Funktionsüberprüfung oder Freigabe des bearbeiteten Bauteils liegen. So ist der Aufbau weiterer technischer Leistungspotentiale, wie z.B. für den Teilprozessschritt *Reparatur* nur dann sinnvoll, wenn der Teilprozessschritt *Test* intern erbracht werden kann.

Elemente des technischen Leistungspotentials

Im ersten Schritt wurden die zur Leistungserstellung erforderlichen technischen Ressourcen und Fähigkeiten identifiziert (vgl. Abbildung 56). Als Informationsquellen dienten u.a. unternehmensinterne Informationssysteme sowie technologiespezifische Dokumentationen (u.a. CMM).

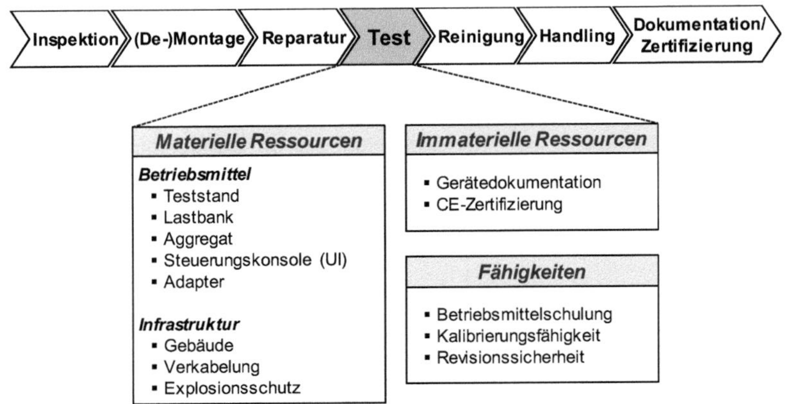

Abbildung 56: Technisches Leistungspotential für Generatorentest

So sind zur Erbringung des Prozessschritts *Test* Betriebsmittel, wie ein Generatorenprüfstand inklusive Lastbank, Aggregat, Steuerungskonsole und Geräteadapter erforderlich. Zudem sind infrastrukturelle Voraussetzungen, wie z.B. geeignete explosionsgeschützte Räumlichkeiten mit Anschlüssen vorzuhalten. Weiterhin muss der Instandhaltungsdienstleister über die instandhaltungsrelevanten Geräteinformationen (Testparameter etc.) und eine CE-Zertifizierung verfügen. Für den zielgerichteten Einsatz derselben, müssen Mitarbeiter eine betriebsmittelspezifische Schulung absolviert haben. Um die mittel- und langfristige Leistungserstellung zu gewährleisten muss das Unternehmen zudem Kalibrierungsfähigkeiten aufweisen und Revisionssicherheit nachweisen können. Da alle Elemente des technischen Leistungspotentials im Unternehmen vorhanden sind, ist das Fallbeispiel dem Entscheidungsfall I zuzuordnen. Die diesem Entscheidungsfall zugrunde liegende Fragestellung lautet, ob es weiterhin vorteilhaft ist, das Leistungspotential intern vorzuhalten bzw. einzusetzen oder ob eine Ausgliederung geboten erscheint.

Teilergebnis Modul A

Nach der Identifikation der Elemente des technischen Leistungspotentials wurden im zweiten Schritt die entscheidungsrelevanten Kriterien selektiert und gewichtet (vgl. Abbildung 57 bzw. Anhang X). Als K.O.-Kriterien der Leistungspotential-bezogenen Dimension wurden das *Rechtliche Risiko*, die *Gefahrfreie Gestaltung von Arbeitsprozessen*, der *Schutz der dauerhaften Leistungsbereitschaft der Mitarbeiter* sowie das Kriterium der *Strategischen Konformität* definiert. Die Bewertung erfolgte anschließend mit Hilfe des Bewertungssystems ZEvS.

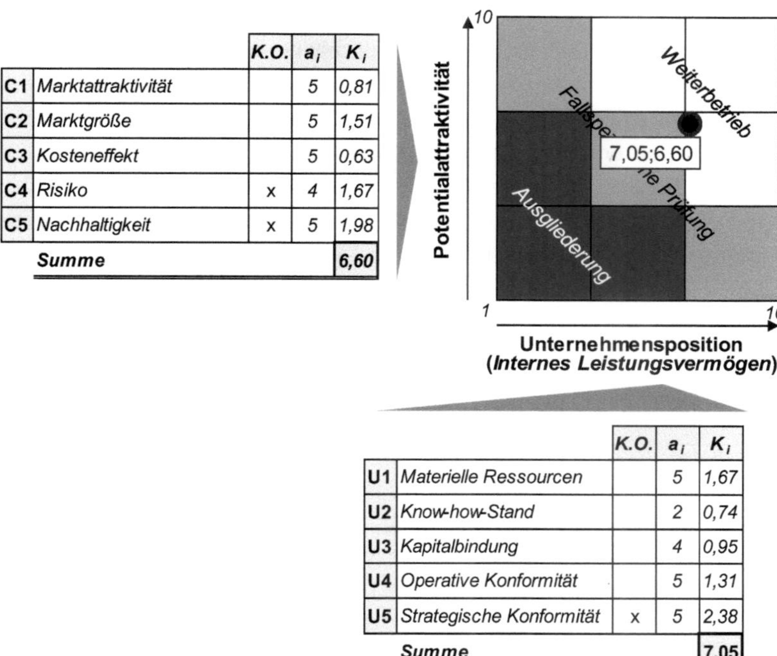

		K.O.	a_i	K_i
C1	*Marktattraktivität*		5	0,81
C2	*Marktgröße*		5	1,51
C3	*Kosteneffekt*		5	0,63
C4	*Risiko*	x	4	1,67
C5	*Nachhaltigkeit*	x	5	1,98
	Summe			**6,60**

		K.O.	a_i	K_i
U1	*Materielle Ressourcen*		5	1,67
U2	*Know-how-Stand*		2	0,74
U3	*Kapitalbindung*		4	0,95
U4	*Operative Konformität*		5	1,31
U5	*Strategische Konformität*	x	5	2,38
	Summe			**7,05**

Abbildung 57: Entscheidungsfall I - Teilergebnis Modul A1

Das gewichtete Teilergebnis der Attraktivitätsdimension beträgt 6,60. Daraus lässt sich ableiten, dass eine durchaus mittlere bis hohe Zukunftsfähigkeit attestiert wird. Als besondere Herausforderung wird in diesem Zusammenhang die *Konkurrenzsituation* (vgl. *C4.2*) gesehen; so verfügen zahlreiche Wettbewerber über das gleiche technische Leistungspotential, wodurch ein Preisdruck erzeugt wird. Das gewichtete Teilergebnis der unternehmensbezogenen Analyse fällt mit 7,05 ebenfalls positiv aus. So werden die Betriebsmittel- und Infrastruktursituation sowie die Ersatzteilversorgung als sehr gut bewertet. Auch die Know-how-Situation in Bezug auf Anwendung und Weiterentwicklung des technischen Leistungspotentials werden gut bewertet. Einschränkend wird hingegen die Tatsache erachtet, dass das Leistungspotential mit einer hohen Kapitalbindung einher geht und keine operativen Abhängigkeiten aufweist. Die Bewertungen der K.O.-Kriterien liegen jeweils oberhalb der definierten Mindestwerte (vgl. Anhang X), so dass keine Einschränkungen der Bewertungsergebnisse vorliegen. Anhand der nicht-monetären Bewertungsperspektive sind somit **keine Gründe** für eine **kurzfristige Ausgliederung** des technischen Leistungspotentials gegeben.

Teilergebnis Modul B

Für die Wirtschaftlichkeitsanalyse wurden zunächst die relevanten Eingangsparameter identifiziert. Neben dem Kalkulationszins wurden u.a. die erwarteten jährlichen Instandhaltungsaufträge sowie die mit der Leistungserstellung verbundenen Ein- und Auszahlungsreihen ermittelt (vgl. Abbildung 58). Dabei handelt es sich um unternehmensweit verbindliche Kennzahlen (z.B. Kalkulationszins) oder vergangenheitsbasierte Erfahrungswerte (z.B. Instandhaltungsaufträge pro Periode), die auf einem makroökonomischen Durchschnittsszenario basieren.

Annahmen:
Kalkulationszins: **5,4%**
Instandhaltungsaufträge pro Periode: **600**

		Periode 1	Periode 2	Periode 3	Periode 4	Periode 5
Auszahlungen (mengenabhängig)						
Material (pro Auftrag)	*+6% p.a.*	*-12.000 €*	*-12.720 €*	*-13.483 €*	*-14.292 €*	*-15.150 €*
Transport (pro Auftrag)	*+3% p.a.*	*-120 €*	*-124 €*	*-127 €*	*-131 €*	*-135 €*
Arbeit (pro Auftrag)	*+3% p.a.*	*-8.000 €*	*-8.240 €*	*-8.487 €*	*-8.742 €*	*-9.004 €*
		-12.072.000 €	***-12.650.160 €***	***-13.258.625 €***	***-13.899.081 €***	***-14.573.313 €***
Auszahlungen (mengenunabhängig)						
Instandhaltung/Kalibrierung	*+3% p.a.*	*-70.000 €*	*-72.100 €*	*-74.263 €*	*-76.491 €*	*-78.786 €*
Auszahlungen gesamt	**Summe**	***-12.142.000 €***	***-12.722.260 €***	***-13.332.888 €***	***-13.975.572 €***	***-14.652.099 €***
Einzahlungen (mengenabhängig)						
Fremdleistungszahlungen	*+4% p.a.*	*26.080 €*	*27.123 €*	*28.208 €*	*29.336 €*	*30.510 €*
Transport/Koordination (intern)	*+3% p.a.*	*120 €*	*124 €*	*127 €*	*131 €*	*135 €*
Einzahlungen gesamt	**Summe**	***15.720.000 €***	***16.348.080 €***	***17.001.262 €***	***17.680.548 €***	***18.386.983 €***
Zahlungssaldo		***3.578.000 €***	***3.625.820 €***	***3.668.374 €***	***3.704.976 €***	***3.734.885 €***
Barwert		*3.394.687 €*	*3.263.811 €*	*3.132.938 €*	*3.002.085 €*	*2.871.271 €*
Kapitalwert		***3.394.687 €***	***6.658.498 €***	***9.791.436 €***	***12.793.521 €***	***15.664.791 €***

Abbildung 58: Entscheidungsfall I - Berechnungsschema Modul B1

Als Berechnungsgrundlage wird der Kalkulationszins mit 5,4% über den Planungszeitraum als konstant angenommen. Weiterhin wird das Instandhaltungsaufkommen mit 600 Aufträgen pro Jahr als konstant angenommen. Die Auftragsanzahl lässt sich über die Größe der relevanten Flugzeugmuster, die der Instandhaltungsbetrieb unter Vertrag hat sowie die Anzahl verbauter Systeme pro Flugzeug und eine mittlere, angenommene MTBR bestimmen. Der Planungszeitraum wird mit fünf Perioden angenommen. Als mengenabhängige Auszahlungen werden die Positionen *Material*, *Transport* und *Arbeit* kalkuliert. Mengenunabhängige Zahlungen resultieren aus Betriebsmittel- und Infrastruktur-spezifischen Kalibrierungs- und Instandhaltungstätigkeiten. Im Sinne einer realitätsnahen Modellbildung werden die mengenabhängigen und mengenunabhängigen Zahlungsreihen mit Preissteigerungsraten (infolge jährlicher Materialpreiserhöhungen durch Lieferanten etc.) verrechnet. Die mit der externen Leistungserstellung verbundenen Zahlungen lassen sich anhand von Erfahrungswerten kalkulieren.

Die Wirtschaftlichkeitsanalyse weist für die interne Leistungserstellung einen positiven Kapitalwert aus, so dass die Vorteilhaftigkeit der internen Leistungserstellung bestätigt wird.

Durch die Variation der Eingabegrößen konnten im Rahmen der Sensitivitätsanalyse die zentralen Einflussgrößen ermittelt werden. Anhand der Ergebnisse der Sensitivitätsanalyse ist ersichtlich, dass die mengenabhängigen Kosten der internen Leistungserstellung und die Fremdvergabekosten den stärksten Einfluss auf die Wirtschaftlichkeit der internen Leistungserstellung haben (vgl. Anhang XI - Abbildung 1). Bspw. würde eine Reduzierung der Fremdvergabekosten c.p. um mehr als ~21,6% dazu führen, dass die interne Leistungserstellung aus Wirtschaftlichkeitsaspekten nicht mehr vorteilhaft wäre. Ebenso würde eine Verteuerung der internen Kostenbasis c.p. um mehr als ~27,7% in einem negativen Kapitalwert resultieren. Die Schwankungsbreite der prognostizierten Auftragszahlen kann im Betrachtungszeitraum als gering angenommen werden, da ein Großteil der Komponenten Gegenstand langfristiger Servicerahmenverträge ist.

Unter Berücksichtigung des Anlagenrestwerts konnte zudem im Rahmen einer Perioden-bezogenen Sensitivitätsanalyse gezeigt werden, dass im Falle einer Reduzierung der Fremdvergabekosten c.p. um 30% eine Ausgliederung in Periode 2 sinnvoll wäre, da der Kapitalwert in Periode 1 infolge des Anlagenrestwerts noch positiv ist (vgl. Anhang XI- Abbildung 2). Anhand dieser Informationen könnte eine Aussage zur optimalen Einsatzdauer des technischen Leistungspotentials getroffen werden. Diese Betrachtung hat für den vorliegenden Fall jedoch rein illustrativen Charakter, da die relevanten Betriebsmittel in diesem Fall nicht zerstörungsfrei zu deinstallieren sind und somit keine Liquidationserlöse realisierbar sind.

Gesamtergebnis und Handlungsempfehlung

Die Zusammenführung der Teilergebnisse der Module A und B ergibt, dass das technische Leistungspotential zum IDG-Test weiterhin intern vorgehalten und eingesetzt werden soll (vgl. Abbildung 59). Aufgrund der großen Wettbewerbsdynamik ist gleichzeitig jedoch in regelmäßigen Abständen zu untersuchen, ob z.B. die Anzahl der angenommenen Instandhaltungsereignisse weiterhin realistisch ist oder ob sich andere Parameter so geändert haben, dass die interne Leistungserstellung nicht mehr wirtschaftlich ist. Bei der Interpretation der Ergebnisse des Entscheidungsfalls ist zu beachten, dass es sich hierbei um eine isolierte Betrachtung des Prozessschritts *Test* handelt. Dieser Prozessschritt stellt dahingehend einen kritischen Pfad dar, als die interne Durchführung der übrigen Teilprozessschritte nur dann sinnvoll ist, wenn die interne Leistungserstellung wirtschaftlich realisierbar ist. Ursächlich hierfür ist, dass der Teilprozess *Test* Bestandteil verschiedener Instandhaltungsprozesse ist (z.B. Inspektion, Reparatur, Überholung) und in deren Rahmen teils mehrfach und/oder kurzfristig verfügbar sein muss (z.B. im Rahmen der Fehlersuche). Eine Ausgliederung dieses Teilprozesses während die restlichen Teilprozesse intern erbracht werden erscheint vor diesem Hintergrund nicht angeraten.

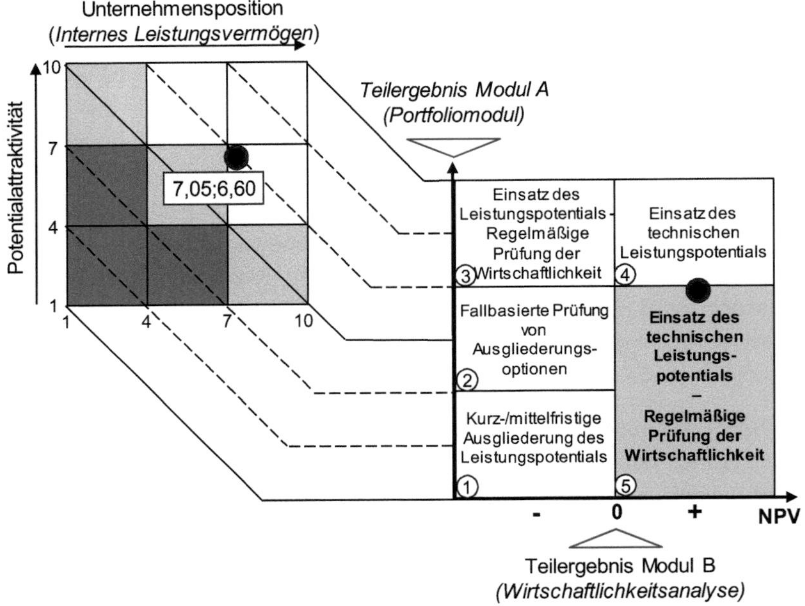

Abbildung 59: Entscheidungsfall I - Ergebnisaggregation Modul C

7.3.2 Fallstudie 2

Als Untersuchungsfall der externen Analyse wurde der Teilprozess *Test* einer Kompressionskältemaschine (engl.: *Refrigeration Unit*) ausgewählt. Die Eignung dieses Prozesses für die Evaluation des Entscheidungsfalls II ergibt sich aus der Tatsache, dass diese Leistung zum Betrachtungszeitpunkt nicht Bestandteil des Eigenleistungsspektrums ist.

Bei der Kältemaschine handelt es sich um ein Element des flüssigkeitsbasierten Kühlkreislaufs (engl.: *Supplemental Cooling System*), der auf neueren Generationen von Flugzeugmustern, wie z.B. Airbus A380 bzw. A350 oder Boeing B787 zum Einsatz kommt. Ursächlich für die Einführung sind die steigenden Anforderungen an die Leistungselektronik bzw. die Rechnersysteme zur Flugsteuerung sowie an verschiedene Komponenten im Bereich der Bordküchen. Aufgrund ihrer höheren Effizienz, ermöglicht die Flüssigkeitskühlung eine kompaktere Bauweise anderer Geräte und führt infolge geringerer Betriebstemperaturen zu einer Senkung des Ausfallrisikos (vgl. Lytron 2012). Nicht zuletzt aufgrund des Einsatzes von Kühlmedien[88], ist die interne Leistungserstellung für MRO-Betriebe mit umfangreichen Anforderungen an das technische Leistungspotential verbunden.

Elemente des technischen Leistungspotentials

Zur Sicherstellung der internen Leistungsbereitschaft sind verschiedene materielle und immaterielle Ressourcen und Fähigkeiten erforderlich (vgl. Abbildung 60).

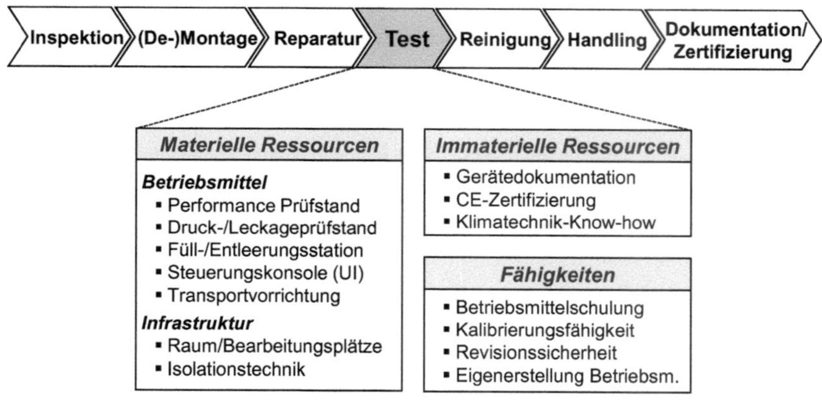

Abbildung 60: Technisches Leistungspotential für den Prozessschritt *Test*

Auf der Betriebsmittelseite werden für das Testen der Kühleinheiten sowohl ein Leistungsprüfstand, der eine exakte Konditionierung von Luft und Kühlmittel ermöglicht, als auch ein Leckage-Prüfstand benötigt, mit dessen Hilfe Dichtigkeits- und Drucktests durchgeführt werden können. Darüber hinaus sind geeignete Befüllungs- und Entleerungssysteme erforderlich, die einen gefahrfreien Umgang mit den zum Teil für den Menschen gesundheitsschädlichen Fluiden ermöglichen. Zudem sind Klimatechnik-Know-how sowie spezifisches Betriebsmittel-Know-how obligatorisch, um die technischen Ressourcen einsetzen zu können. Analog zu Fallbeispiel 1 sind weiterhin Kalibrierungs- und Revisionsfähigkeit sicherzustellen.

Teilergebnis Modul A

In Analogie zu Fallbeispiel 1 wurden im zweiten Schritt zunächst die entscheidungsrelevanten Kriterien selektiert und gewichtet. Das resultierende Kriteriensystem ist im Vergleich zur internen Analyse umfangreicher, da es insbesondere im Rahmen der internen Analyse die Unternehmensposition in Bezug auf erforderliche bzw. vorhandene technische Ressourcen und Fähigkeiten zu ermitteln gilt (vgl. Abbildung 61). Weiterhin sind bei der Analyse der Attraktivität Risikoaspekte zu berücksichtigen, die

[88] In der Regel werden Ethylenglykol-Wassermischungen, Öle, Polyalphaolefin (PAO) oder andere dielektrische Flüssigkeiten als Kühlmittel eingesetzt (vgl. Lytron 2012).

sich aus dem Potentialaufbau ergeben. Die soziale Dimension der Nachhaltigkeit stellt wie in Entscheidungsfall I ein K.O.-Kriterium dar. Sofern die Eingliederung des technischen Leistungspotentials die Gesundheit oder Motivation der Mitarbeiter beeinträchtigt, ist von einem internen Potentialaufbau abzusehen. Weiterhin wurden die Zugangsbarrieren als K.O.-Kriterien identifiziert. Sofern der Zugang zu instandhaltungsrelevanter Dokumentation oder IP versperrt ist, ist der interne Potentialaufbau in der Regel nicht möglich. Weiterhin wurden für die interne Verfügbarkeit der instandhaltungsrelevanten Informationen und Berechtigungen, die Budgetstabilität und den strategischen Fit des technischen Leistungspotentials Minimumwerte definiert (vgl. Abbildung 61 - Anhang XII).

Die Attraktivität des technischen Leistungspotentials wird mit einem Scoring-Wert von 7,83 hoch bewertet. Ursächlich hierfür sind u.a. die Marktattraktivität, die sich aus einem hohen erwarteten Marktwachstum und einem moderaten Wettbewerbsumfeld ergibt. Ein wesentlicher Treiber für das Marktwachstum stellt das antizipierte Flottenwachstum der betroffenen Flugzeugmuster dar. Das moderate Wettbewerbsumfeld ergibt sich aus der Tatsache, dass zum Betrachtungszeitpunkt mit Ausnahme des Geräteherstellers kein Wettbewerber über das erforderliche technische Leistungspotential verfügt. Weiterhin werden dem technischen Leistungspotential umfangreiche Kostensenkungspotentiale attestiert. Gleichzeitig wird das Risiko des Potentialaufbaus als relativ hoch bewertet (vgl. *C6.3*); dies liegt u.a. in den umfangreichen Anforderungen an Betriebsmittel und Infrastruktur begründet. Anhand der Ergebnisse der unternehmensbezogenen Analyse (Scoring-Wert 7,67) wird festgestellt, dass die Rahmenbedingungen für einen erfolgreichen Aufbau und Einsatz des technischen Leistungspotentials vorhanden sind. Zwar verfügt das Unternehmen zum Betrachtungszeitpunkt weder über alle erforderlichen Betriebsmittel noch über eine vollständig geeignete technische Infrastruktur. Auch instandhaltungsrelevantes Erfahrungswissen auf ähnlichen Technologien ist zum Betrachtungszeitpunkt nicht vorhanden. Dennoch weist das Unternehmen gute Voraussetzungen für den internen Aufbau bzw. die interne Leistungserstellung auf, da der Zugang zu relevanten Informationen sowie Lizenzen etc. langfristig sichergestellt ist. Zudem verfügt das Unternehmen über organisationale Routinen, die einen effektiven Potentialaufbau fördern. Die Schwellenwerte der K.O.-Kriterien wurden in allen Fällen übertroffen.

		K.O.	g_i	K_i
C1	*Marktattraktivität*		5	1,35
C2	*Marktgröße*		5	0,86
C3	*Weiterentwicklungspotential*		2	0,44
C4	*Kostensenkungspotential*		5	1,30
C5	*Differenzierungspotential*		2	0,47
C6	*Risiko*		3	0,39
C7	*Nachhaltigkeit*	x	5	1,56
C8	*Zugangsbarrieren*	x	5	1,46
	Summe			**7,83**

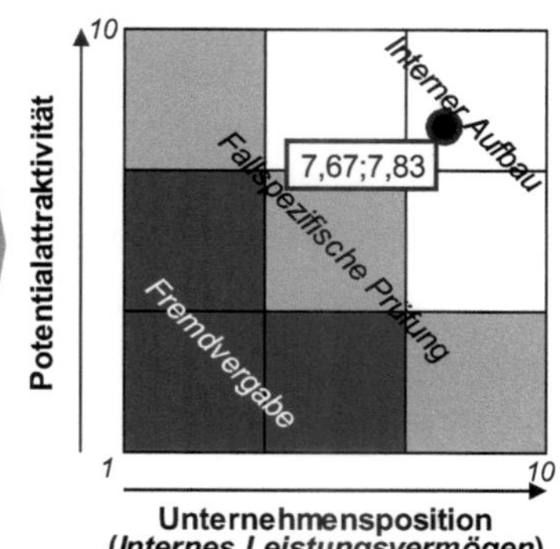

		K.O.	g_i	K_i
U1	*Materielle Ressourcen*		5	0,68
U2	*Immaterielle Ressourcen*	x	5	1,29
U3	*Know-how-Stand*		3	0,64
U4	*Organisationale Fähigkeiten*		4	1,15
U5	*Technologischer Fit*		1	0,26
U6	*Budgetstabilität*	x	5	1,52
U7	*Operative Konformität*		5	0,61
U8	*Strategische Konformität*	x	5	1,52
	Summe			**7,67**

Abbildung 61: Entscheidungsfall II - Teilergebnis Modul A2

Teilergebnis Modul B

Aufgrund der taktisch-strategischen Dimension des Untersuchungsfalls wurde der Planungshorizont der Wirtschaftlichkeitsanalyse auf zehn Jahre festgesetzt. Aufgrund der umfangreichen Eingliederungsmaßnahmen wird die Dauer des internen Aufbaus zudem mit zwei Perioden veranschlagt. Nach der Aufbauphase wird eine Anfangseinlastung von 120 Instandhaltungsaufträgen p.a. angenommen, die in den Folgejahren gestaffelt auf 300 Aufträge p.a. ansteigt. Für die Kalkulation der Zahlungsreihen wurden unternehmensinterne Kostenpositionen und externe Parameter (z.B. Fremdbezugspreise) in Zahlungsgrößen konvertiert und mit durchschnittlichen Wachstumsraten auf Basis von Erfahrungswerten verrechnet. In Analogie zu Fallstudie 1 wurde der Kalkulationszins mit 5,4% angesetzt. Weiterhin wurden bei der Berechnung sonstige Effekte berücksichtigt, die sich aus der internen Leistungserstellung ergeben. In der Regel ist die interne im Vergleich zur externen Leistungserstellung mit geringeren Durchlaufzeiten verbunden, da u.a. Transport- und Abstimmungszeit eingespart werden kann. Geringere Durchlaufzeiten implizieren niedrigere

Bestandskosten, da weniger Austauschgeräte im Pufferlager vorgehalten werden müssen. Die in der Folge geringeren Auszahlungen haben einen positiven Effekt auf den Kapitalwert. Das Ergebnis der Wirtschaftlichkeitsbetrachtung weist ab Periode 4 einen positiven Kapitalwert aus (vgl. Anhang XIII). Somit ist aus wirtschaftlichen Erwägungen ein Aufbau des technischen Leistungspotentials anzustreben.

Durch die systematische Variation der Kalkulationsparameter konnten im Rahmen der Sensitivitätsanalyse die zentralen Entscheidungsparameter identifiziert werden. Demnach weisen die mit den Fremdvergabe- und Eigenleistungskosten verbundenen Zahlungsgrößen den größten Einfluss auf die wirtschaftliche Vorteilhaftigkeit auf. So führt die Senkung der Fremdvergabekosten c.p. um 30% zu einer Reduzierung des Kapitalwerts um ~126%. Ab einer Reduzierung der Fremdvergabekosten c.p. um mehr als 24% oder einer Steigerung der internen mengenabhängigen Kostenbasis c.p. um mehr als 32% ist die externe Leistungserstellung aus wirtschaftlicher Sicht vorteilhaft (vgl. Anhang XIII - Abbildung 1). Anhand der weiteren in Anhang XIII (vgl. Abbildung 2 und 3) dargestellten Auswertungen können die Effekte variierter Auftragsszenarien sowie der Fremdvergabepreise auf den Kapitalwert abgelesen werden. Hierbei wird deutlich, dass eine Kostenreduzierung um 20% bei der externen Leistungserstellung dazu führt, dass sich ein positiver Kapitalwert erst drei Perioden später als im Standardfall einstellt.

Gesamtergebnis und Handlungsempfehlung

Die Teilergebnisse der Module A und B weisen jeweils die Vorteilhaftigkeit des internen Potentialaufbaus aus. Auch wenn der Eingliederungsaufwand aufgrund der umfangreichen Betriebsmittel- und Infrastrukturanforderungen hoch ist, rechnet sich die Eingliederung durch die Entwicklung einer vorteilhaften Kostenbasis spätestens ab der dritten Periode nach Abschluss des Potentialaufbaus. Als Handlungsoption wird daher der interne Aufbau des technischen Leistungspotentials empfohlen (vgl. Abbildung 62).

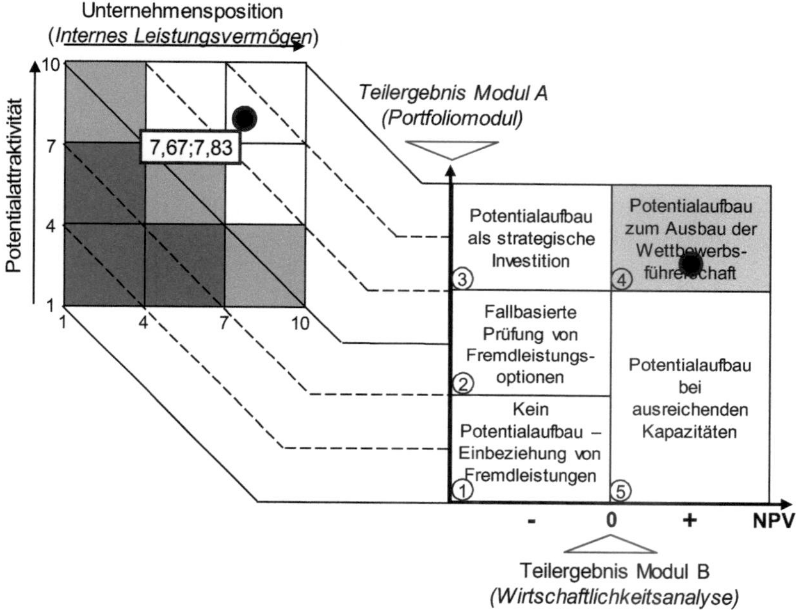

Abbildung 62: Entscheidungsfall II - Ergebnisaggregation Modul C

7.3.3 Fallstudie 3

Im Rahmen der **Fallstudie 3** wird die Vorteilhaftigkeit des internen Potentialaufbaus für eine Technologie analysiert, die für herstellerunabhängige Dienstleister noch nicht instandhaltungsrelevant ist, da sie aufgrund laufender Gewährleistungsfristen noch durch den Hersteller instandzuhalten ist. Für die Analyse in Fallstudie 3 wurde der Prozessschritt *Test* einer neuen Geräteklasse ausgewählt, die Bestandteil des sog. *Bleedless Air Condition*-Systems des Flugzeugmusters Boeing 787 ist. Der Fokus der Analyse liegt auf dem Test der Komponenten **Cabin Air Compressor** (kurz: *CAC*), dem **Electric Ram Air Fan** und dem **Motor-driven Compressor (kurz: *MDC*)** (vgl. Sinnett 2007), da das technische Leistungspotential zur internen Realisierung des Teilprozesses Test der Geräte übereinstimmt. Die Wahl des Teilprozesses *Test* wird damit begründet, dass dieser Teilprozess einen kritischen Pfad bezeichnet, d.h. dass technische Leistungspotentiale für die anderen Teilprozesse erst dann sinnvoll sind, wenn der Teilprozess *Test* intern vollständig beherrscht wird.

In der klassischen Flugzeugarchitektur wird Triebwerkzapfluft (engl.: *Bleed Air*) unter anderem für die Klimatisierung, Enteisung sowie die Druckversorgung verschiedener Subsysteme des Flugzeugs genutzt. Ein zentraler Nachteil der klassischen Architektur besteht jedoch im geringeren Wirkungsgrad Zapfluft-basierter Systeme sowie ihrer Fehleranfälligkeit (vgl. Sinnett 2007) Im Zuge der zunehmenden Elektronifizierung von Flugzeugsystemen stellt der Trend des Bleedless Aircraft, also der fast vollständige Ersatz der pneumatischen Druckerzeugung und Warmluftversorgung durch elektrische Kompressoren und Pumpen, einen Paradigmenwechsel im Flugzeugdesign dar (vgl. Roboam et al. 2012, S. 8; Sinnett 2007, S. 7 f.). Für Instandhaltungsdienstleister bedeutet dieser Entwicklungspfad, dass zukünftig neue Gerätearten und -leistungsklassen[89] zu versorgen sind, für die technische Leistungspotentiale aufgebaut bzw. vorgehalten werden müssen.

Elemente des technischen Leistungspotentials

Für die Instandhaltung von Bleedless Air Conditioning Geräten werden neben einem Teststand inkl. Steuerungsaggregaten geeignete Räumlichkeiten benötigt, die das Testen rotierender Teile zulassen (Betonwände). Darüber hinaus sind die Gerätedokumentation in Form von CMM sowie weitere instandhaltungsrelevante Daten (z.B. Drehzahlen) erforderlich. Eine Übersicht der Elemente des technischen Leistungspotentials sind in Abbildung 63 dargestellt.

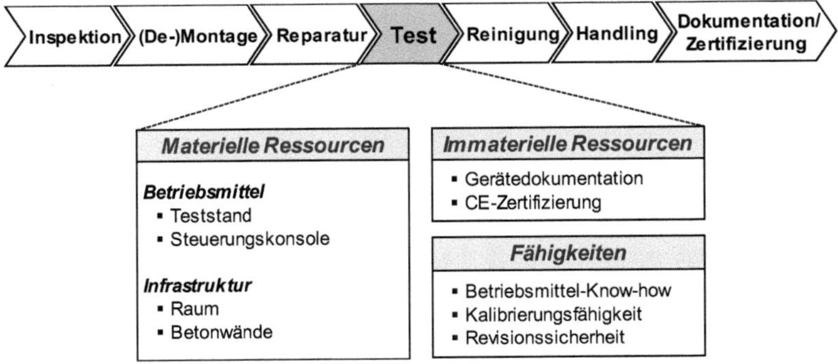

Abbildung 63: Technisches Leistungspotential für den Test von Bleedless Air Condition-Geräten

Teilergebnis Modul A

Als K.O.-Kriterien wurden im Vorfeld in Analogie zu Fallbeispiel 2 die soziale Dimension der Nachhaltigkeit, Eintrittsbarrieren, sowie die interne Verfügbarkeit immaterieller Ressourcen, Budgetstabilität und der strategische Fit definiert (vgl. Abbildung 64). Die Schwellenwerte sind in Anhang XIV dargestellt.

Die Attraktivität des technischen Leistungspotentials wird mit 7,24 als relativ hoch bewertet. Dies liegt u.a. in der Marktattraktivität (vgl. *C1*) und der Größe der er-

[89] u.a. Kabinenluftkompressoren (engl. Abk.: *CAC - Cabin Air Compressors*), Variable Frequenz-Generatoren mit 250 kVA und Motorsteuerungsgeräte (engl. Abk.: *CSMC - Common Motors Starter Controller*)

schließbaren Märkte (vgl. *C2*) begründet. Weiterhin kann mit dem internen Aufbau des technischen Leistungspotentials ein großer Markt mit einem entsprechend hohen Umsatzpotential erschlossen werden. Da die Bleedless-Architektur aus Sicht des Fallstudienunternehmens einen nachhaltigen Technologiepfad darstellt, wurde auch das Weiterentwicklungspotential als hoch bewertet (vgl. *C3*). Weiterhin werden sowohl das Kostensenkungs- als auch das Differenzierungsvermögen des technischen Leistungspotentials positiv bewertet (vgl. *C4* bzw. *C5*). Die Verfügbarkeit instandhaltungsrelevanter Informationen wird hingegen als kritisch bewertet; ebenso ist die interne Instandhaltung nicht ohne den Abschluss von kostenintensiven IP-Agreements möglich, was die Attraktivität des technischen Leistungspotentials reduziert (vgl. *C8*).

		K.O.	a_i	K_i
C1	*Marktattraktivität*		5	1,13
C2	*Marktgröße*		5	1,24
C3	*Weiterentwicklungspotential*		2	0,44
C4	*Kostensenkungspotential*		5	1,06
C5	*Differenzierungspotential*		2	0,50
C6	*Risiko*		3	0,42
C7	*Nachhaltigkeit*	x	5	1,56
C8	*Zugangsbarrieren*	x	5	0,89
	Summe			**7,24**

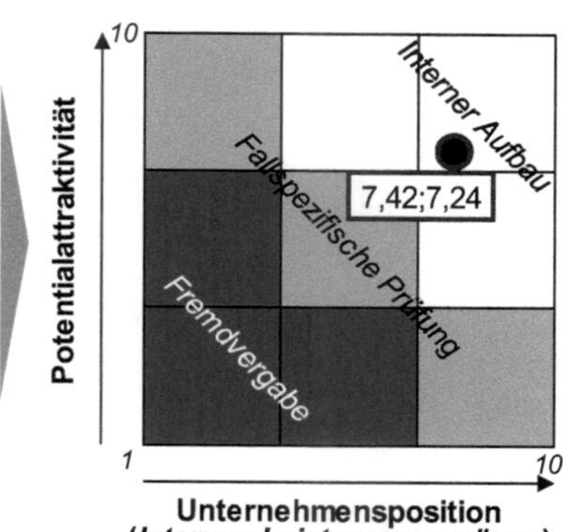

		K.O.	a_i	K_i
U1	*Materielle Ressourcen*		5	0,82
U2	*Immaterielle Ressourcen*	x	5	1,36
U3	*Know-how-Stand*		3	0,43
U4	*Organisationale Fähigkeiten*		4	1,21
U5	*Technologischer Fit*		1	0,24
U6	*Budgetstabilität*	x	5	1,52
U7	*Operative Konformität*		5	0,32
U8	*Strategische Konformität*	x	5	1,52
	Summe			**7,42**

Abbildung 64: Entscheidungsfall III - Teilergebnis Modul A2

Die unternehmensbezogene Analyse zeigt, dass das betrachtete Unternehmen über gute Rahmenbedingungen für einen erfolgreichen Aufbau und Einsatz des technischen Leistungspotentials verfügt (Scoring-Wert 7,42). Insbesondere in Bezug auf die immateriellen Ressourcen ist das Unternehmen gut aufgestellt (vgl. *U2.1/U2.2* in

Anhang XIV). So wurden erforderliche Lizenzen durch Rahmenvereinbarungen mit dem Hersteller bereits gesichert; auch die erforderlichen Zertifizierungen sind im Unternehmen bereits vorhanden (vgl. *U3*). Weiterhin verfügt das Unternehmen über Budgetstabilität, was eine obligatorische Voraussetzung für einen stabilen Eingliederungsprozess darstellt (vgl. *U6*). Da es sich bei *Bleedless Aircraft* um einen nachhaltigen Technologiepfad handelt, weist das technische Leistungspotential zudem einen hohen strategischen Fit zur vom Unternehmen angestrebten Technologieführerschaft auf (vgl. *U8*). Um das Testen der genannten Technologie vollständig intern durchführen zu können, sind neben der Beschaffung von Betriebsmitteln auch infrastrukturelle Maßnahmen erforderlich (vgl. *U1.1*/*U1.2*). Zwar liegt im Unternehmen kein umfangreiches Erfahrungs-Know-how auf vergleichbaren Technologien vor (vgl. *U3.2.1*), allerdings sind ausreichend Mitarbeiter mit den erforderlichen Qualifikationsprofilen intern verfügbar (vgl. *U3.1.3*). Darüber hinaus verfügt das Unternehmen über organisationale Fähigkeiten, wie z.B. Standardprozesse zur interdisziplinären Wissensgenerierung, die einen erfolgreichen Potentialaufbau ermöglichen (vgl. *U4.1*/*4.2*).

Teilergebnis Modul B

Als Eingangsparameter für die Wirtschaftlichkeitsanalyse werden neben dem Kalkulationszins in Höhe von 5,4% p.a. die mit der Eigen- bzw. Fremderstellung verbundenen Zahlungsströme kalkuliert. Im Falle des Bleedless Air Condition wird für die Kalkulation der Zahlungen ein Mittelwert der drei Gerätekategorien angenommen, für die das technische Leistungspotential eingesetzt werden kann (vgl. Abschnitt 7.3.3). Die Einlastung wird als gleichverteilt angenommen, so dass die Zahlungen einen Mittelwert der jeweiligen Geräte darstellen. Für die Erstellungsphase wird der Zeitraum von einem Jahr angenommen; der Planungshorizont beträgt zehn Jahre.

Das Teilergebnis des Moduls B weist einen positiven Kapitalwert für die interne Leistungserstellung ab **Periode 5** aus. Dies liegt u.a. in den umfangreichen Investitionszahlungen für die Beschaffung und Installation des erforderlichen Betriebsmittels sowie erforderlicher Testsoftware begründet. Zudem wird für die ersten Perioden eine geringe, aber steigende Anzahl von Instandhaltungsaufträgen angenommen, da die Quellflotte des betreffenden Flugzeugmusters zu Beginn des Kalkulationszeitraums noch relativ klein ist und zahlreiche Geräte noch Garantiefristen unterliegen. Aus der Wirtschaftlichkeitsperspektive ist somit eine Eingliederung des technischen Leistungspotentials anzustreben.

Anhand der Sensitivitätsanalyse wird auch in Fallstudie 3 die zentrale Bedeutung der mengenabhängigen Zahlungsgrößen ersichtlich (vgl. Anhang XV). So ist ab einer Reduzierung der Fremdvergabekosten um ~25% oder einer Erhöhung der internen Kostenbasis um mehr als 36,4% aus wirtschaftlichen Gründen die externe Leistungserstellung anzustreben.

Gesamtergebnis und Handlungsempfehlung

Unter Berücksichtigung der Teilergebnisse der Module A und B wird der interne Potentialaufbau empfohlen (vgl. Abbildung 65).

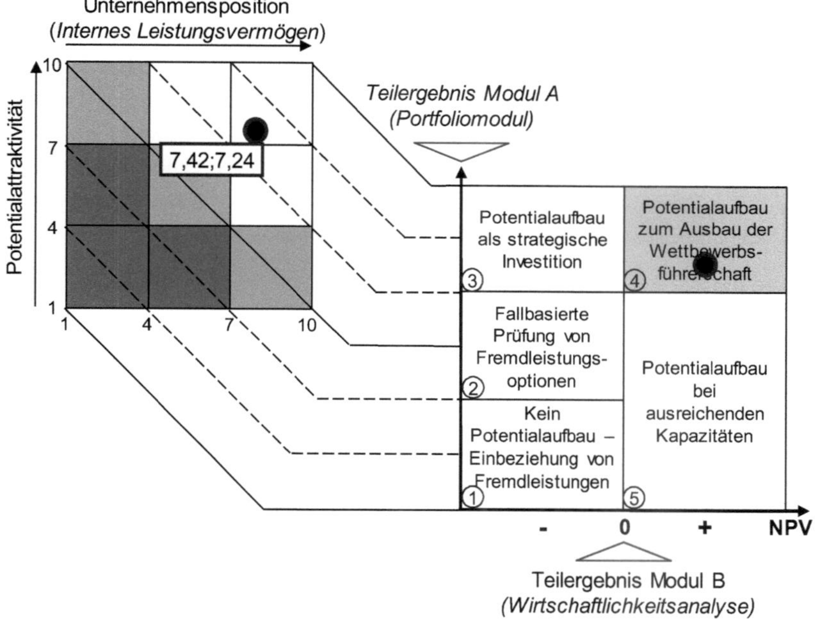

Abbildung 65: Entscheidungsfall III - Ergebnisaggregation Modul C

Beide Teilergebnisse weisen die Vorteilhaftigkeit der internen Leistungserstellung aus. Dazu sind jedoch zunächst Investitionen in erforderliche Betriebsmittel und betriebsmittelspezifisches Know-how erforderlich. Die langfristige Verfügbarkeit instandhaltungsrelevanten Wissens ist über Rahmenvereinbarungen mit dem Hersteller sichergestellt.

Der Entscheidungsfall IV wurde im vorliegenden Fall nicht evaluiert; der Grund hierfür liegt in den langfristigen Planungs- und Entwicklungszyklen der Flugzeugbranche. So sind für die kommenden 20 Jahre keine weiteren Indienststellungen neuartiger Flugzeugmuster mit nennenswertem Marktpotential geplant (vgl. u.a. Gollnick 2012). Darüber hinaus sind die wesentlichen Schlüsseltechnologien der jüngsten Flugzeugmuster bereits branchenweit bekannt. Anhand technologischer Analogiebildung können somit auch monetäre Abschätzung getroffen werden, so dass die Entscheidungsfälle III und IV im vorliegenden Betrachtungsfall übereinstimmen.

7.4 Kritische Reflexion der Ergebnisse

Anhand der Fallstudien in der Flugzeuginstandhaltung konnte die **Funktionsweise** und **Anwendbarkeit** des Verfahrens zur Planung und Steuerung technischer Leistungspotentiale gezeigt werden. In allen **drei Fallbeispielen** wurde sowohl eine strategische als auch wirtschaftliche Vorteilhaftigkeit des Potentialaufbaus attestiert, so dass der weitere Einsatz bzw. der interne Aufbau der technischen Leistungspotentiale empfohlen werden konnte. Zudem konnten in allen Fallstudien kritische Elemente des technischen Leistungspotentials ausgemacht werden, die entweder im Aufbauprozess zu priorisieren oder in der Fortführung regelmäßig zu untersuchen sind. Die Durchführung der Fallstudien erfolgte mit Unterstützung des **Bewertungssystems *ZEvS***, dessen Praxistauglichkeit ebenfalls belegt werden konnte.

7.4.1 Kritische Würdigung aus Anwendersicht

Nachstehend werden die Vorzüge und Limitationen der Methode kurz diskutiert, die sich aus **Anwendersicht** im Rahmen des Praxiseinsatzes ergaben.

Bei der Interpretation und Weiterverarbeitung der Methodenergebnisse sind die Limitationen der Methode einzubeziehen, die in erster Linie auf die Eigenschaften der verwendeten Methodenbausteine zurückzuführen sind. So ist bei der Interpretation der Teilergebnisse des qualitativen Bewertungsmoduls zu berücksichtigen, dass Scoring-Methoden auf Präferenzsystemen und Bewertungseingaben basieren und somit zu einem bestimmten Grad den **subjektiven Einschätzungen** der Anwender unterliegen (vgl. auch Cooper et al. 2001, S. 378; Zangemeister 2000, S. 125; Hoffmeister 2008, S. 294). Auch die quantitativen Teilergebnisse weisen Subjektivitätsmerkmale auf. So basieren die meisten Eingabegrößen der Wirtschaftlichkeitsanalyse, wie z.B. Zahlungsreihen, Fremdbezugspreise oder Kalkulationszinssätze auf subjektiven Schätzungen. Bei der Berechnung der **Liquidationserlöse von Betriebsmitteln** und technischen Anlagen im Falle einer Ausgliederung des technischen Leistungspotentials ist zudem zu beachten, dass viele Anlagen nicht zerstörungsfrei bzw. nur mit erheblichem Aufwand deinstalliert werden können.

Weiterhin gilt es zu beachten, dass das Verfahren in erster Linie die Analyse der **absoluten Vorteilhaftigkeit** des Auf- bzw. Abbaus technischer Leistungspotentiale unterstützt. Da in der Unternehmenspraxis in der Regel mehrere Projektvorhaben (in diesem Kontext Eingliederungsvorhaben) um finanzielle Ressourcen und Mitarbeiterressourcen konkurrieren, stellt sich unweigerlich die Frage, wie die analysierten Projekte zu priorisieren sind. Grundsätzlich lassen sich die Ergebnisse der internen und externen Analyse jeweils untereinander vergleichen, allerdings gilt es hierbei die folgenden Punkte zu berücksichtigen:

- Es lassen sich jeweils nur die Ergebnisse der internen und der externen Analyse untereinander vergleichen. Der Grund hierfür liegt in den abweichenden Ziel- bzw. Kriteriensystemen der Entscheidungsfälle sowie in der abweichenden Kriteriengewichtung.
- Weiterhin ist bei dem Vergleich der Ergebnisse der Wirtschaftlichkeitsbetrachtung zu berücksichtigen, dass die Projekte mit unterschiedlichen Investitionsumfängen und somit einer unterschiedlichen Kapitalbindung einhergehen sowie auf unterschiedliche Laufzeiten ausgelegt sein können.

Im Kontext der Methodenanwendung ist zu beachten, dass der hohe Detaillierungsgrad der Methode mit einem **hohen Bewertungsaufwand** einhergeht. Der Bewertungsaufwand erscheint jedoch vor dem Hintergrund der wirtschaftlichen Tragweite sowie der strategischen Relevanz der Entscheidung durchaus gerechtfertigt. So ist es in der Regel nicht zielführend über ein Investitionsvolumen von 5 Millionen Euro in 5 Minuten zu entscheiden. Diese Sicht wurde im Rahmen der Anforderungsanalyse von den Praxisvertretern geteilt (vgl. Abschnitt 7.4.1). Weiterhin stellt die Methode **hohe Anforderungen an die Anwender**. Der Detaillierungsgrad insbesondere des qualitativen Moduls setzt ein **hohes technologiespezifisches** sowie ein **profundes markt- und wettbewerbsbezogenes Know-how** der Anwender voraus.

Als grundsätzlich positiv wurde herausgehoben, dass das Verfahren die Zusammenführung der strategischen und operativen Planungsebenen in herstellerunabhängigen Instandhaltungsunternehmen verknüpft. So wurden Eingliederungsentscheidungen bei dem betrachteten Unternehmen bisher unabhängig von ihrer strategischen Bedeutung auf Basis fünfjähriger Wirtschaftlichkeitsanalysen bewertet. Dieser Aspekt wird durch die Ausweitung des Planungshorizonts der Wirtschaftlichkeitsanalyse auf 10 Jahre sowie die Einbindung qualitativer Bewertungskriterien verbessert. Weiterhin wurde positiv angemerkt, dass das Verfahren eine **systematische Unterstützung für Ausgliederungsentscheidungen** darstellt. Aufgrund der vergleichsweise langen Lebenszyklen von Flugzeugen werden derartige Fragestellungen traditionell nur fallspezifisch und in diesen Fällen nicht Methoden-gestützt bearbeitet. Die **Vollständigkeit** und **Relevanz der Bewertungskriterien** wurden ebenso positiv bewertet wie die **Systematik des Bewertungsablaufs**. Während sich die ersten beiden Aspekte auf die Anpassbarkeit des Kriteriensystems an unternehmensspezifische Anforderungen (z.B. Kriterienselektion und -gewichtung, Spezifizierung der Skalen) beziehen, wird die Systematik an der gegliederten Kriterienstruktur und dem modularen Verfahrensaufbau festgemacht. Grundsätzlich wurde festgestellt, dass das Kriteriensystem auch unabhängig vom vorgestellten Verfahren einsetzbar ist. Weiterhin wurden die **Benutzerfreundlichkeit** des Bewertungssystems ZEvS sowie die Vorzüge der anschaulichen Aufbereitung der Bewertungsergebnisse positiv kommentiert. Die

Visualisierung der Ergebnisse fördert die Kommunizierbarkeit auch komplexer Zusammenhänge und ermöglicht die zielgerichtete Diskussion von Lösungsalternativen in Entscheidungsgremien. Zwar wurde der Aggregationsaufwand der Eingangsdaten von den Anwendern zunächst als Kritikpunkt angeführt. In der nachfolgenden Diskussion wurde jedoch festgestellt, dass der Aufwand zur Informationsbeschaffung aus verschiedenen Unternehmensbereichen heute ohnehin bereits betrieben wird. Darüber hinaus wurde bemerkt, dass die Methode einen systematischen Überblick über die Art und Qualität der entscheidungsrelevanten Informationen darstellt und somit als prozessbegleitendes Element eingesetzt werden kann.

7.4.2 Fazit

Zusammenfassend kann konstatiert werden, dass die Handlungsempfehlungen als Ergebnis der Methode eher Entscheidungs-unterstützenden denn handlungsweisenden Charakter haben. Ursächlich hierfür ist, dass die verwendeten Methodenbausteine keine Optimierungsverfahren im mathematischen Sinne sondern Planungsheuristiken darstellen, die subjektiven Einflüssen unterliegen. Der Wert der Methode besteht darin, dass durch die Entwicklung detaillierter Zielsysteme und Kriteriengerüste eine systematische und ganzheitliche Erfassung der entscheidungsrelevanten Aspekte erfolgt. Gleichzeitig gewinnen die Entscheidungsträger im Rahmen der Diskussion von Einzelaspekten ein tiefgründiges Verständnis für problemrelevante Sachverhalte. Die **Plausibilität der Bewertungsergebnisse** und der **abgeleiteten Handlungsempfehlungen** wurde in den Fallstudien bestätigt. Der hohe Aufwand zur Datenaggregation und -aufbereitung sowie der hohe Bewertungsaufwand wurden aus Anwendersicht als gerechtfertigt angesehen, da die zugrunde liegende Problemstellung eine **hohe technologiestrategische Relevanz** und schließlich einen nicht unerheblichen Einfluss auf die Liquiditätssituation des Unternehmens aufweist. Weiterhin wurde hervorgehoben, dass aufgrund des generischen Methodenaufbaus eine schlanke Übertragbarkeit der Systematik auf alternative Anwendungszusammenhänge (i.e. *Unternehmen*, *Technologien*) gewährleistet ist.

8 SCHLUSSBETRACHTUNG

8.1 Zusammenfassung

Die Situation **herstellerunabhängiger Instandhaltungsdienstleister** ist durch eine erhöhte Dynamik der markt- und wettbewerblichen sowie technologischen Rahmenbedingungen geprägt. Insbesondere die zunehmende technologische Komplexität, eine vermehrte Nachfrage der Kunden nach Full-Service-Produkten sowie der reduzierte Zugang zu instandhaltungsrelevanten Informationen stellen herstellerunabhängige Instandhaltungsdienstleister zunehmend vor Herausforderungen. Um ihre Wettbewerbsfähigkeit langfristig zu sichern, sind Instandhaltungsdienstleister nicht nur gefordert mit innovativen Instandhaltungsprodukten auf die veränderten, zunehmend individualisierten Kundenbedürfnisse zu reagieren, sondern müssen zudem Methodenkompetenz in Bezug auf technologieorientierte Planungsmethoden aufbauen. Um die interne Leistungsbereitschaft sicherstellen zu können, müssen Instandhaltungsdienstleister über Bündel an technischen Ressourcen und Fähigkeiten, sog. technische Leistungspotentiale, verfügen. Nur durch einen systematischen Abgleich der Marktanforderungen mit der internen Ressourcen- und Fähigkeitsbasis kann es gelingen, einen langfristigen Geschäftserfolg zu gewährleisten.

Vor diesem Hintergrund besteht die **Zielsetzung der vorliegenden Arbeit** in der Entwicklung einer Methode, mit der herstellerunabhängige Instandhaltungsdienstleister ihre technischen Leistungspotentiale systematisch auf sich ändernde Rahmenbedingungen einstellen können. Weiterhin sollten die erfolgsrelevanten Elemente des technischen Leistungspotentials berücksichtigt und die zum Entscheidungszeitpunkt zur Verfügung stehenden Informationen bestmöglich verarbeitet werden.

Nach der Definition des theoretischen Bezugsrahmens wurden die für die Arbeit wesentlichen Grundlagen und Begrifflichkeiten eingeführt. Dazu wurden zunächst die Merkmale der technischen Dienstleistungsproduktion diskutiert und ein für die vorliegende Arbeit gültiges Verständnis der Instandhaltung als rein investive technische Dienstleistung entwickelt. In diesem Zusammenhang wurde die Relevanz technischer Leistungspotentiale zur Sicherstellung der Leistungsbereitschaft eingeführt. Anschließend wurden anhand einer Literaturstudie Methoden zur Entscheidungsunterstützung im Rahmen der Gestaltung der Technologie- und Leistungstiefe untersucht. Hierbei konnte gezeigt werden, dass sich der überwiegende Teil bestehender instandhaltungsbezogener Forschungsbeiträge und Methoden auf die Entwicklung ressourcenoptimierender Instandhaltungsstrategien oder auf die Entwicklung produktbegleitender Dienstleistungsangebote fokussiert.

Durch eine kriterienbasierte Analyse bestehender Ansätze konnte die Forschungslücke identifiziert und spezifiziert werden. Demnach sind in der Literatur keine integrierten Ansätze beschrieben, die auf die Anforderungen herstellerunabhängiger Instandhaltungsdienstleister zugeschnitten sind und diese bei der Analyse und Gestaltung technischer Leistungspotentiale unter Berücksichtigung qualitativer und quantitativer Entscheidungsparameter unterstützen. Insbesondere die systematische Unterstützung der Ausgliederungsentscheidung technischer Leistungspotentiale stellt einen Aspekt dar, der bisher in der Literatur vernachlässigt wird.

Im Rahmen problemzentrierter Experteninterviews in verschiedenen Instandhaltungsbranchen wurde der Handlungsbedarf aus Sicht der Praxis untersucht und erfolgskritische Faktoren des technischen Leistungspotentials ermittelt. Hierbei wurde die besondere Bedeutung des technischen Transfer-Know-hows der Instandhaltungsmitarbeiter sowie die Relevanz technischer Dokumentation für die Erbringung von Instandhaltungsdienstleistungen herausgestellt. Weitere Elemente technischer Leistungspotentiale sind neben Betriebsmitteln und Infrastruktur Lizenzen und Zertifizierungen, die es einem Instandhaltungsdienstleister erlauben, (sicherheitskritische) technische Objekte zu bearbeiten bzw. Instandhaltungsdienstleistungen zu erbringen. Weiterhin wurden in den Interviews die Anforderungen an die zu entwickelnde Methode aus Sicht der Praxis erhoben. Neben der Erfassung mehrerer Zieldimensionen wurden u.a. die Reproduzierbarkeit der Ergebnisse, die Realitätsnähe und Praxistauglichkeit der Methode, die Verwendung qualitativer und quantitativer Verfahren sowie ein effizienter Methodenablauf als Anforderungen definiert.

Anhand des in der Literatur- und Praxisstudie identifizierten Handlungsbedarfs und der erhobenen Anforderungen an die Methode wurde anschließend eine integrierte Methode zur Analyse und Gestaltung technischer Leistungspotentiale herstellerunabhängiger Instandhaltungsdienstleister entwickelt. Zur Abgrenzung der Gestaltungsebenen wurde zunächst ein **Systemmodell** entwickelt, das die vollständige Beschreibung eines Instandhaltungsobjekts ermöglicht. Danach können Instandhaltungsobjekte anhand einer **Systemebene**, einer **Prozessebene** und einer **Potentialebene** gegliedert werden. Die Methodenentwicklung setzt auf der Prozessebene des Modells auf.

Die entwickelte Methode basiert auf einem **Entscheidungsmodell**, das in Abhängigkeit der Technologiereife des Instandhaltungsobjekts und der Leistungstiefe zum Entscheidungszeitpunkt drei (vier) Entscheidungsfälle differenziert. Diesen Entscheidungsfällen liegen unterschiedliche Fragestellungen zugrunde; während in Entscheidungsfall I die Vorteilhaftigkeit der Weiterentwicklung bzw. Ausgliederung des technischen Leistungspotentials analysiert wird, wird in den Entscheidungsfällen II,III und IV die Vorteilhaftigkeit des internen Potentialaufbaus erörtert.

Zur Entscheidungsunterstützung wurde ein **modular aufgebautes Bewertungssystem** entwickelt, das durch die Integration qualitativer und monetärer Entscheidungsparameter eine ganzheitliche Bewertung der Vorteilhaftigkeit der Ein- bzw. Ausgliederung technischer Leistungspotentiale ermöglicht. Die **Operationalisierung der qualitativen Bewertung** erfolgte anhand einer **Portfoliosystematik**, die eine Integration der Markt- und Ressourcenperspektive ermöglicht. Dazu wurde ein generisches, mehrdimensionales Kriteriensystem entwickelt, das allgemeine und instandhaltungsspezifische Entscheidungsdimensionen abbildet. Das Kriteriensystem wurde durch Indikatoren und Skalen operationalisiert. Die Kriterien lassen sich über einen Abgleich mit dem unternehmensspezifischen Zielsystem anhand einer Gewichtungsfunktion an den jeweiligen Anwendungsfall anpassen. Die **Wirtschaftlichkeitsanalyse** erfolgt über ein Kapitalwert-basiertes Berechnungsmodul, das die absolute Vorteilhaftigkeit des Potentialeinsatzes bzw. des Potentialaufbaus berechnet. Die Einflussanalyse der Inputparameter auf das Gesamtergebnis sowie die Berücksichtigung der Unsicherheit erfolgt anhand einer Sensitivitätsanalyse. Um die Teilergebnisse des qualitativen und quantitativen Moduls zu einer Handlungsempfehlung zu synthetisieren, wurde ein **portfoliobasiertes Ergebnismodul** entwickelt.

Zur Unterstützung der praktischen Anwendung wurde die Methode in einem Software-Tool implementiert. Die praktische Anwendung der Methode erfolgte im Rahmen von drei Fallstudien im Bereich der Fluggeräteinstandhaltung. Hierbei konnten die **Funktionalität und Praktikabilität** der Methode sowie die Validität der Methodenergebnisse nachgewiesen werden. Durch die Methodenentwicklung und -operationalisierung, die Programmierung des Bewertungstools ZEvS und die Evaluation der Methode in der Instandhaltungspraxis konnten die in Kapitel 1.3 formulierten Forschungsfragen umfassend beantwortet werden.

8.2 Ausblick

Im Zuge weiterer Forschungsaktivitäten sind **weitere Fallstudien** zur Evaluation der Methode, z.B. im Bereich der Schienenfahrzeuginstandhaltung, der Instandhaltung von Windenergieanlagen oder Agrartechnik durchzuführen. Durch zusätzliche Anwendungsbeispiele könnte die Systematik weiter verfeinert und die Ergebnisqualität noch weiter gesteigert werden. Aufgrund der generischen Methodenkonzeption ist die Anpassung auf die spezifischen Anforderungen anderer herstellerunabhängiger Instandhaltungsdienstleister als unproblematisch einzustufen. So können die unternehmensspezifischen Präferenzsysteme anderer Unternehmen durch die Anpassung des Kriteriensystems und der Faktorgewichtung ohne Probleme in der Methode hinterlegt werden.

Im Rahmen weiterer Forschungsaktivitäten könnte die vorgestellte Methode für Multiprojektbewertungen erweitert werden. Da in der Realität mehrere Auf- bzw. Abbauprojekte um Unternehmensressourcen konkurrieren, wäre die Entwicklung und Implementierung geeigneter Priorisierungsregeln für die Projektauswahl sinnvoll. Eine Herausforderung besteht in diesem Zusammenhang u.a. in der entscheidungsfallneutralen Beurteilung der Umsetzungsprioritäten.

Weiterer Forschungsbedarf besteht in der detaillierten Operationalisierung der Handlungsempfehlungen. So können die im Rahmen der qualitativen Bewertung erhobenen Informationen zur Spezifizierung der operativen Ein- bzw. Ausgliederung technischer Leistungspotentiale herangezogen werden. Somit ließen sich die Handlungsempfehlungen, wie z.B. „Potentialaufbau zum Ausbau der Wettbewerbsposition“ um den Zusatz erweitern, dass etwa die Entwicklung spezieller Qualifikationsmerkmale oder die Beschaffung instandhaltungsrelevanter Informationen potentielle Engpassfaktoren im Aufbauprozess darstellen können und daher zu priorisieren sind.

Die Methodenanwendung basiert auf dem Prinzip der verteilten Bewertung. Zur Steigerung der Entscheidungsgüte werden mehrere Experten in den Bewertungsprozess eingebunden. Die Vergleichbarkeit der Ergebnisse wird über ein einheitliches Präferenzsystem sichergestellt. Im Zuge der Interpretation der Ergebnisse sind insbesondere die Bewertungsmerkmale von Interesse, bei denen die Bewertungen der Experten auseinander liegen. Eine sinnvolles Add-on der vorliegenden Methode wäre daher eine Systematik zur **Identifikation von Bewertungsabweichungen** und deren Überführung in Diskussionsvorlagen für die beteiligten Entscheidungsträger.

Die in der Einleitung beschriebenen Auslöser für die vorliegende Arbeit (u.a. dynamischer, intensiver Wettbewerb im Instandhaltungsbereich, Zunahme der technischen Komplexität, Digitalisierung von Funktionen) sind eher langfristige Trends als kurzfristige Entwicklungen. Vor diesem Hintergrund ist zu erwarten, dass nur diejenigen herstellerunabhängigen Instandhaltungsdienstleister langfristig im Wettbewerb bestehen können, die sowohl ihre Instandhaltungsprodukte als auch ihre technischen Leistungspotentiale kontinuierlich und systematisch an die veränderten Rahmenbedingungen anpassen. Die im Rahmen der vorliegenden Arbeit entwickelte Methode zur Analyse und Gestaltung technischer Leistungspotentiale stellt einen Beitrag zur Entwicklung einer fundierten Methodenbasis für technische Instandhaltungsbetriebe dar.

ANHANG

Anhang I: Argumentationslogik des Kompetenzansatzes (Freiling et al. 2006, S. 54)

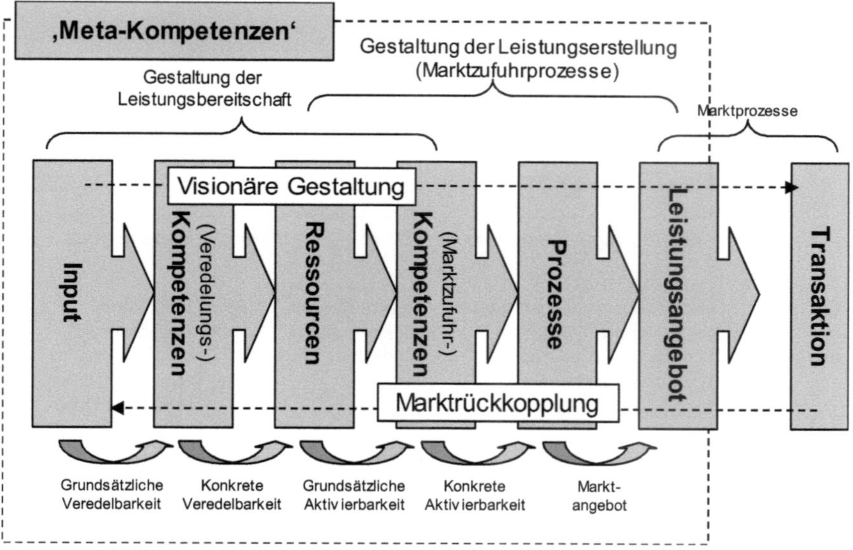

Anhang II: Phasen des Produktlebenszyklus und phasenbezogene investive Dienstleistungen

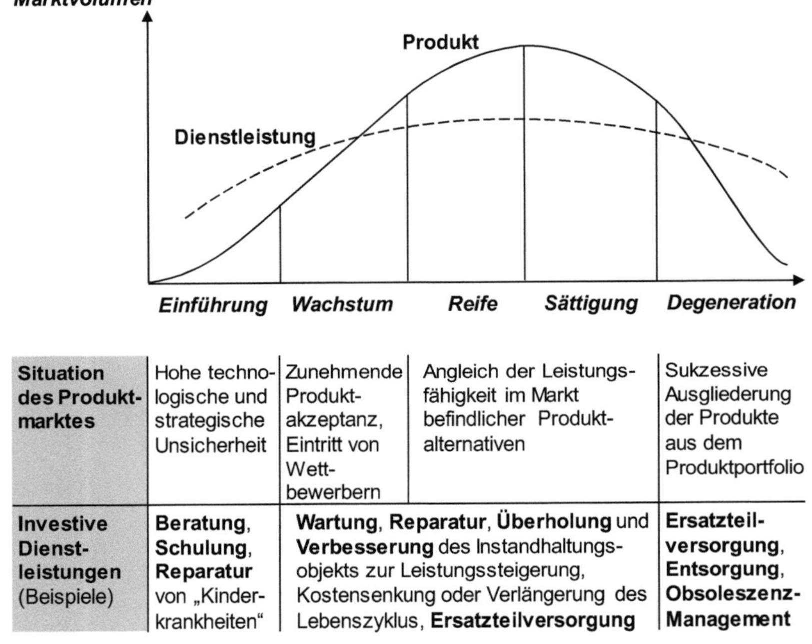

	Einführung	Wachstum	Reife / Sättigung	Degeneration
Situation des Produktmarktes	Hohe technologische und strategische Unsicherheit	Zunehmende Produktakzeptanz, Eintritt von Wettbewerbern	Angleich der Leistungsfähigkeit im Markt befindlicher Produktalternativen	Sukzessive Ausgliederung der Produkte aus dem Produktportfolio
Investive Dienstleistungen (Beispiele)	**Beratung**, **Schulung**, **Reparatur** von „Kinderkrankheiten“	**Wartung**, **Reparatur**, **Überholung** und **Verbesserung** des Instandhaltungsobjekts zur Leistungssteigerung, Kostensenkung oder Verlängerung des Lebenszyklus, **Ersatzteilversorgung**		**Ersatzteilversorgung**, **Entsorgung**, **Obsoleszenz-Management**

(modifiziert nach Garbe 1998, S. 50; Forschner 1989, S. 179)

Anhang III: Bewertungsmethoden

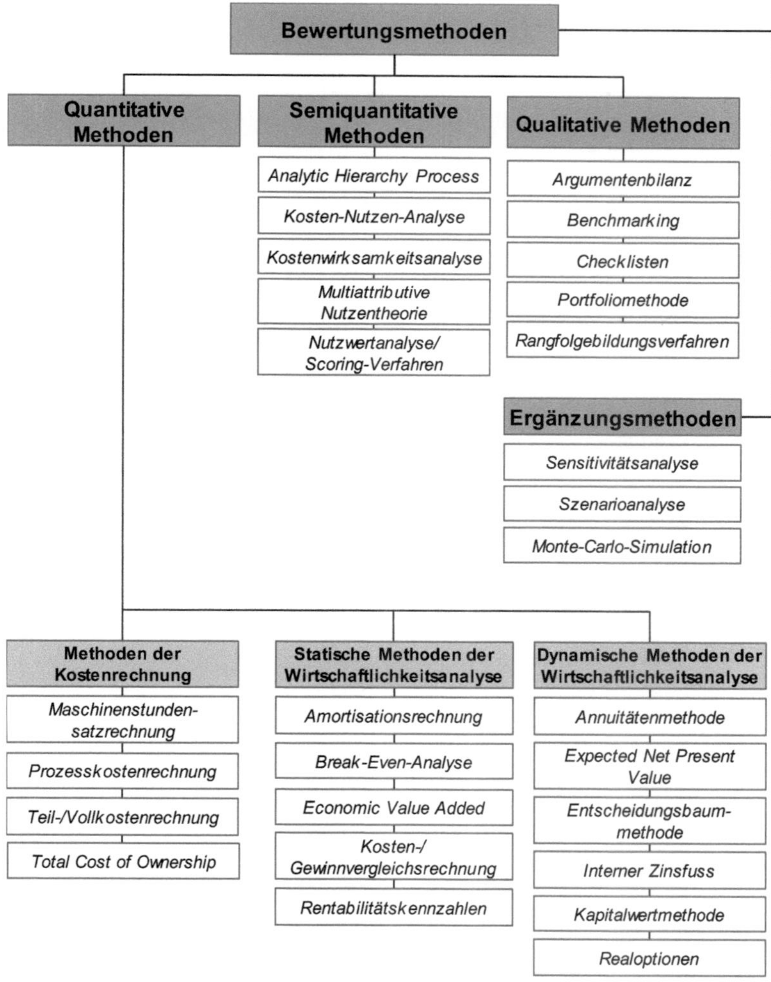

Anhang IV: Typologie Instandhaltungsdienstleister

	Merkmal	Ausprägungen				
Organisation	Grad der organisatorischen Integration	Teil der Produktion	Kombination aus Abteilung und integriertem Personal	Funktionsbereich (z.B. Service-gesellschaft) B E I	Outsourcing von Teilfunktionen (C)	Externe Dienstleistung A B D E F G H
	Spezialisierungsgrad	Viele Instandhaltungsobjekte A B C D E F H		Mehrere Instandhaltungsobjekte G I		Ein Instandhaltungsobjekt
	Netzwerkabhängigkeit/ Fertigungstiefe	Koordination von Fremdleistungen		Einkauf von Teilleistungen A B C D G H I (F)		Vollständige interne Leistungserstellung E H
Objekt	Mobilität des Instandhaltungsobjekts	Immobil (D)		Teilmobil G H (E)		Mobil A B C F I
	Modularität des Instandhaltungsobjekts	Gering (B)		Mittel A C F G H		Hoch D E I
	Betriebsmittelintensität	Keine Betriebsmittel erforderlich		Einige Betriebsmittel erforderlich D (A)		Viele Betriebsmittel erforderlich B C E F G H I
	Formalrechtliche Anforderungen	Keine formalrechtlichen Anforderungen		Zertifizierung von Teilmaßnahmen D H (G)		Umfangreiche Zertifizierungsmaßnahmen A B C E F I
Prozess	Grad der Arbeitsteilung	Gering A D F G (C)		Mittel E		Hoch B H I
	Grad der Automatisierung	Manuelle Instandhaltung A B D F (E C)		Teilautomatisierung G H I		Vollständige Automatisierung
	Organisationstyp der Instandhaltung	Baustellenfertigung (D F G H A)	Werkstattfertigung C E I (B)	Gruppenfertigung	Reihenfertigung	Fließfertigung
	Planbarkeit	Stochastisch G (F D)		Bedingte Planbarkeit A B C H I (E)		Vollständige Planbarkeit G
	Simultanität von Betrieb und Instandhaltung (Kopplungsgrad)	Instandhaltung während des Betriebs		Teilweise Simultanität (G)		Instandhaltung während des Maschinenstillstands A B C D E F H I

Anhang V: Leitfaden Experteninterviews

Dipl.-Wi.-Ing. Markus Klotzbach

Expertenbefragung zum Capability-Management in herstellerunabhängigen Instandhaltungsbetrieben

<u>Gesprächsleitfaden</u>

1. *Vorstellung Institut LogU, MK und Dissertationsprojekt*

2. *Vorstellung/Zielsetzung der Befragung*
   - Analyse des Status-Quo des Capability-Managements in der industriellen Instandhaltung
   - Ermittlung des Einsatzstands aktueller Planungsheuristiken/-verfahren
   - Analyse von Wettbewerbsmechanismen
   - Ermittlung von methodischen Anforderungen

3. *Klärung zentraler Begrifflichkeiten*
   - Entwicklung des Capability-Begriffs

   - Technologieverständnis: Unterscheidung Instandhaltungsobjekt (Was wird instandgehalten?) vs. Instandhaltungstechnologie (Womit wird instandgehalten?)
   - Was ist ein herstellerunabhängiger Instandhaltungsdienstleister?

4. *Unternehmensangaben*
   - Wie heißt ihr Unternehmen?
   - Welche Position bekleiden Sie?
   - Welche Art von Leistungen bietet ihr Unternehmen an?
   - Wie lange sind Sie bereits am Markt?
   - Wie viele Mitarbeiter beschäftigt ihr Unternehmen?
   - Welchen Umsatz hat ihr Unternehmen im letzten Geschäftsjahr gemacht?
   - An wie vielen bzw. welchen Standorten ist ihr Unternehmen aktiv (national/international)?

Dipl.-Wi.-Ing. Markus Klotzbach

5. *Aufbau- und Ablauforganisation*

- Wie ist der organisationale Aufbau ihres Unternehmens?
- Wie sind die Instandhaltungsaktivitäten in die organisationale Struktur Ihres Unternehmens eingegliedert?
  - Eigenständiger Unternehmensbereich
  - Hilfsfunktion
  - ...weitere?

6. *Instandhaltungsdienstleistungen*

- Handelt es sich bei den Instandhaltungsaktivitäten um den primären/originären Unternehmenszweck?
  - Falls nein: Wie viele Mitarbeiter sind im Bereich Servicedienstleistungen/Instandhaltung beschäftigt?
  - Falls nein: Wie hoch ist der Umsatzanteil von Instandhaltungsdienstleistungen?
  - Falls nein: Welche weiteren Leistungen bietet Ihr Unternehmen am Markt an?
  - Falls nein: In welchen weiteren Branchen ist ihr Unternehmen aktiv?
- Welche Leistungen bieten sie Ihren Kunden an (Klassifizierung nach DIN31051)?
- Welche Art von Produkten bieten Sie ihren Kunden an?
  - Full-Service-Verträge
  - Einzelservice-Verträge
  - ...weitere?

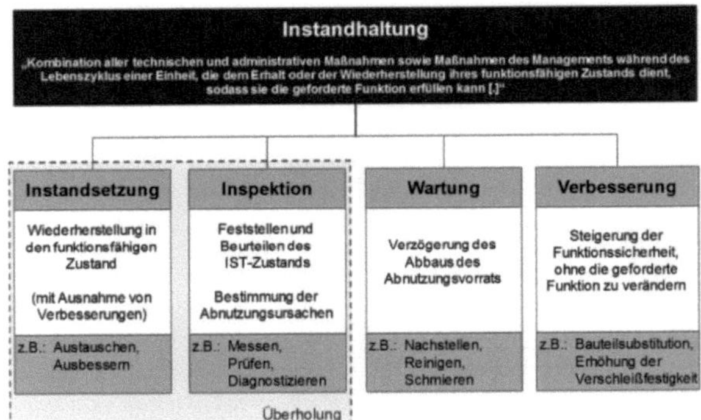

- Wie hoch ist der Umsatzanteil durch Instandhaltungsdienstleistungen, die an „fremden" Objekten erbracht werden (d.h. ihr Unternehmen ist NICHT Entwickler/Hersteller des Instandhaltungsobjekts)?
- Wie hoch ist der Umsatzanteil durch Unternehmens-externe Aufträge?
- Wie hoch ist die Fertigungstiefe in ihrem Unternehmen? Werden alle dem Kunden angebotenen Leistungen vollständig intern, d.h. mit den im Unternehmen vorhandenen Ressourcen und Fähigkeiten erbracht?

Dipl.-Wi.-Ing. Markus Klotzbach

7. *Instandhaltungsprozess*

- Welche Instandhaltungsprozesse gilt es in ihrer Branche zu unterscheiden?
- Wie ist ein klassischer Instandhaltungsprozess in ihrer Branche strukturiert?
- Lassen sich die Tätigkeiten in die generischen Prozessschritte einordnen (siehe Abbildung unten)? Gibt es weitere?

Inspektion > **Test** > **Demontage** > **Reparatur** > **Montage** > **Reinigung** > **Handling** > **Dokumentation/ Zertifizierung**

- Die Beherrschung welcher Prozessschritte ist für ihr Unternehmen erfolgskritisch bzw. bieten das höchste Ertragspotential?
- Welche Ressourcen sind erforderlich?
- Welche Bedeutung messen Sie den folgenden Ressourcen bei:
  - Mitarbeiterqualifikation
  - Betriebsmittel/Instandhaltungstechnologien
  - Technische Dokumentation
  - Zertifizierung
  - ...weitere?
- Welche Instandhaltungstechnologien werden verwendet?
- Wie Investitions-intensiv sind sie?
- Worin bestehen die technisch größten Herausforderungen?
- Welche technologischen Trends beobachten Sie in ihrer Branche? Welche der Trends werden für ihr Unternehmen von Relevanz sein?

8. *Wettbewerbsmechanismen*

- Wie hoch ist der Marktanteil Ihres Unternehmens in ihrer Branche?
- Wie hoch ist die Wettbewerbsintensität in der (Instandhaltungs-)Branche?
- Wer sind ihre wichtigsten Wettbewerber?
  - andere Instandhaltungsdienstleister
  - Hersteller
  - Kunden
  - ...weitere?
- Welche Rolle spielen die Hersteller der Instandhaltungsobjekte (OEM) im Wettbewerb?
- Worin sehen Sie die zentralen Wettbewerbsvorteile ihres Unternehmens?
  - Qualität
  - Kosten
  - Zeit
  - Flexibilität
  - Technologiekompetenz/Angebotsspektrum
  - ...weitere?
- Wie laufen die Auftragsvergabeverfahren in ihrer Branche grob ab?
- Wie würden Sie die Beziehung Ihres Unternehmens zu den OEM beschreiben?
  - Direkter Wettbewerb = Konkurrenz
  - Coopetition = Konkurrenz und Kooperation
  - Vollständige/vollkommene Kooperation)
- Setzen OEM mitunter Wettbewerbshebel ein, um Marktanteile zu gewinnen?

Dipl.-Wi.-Ing. Markus Klotzbach

- Falls ja, welche sind dies? (Rechtliche Schritte, IP-Zurückhaltung…etc.)

9. Technologie- und Capabilityplanung

Strategische Planung

- Gibt es in ihrem Unternehmen einen zentralen Strategieprozess?
- Welche Entscheidungen sind Inhalt des Strategieprozesses?
- Welchem Unternehmensbereich/-funktion obliegt die Koordination?
- Würden Sie die Management-/Strategiekultur in ihrem Unternehmen eher als *outside-in* oder als *inside-out* beschreiben?
  - *Leitfragen outside-in: Was fordert der Markt? Wie können wir uns auf die Marktbedürfnisse einstellen/ausrichten?*
  - *Leitfragen inside-out: Welche Kompetenzen und Ressourcen haben wir in unserem Unternehmen? Welche Marktleistungen können wir damit erbringen bzw. für die Zukunft entwickeln?*

Make-or-Buy-Strukturen

- Wie ermitteln Sie, ob Sie die Instandhaltung eines technischen Objekts intern erbringen/selbst durchführen oder ggf. an einen Subunternehmer vergeben?
  - Methodeneinsatz (qualitativ, quantitativ/monetär)
  - Erfahrung/Bauchentscheidung
- Welche Gründe kann es für eine Fremdvergabe geben?

Technologie- bzw. Capability-Planung

- Welche Bedeutung messen Sie der mittel-/langfristigen Planung des angebotenen Leistungsspektrums bei?
- Wird eine turnusgemäß stattfindende Technologie-/Ressourcenplanung durchgeführt?
  - Falls ja, in welchem Turnus wird diese durchgeführt?
- Gibt es in Ihrem Unternehmen eine Unternehmens-/Bereichsfunktion, die mit der mittel-/langfristigen Planung von Capabilities betraut ist?
  - Falls ja, welche Planungsverfahren werden eingesetzt?
  - Handelt es sich dabei vorwiegend um quantitative/monetäre oder qualitative Verfahren?
  - Falls nein, welche Vorteile könnten Ihres Erachtens aus dem systematischen Einsatz von Planungsverfahren resultieren?
- Welche zeitlichen Planungszyklen werden angesetzt? Sind diese aus Ihrer Sicht sinnvoll?
- Wie entscheiden Sie, welche Produkttechnologien in das Portfolio aufgenommen werden?
- Wie entscheiden Sie, welche Instandhaltungstechnologien in das Portfolio aufgenommen werden?
- Gibt es Technologien, die aus strategischen Erwägungen in das Portfolio aufgenommen werden? (z.B. auch wenn keine Wirtschaftlichkeit vorliegt)
- Auf Basis welcher Informationen bewerten Sie den Aufbau neuer Capabilities?
  - Orientierung an Kundenflotte
  - Marktpotentiale
  - …weitere?
- Wie bewerten Sie die Güte der Planungsentscheidungen?

Dipl.-Wi.-Ing. Markus Klotzbach

- Welche Anforderungen würden Sie an einen systematischen Planungsansatz stellen?

Abbildung der Realität	Relevanz gering	Relevanz mittel	Relevanz hoch
Realitätsnähe			
Berücksichtigung mehrerer Ziele (ökonom., techn., soz., ökol.)			
Berücksichtigung mehrerer Restriktionen			
Zukunftsberücksichtigung (Veränderungen und Erwartungen)			
Risikoberücksichtigung			
Mehrperiodische Anwendungsmöglichkeit			
Berücksichtigung unterschiedlicher Bewertungskriterien			
Anwendung quantitativer Verfahren			
Anwendung qualitativer Verfahren			
Integrierbarkeit in vorhandene Schnittstelle			
...			

Anwendung	Relevanz gering	Relevanz mittel	Relevanz hoch
Praxistauglichkeit			
Benutzerfreundlichkeit			
Einfachheit			
Verständlichkeit			
Transparenz			
Nachvollziehbarkeit			
Reproduzierbarkeit			
Systematischer Aufbau			
Rechnerunterstützung			
Ohne EDV zu benutzen			
Aktualisierungsmöglichkeit			
Optimierungs- und Simulationsmöglichkeit			
...			

Methodenaufwand	Relevanz gering	Relevanz mittel	Relevanz hoch
Wirtschaftlichkeit (Kosten-Nutzen-Relation)			
Angemessener Aufwand			
Vertraute Daten als Eingabegrößen			
Geringe Menge an Eingabegrößen			
Geringe Aufwendungen für die Datenerhebung			
Geringe Aufwendungen bei der Anwendung (Personal, PC)			
Schnelle und aufwandsarme Berechnung			
Anwendung kostengünstiger Software			
...			

Anhang VI: Analyse Experteninterviews

Kodierung	Beispiel Interviewtranskript (Interview B)
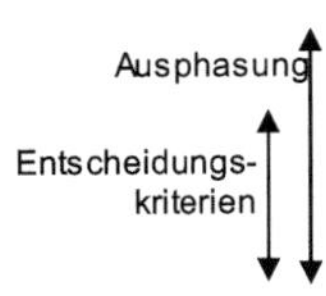	**Ziehen Sie das Thema Ausphasung auch in Betracht? Und wie läuft das ab? Werden dann die Betriebsmittel entsorgt? Oder guckt man sich an, ob man die noch für andere Zwecke einsetzt?** *(45:15) Ja, die Betriebsmittel werden entsorgt. I. d. R. ist es so, dass wir z. B. die Ersatzteile, Bestände an Tools oder Materialien an andere Betreiber der Flugzeuge verkaufen. Oftmals können Sie das mit dem letzten Flugzeug gleich mit verkaufen. Und Sie gucken, ob Sie die Teile auf einer anderen Flotte einsetzen können. Wenn die Teile irgendwie kompatibel sind.*
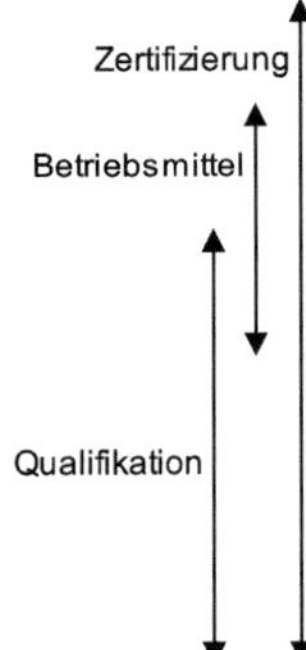	**Aber es nicht so, dass noch von alten Kunden bspw. das Muster B727 geflogen wird, wo Sie dann noch komplett Prüfstände für dieses eine Muster vorhalten müssen?** *(46:10) Nein, so etwas machen wir nicht. Da sind wir relativ konsequent. Aber das hat auch wieder etwas mit den Zulassungen zu tun. Wenn wir bestimmte Zulassungen ab einem bestimmten Level haben, müssen wir auch bestimmte Werkzeuge, bestimmte Materialien und auch bestimmte Qualifikationen der Mitarbeiter vorhalten. Sobald eines dieser drei Dinge wegfällt, entweder die Werkzeuge, das Material oder die Ausbildung, dann fällt sowieso das ganze Kartenhaus in sich zusammen. Und dann sehen Sie auch zu, dass Sie das Thema auch so schnell wie möglich wegbekommen. Oft ist das tatsächlich durch den Mitarbeiter und die Qualifikation getrieben. Denn man muss alle zwei Jahre nachweisen, dass man genug Praxiserfahrung in der Instandhaltung hat. Und wenn Sie nur noch einen Kunden haben, haben Sie i. d. R. nicht mehr die Summe an Praxiserfahrung, sodass Ihnen automatisch die Lizenz beim Mitarbeiter wegfällt und damit fällt Ihnen die ganze Zulassung weg.*

Anhang VII: Methodensteckbriefe (Modul A)

Methode	Analytic Hierarchy Process (AHP-Methode)
Kategorie	Geschlossene analytische Verfahren
Ausrichtung	☒ qualitativ ☐ quantitativ ☐ dual — **Vergleich** ☐ absolut ☒ relativ
Zielsetzung	▪ Analytische Lösung mehrdimensionaler Entscheidungsprobleme unter Einbeziehung von Präferenzrelationen
Ablauf	▪ Definition des Entscheidungsziels, der Entscheidungsalternativen sowie der Entscheidungskriterien ▪ Hierarchisierung der Kriterien anhand eines paarweisen Vergleichs ▪ Skalierung der Bewertungskriterien und Ableitung von Gewichtungsvektoren ▪ Konsistenzcheck der Bewertungsergebnisse ▪ Auswertung und Interpretation
Vorteile	▪ Analytische Herleitung ▪ Abbildung von Präferenzrelationen ▪ Hohe Bewertungsqualität durch inkorporierten Konsistenzcheck der Bewertungsaussagen (Konsistenzwert C.R.) ➔ eindeutige Aussagen ▪ Anwendungsflexibilität, da für vier unterschiedliche Arten von Präferenzinformationen Informationsniveau-adäquate Erfassungsweisen bereitgestellt werden
Nachteile	▪ Hoher Aufwand für Konzeption und Durchführung ▪ Scheinpräzision durch Transformation natürlichsprachiger Urteile in numerische Parameter anhand der AHP-Skala ➔ Pseudometrische Skalen ▪ Reduzierung des Informationsgehalts durch monetärer Größen in numerische Entscheidungsvariablen
Quellen	Saaty (1980; 1990); Peters und Zelewski (2004)

Methode	Argumentenbilanz
Kategorie	Ganzheitliche Präferenzbildung, Dialektische Bewertung
Ausrichtung	☒ qualitativ ☐ quantitativ ☐ dual — Vergleich: ☒ absolut ☒ relativ
Zielsetzung	Bewertung von Handlungsalternativen durch Abwägung von Pro- und Contra-Argumenten
Ablauf	▪ Sammlung und Kategorisierung von Vor- und Nachteilen von Technologie- bzw. Projektalternativen ▪ Bilanzierung der Vor- und Nachteile ▪ Entscheidung erfolgt anhand des Argumentenüberschusses für oder gegen Alternative
Vorteile	▪ Einfache Umsetzung und Anwendung ▪ Strukturierung des Entscheidungsprozesses
Nachteile	▪ Nicht als alleinige Grundlage für Investitionsentscheidungen geeignet ▪ Keine Hierarchisierung/ Gewichtung der Argumente ▪ Argumente nicht präzisierbar ▪ Einfache Manipulierbarkeit der Ergebnisse ▪ Eingeschränkte Nachvollziehbarkeit der Bewertungsergebnisse ▪ Eingeschränkte Vergleichbarkeit der Bewertungsergebnisse
Quellen	Wildemann (1987, S. 64 ff.); Specht et al. (2002, S. 218 f.); Haag et al. (2011, S. 325 f.)

Methode	Benchmarking
Kategorie	Offene analytische Bewertungsverfahren
Ausrichtung	☒ qualitativ ☒ quantitativ ☐ dual — Vergleich: ☐ absolut ☒ relativ
Zielsetzung	Vergleich von Projekten zur Identifikation von Best-Practice-Lösungen
Ablauf	▪ Definition des Benchmarkingobjekts ▪ Identifikation und Systematisierung der Benchmarkingkriterien und -skalen ▪ Bewertung und Einordnung der Benchmarkingobjekte ▪ Identifikation der Best-Practice-Lösung
Vorteile	▪ Geringer Konzeptions- und Anwendungsaufwand ▪ Strukturierung von Entscheidungsprozessen
Nachteile	▪ Keine Systematik zur Vermeidung korrelierender Kriterien ▪ Eingeschränkte Transparenz der Bewertung ▪ Manipulierbarkeit der Ergebnisse ▪ Keine absolute Bewertung möglich
Quellen	Camp (2007)

Methode	Checklisten
Kategorie	Offene analytische Bewertungsverfahren
Ausrichtung	☒ qualitativ ☐ quantitativ ☐ dual
Vergleich	☒ absolut ☐ relativ
Zielsetzung	Kriterienbasierte Bewertung von Handlungsalternativen
Ablauf	▪ Aggregation obligatorischer und fakultativer Prüfkriterien sowie K.O.-Kriterien ▪ Operationalisierung der Prüfkriterien durch offene oder geschlossene Fragen bzw. Skalen zur Vermeidung von Fehlinterpretationen ▪ Binäre Bewertung der Kriterien (*Ja/Nein*) ▪ Identifikation derjenigen Alternative, die die meisten Kriterien erfüllt
Vorteile	▪ Einfache Konzeption und Anwendung ▪ Flexible Ausgestaltung der Kriteriensysteme ▪ Strukturierte Erfassung der entscheidungsrelevanten Kriterien
Nachteile	▪ Relativ geringe Granularität der Aussagen ▪ Keine Systematik zur Vermeidung korrelierender Kriterien ▪ Vielzahl subjektiver Urteile
Quellen	Vahs und Brem (2013, S. 322 f.); Specht et al. (2002, S. 220); Haag et al. (2011, S. 326)

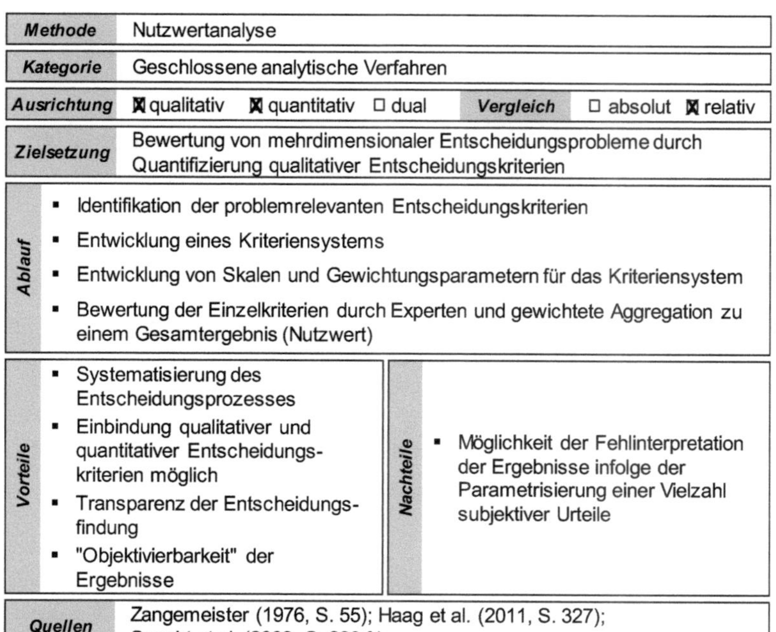

Methode	Nutzwertanalyse
Kategorie	Geschlossene analytische Verfahren
Ausrichtung	☒ qualitativ ☒ quantitativ ☐ dual
Vergleich	☐ absolut ☒ relativ
Zielsetzung	Bewertung von mehrdimensionaler Entscheidungsprobleme durch Quantifizierung qualitativer Entscheidungskriterien
Ablauf	▪ Identifikation der problemrelevanten Entscheidungskriterien ▪ Entwicklung eines Kriteriensystems ▪ Entwicklung von Skalen und Gewichtungsparametern für das Kriteriensystem ▪ Bewertung der Einzelkriterien durch Experten und gewichtete Aggregation zu einem Gesamtergebnis (Nutzwert)
Vorteile	▪ Systematisierung des Entscheidungsprozesses ▪ Einbindung qualitativer und quantitativer Entscheidungs-kriterien möglich ▪ Transparenz der Entscheidungs-findung ▪ "Objektivierbarkeit" der Ergebnisse
Nachteile	▪ Möglichkeit der Fehlinterpretation der Ergebnisse infolge der Parametrisierung einer Vielzahl subjektiver Urteile
Quellen	Zangemeister (1976, S. 55); Haag et al. (2011, S. 327); Specht et al. (2002, S. 220 f.)

Methode	Kosten-Nutzen-Analyse
Kategorie	Geschlossene analytische Verfahren
Ausrichtung	☒ qualitativ ☒ quantitativ ☐ dual — **Vergleich** ☒ absolut ☒ relativ
Zielsetzung	Vergleich der Kosten eines Projekts mit dem durch die jeweilige Alternative erzeugten Nutzen
Ablauf	▪ Erfassung des problemspezifischen Zielsystems anhand qualitativer Kriterien ▪ Auswahl der zu bewertenden Alternativen und Erstellung spezifischer Kosten- und Nutzenprofile ▪ Transformation der qualitativen Entscheidungskriterien in monetäre Größen ▪ Anwendung von Methoden der Investitionsrechnung, um auch Bewertungsalternativen mit unterschiedlichen zeitlichen Profilen vergleichbar zu machen
Vorteile	▪ Geringe Anforderungen an Anwender ▪ Abbildung mehrdimensionaler Zielsysteme ▪ Gute Vergleichbarkeit von Alternativen aufgrund Verwendung quantitativer Parameter
Nachteile	▪ Relativ hoher Aufwand bei Konzeption und Anwendung ▪ Ungenauigkeiten bei der Parametrisierung nicht-monetärer Entscheidungskriterien ▪ Erzeugung einer Scheinobjektivität durch Verwendung monetärer Größen ▪ Bewertungsergebnisse aufgrund der zahlreichen Freiheitsgrade im Zusammenhang mit Kriterien-auswahl und Parametrisierung nur bedingt objektiv
Quellen	Mühlenkamp (1994); Haag et al. (2011, S. 329 f.); Röhrle (1997, S. 131)

Methode	Lebenszyklusansätze
Kategorie	Intuitive Komplexbewertung
Ausrichtung	☒ qualitativ ☐ quantitativ ☐ dual — **Vergleich** ☒ absolut ☒ relativ
Zielsetzung	Bewertung von Projekten anhand ihrer Position im Lebenszyklus
Ablauf	▪ Priorisierung von Handlungsalternativen anhand ihrer spezifischen Reifegrade
Vorteile	▪ Betrachtung des gesamten Lebenszyklus (Kosten, F&E-Aufwand etc.) ▪ Gute Kommunizierbarkeit der Ergebnisse
Nachteile	▪ Eindimensionale Zielsetzung (Kosten, F&E-Aufwand)
Quellen	Ford und Ryan (1981)

Methode	Portfolioverfahren		
Kategorie	Offene analytische Bewertungsverfahren		
Ausrichtung	☒ qualitativ ☐ quantitativ ☐ dual	Vergleich	☒ absolut ☒ relativ
Zielsetzung	Kriterienbasierte Bewertung von Projektalternativen durch Integration der internen und -externen Perspektive		
Ablauf	▪ Identifikation interner und externer bzw. Unternehmens- und Technologie-/ marktbezogener Entscheidungskriterien ▪ Entwicklung der Ergebnismatrix und Verknüpfung mit Handlungsalternativen ▪ Bewertung der Kriterien durch Experten ▪ Ggf. Vergleich der Projektalternativen im Ergebnisportfolio ▪ Ableitung von Handlungsalternativen		
Vorteile	▪ Verdichtung der relevanten Entscheidungskriterien auf wenige Zielgrößen ▪ Gute Anschaulichkeit und Nachvollziehbarkeit des Bewertungsablaufs ▪ Gute Kommunizierbarkeit der Ergebnisse ▪ Integration der Umwelt- und Unternehmensperspektive	Nachteile	▪ Zuordnung von Normstrategien zu Feldern der Matrix verleitet zur Annahme, dass diese grundsätzliche Gültigkeit besitzen ▪ Keine konkreten Hinweise auf Umsetzung ▪ Keine Priorisierungsregeln für Investitionsalternativen
Quellen	u.a. Pfeiffer et al. (1982); Cooper (2003); Haag et al. (2011, S. 330); Specht et al. (2002, S. 221 f.); Gerpott (2005, S. 155)		

Methode	Rangfolgebildungsverfahren		
Kategorie	Ganzheitliche Präferenzbildung (Intuitive Komplexbewertung)		
Ausrichtung	☒ qualitativ ☐ quantitativ ☐ dual	Vergleich	☐ absolut ☒ relativ
Zielsetzung	Entwicklung einer Rangfolge zwischen Handlungsalternativen		
Ablauf	▪ Bewertung von Handlungsalternativen durch direkten Vergleich der Optionen ▪ Darstellung der Bewertungsergebnisse z. B. durch Polarkoordinaten-darstellung		
Vorteile	▪ Einfache Konzeption und Anwendung ▪ Kommunizierbarkeit der Ergebnisse ▪ Eignung für mehrdimensionale Entscheidungsprobleme	Nachteile	▪ Eingeschränkte Transparenz ▪ Manipulierbarkeit der Ergebnisse ▪ Keine absolute Bewertung möglich (*Nur weil Alternative A besser als B ist, muss A nicht insgesamt vorteilhaft sein*) ▪ Keine Ableitung von Handlungsoptionen möglich
Quellen	Specht et al. (2002, S. 217 f.); Vahs und Brem (2013, S. 325 f.)		

Anhang VIII: Methodensteckbriefe (Modul B)

Methode	Amortisationsrechnung
Kategorie	Statische Verfahren der Investitionsrechnung
Ausrichtung	☐ qualitativ ☒ quantitativ ☐ dual — **Vergleich** ☒ absolut ☐ relativ
Zielsetzung	Ermittlung der Zeitdauer, bis sich eine Anschaffungsauszahlung durch Rückflüsse amortisiert hat
Ablauf	▪ Ermittlung/Annahme der mit einer Entscheidung verbundenen Ein- und Auszahlungen ▪ Bestimmung der Zeitdauer, bis das eingesetzte Kapital durch Einzahlungen ausgeglichen wird ▪ Auswahl der Handlungsalternative mit der kürzesten Amortisationsdauer
Vorteile	▪ Geringer Aufwand ▪ Einfache Interpretierbarkeit der Ergebnisse ▪ Mehrperiodige Betrachtungen
Nachteile	▪ Geringe Aussagekraft der Ergebnisse ▪ Eingeschränkte Vergleichbarkeit von Alternativen (*Alternative mit kürzerer Amortisationsdauer nicht unbedingt die vorteilhaftere*) ▪ Nur als Ergänzungsmethode hilfreich
Quellen	Kruschwitz (2009, S. 37); Wöhe (2010, S. 533); Warnecke et al. (1996, S. 354); Haag et al. (2011, S. 340 f.); Vahs und Brem (2013, S. 335)

Methode	Annuitätenmethode
Kategorie	Dynamische Verfahren der Investitionsrechnung
Ausrichtung	☐ qualitativ ☒ quantitativ ☐ dual — **Vergleich** ☒ absolut ☐ relativ
Zielsetzung	Bewertung von Investitionsvorhaben durch Bezug des Kapitalwerts auf die Projektdauer
Ablauf	▪ Ermittlung der mit einer Entscheidung verbundenen Ein- und Auszahlungen ▪ Bestimmung des Kapitalwerts ▪ Berechnung der Annuität durch Kapitalwiedergewinnungsfaktor ▪ Auswahl der Alternative mit einer positiven Annuität bzw. mit der höchsten Annuität
Vorteile	▪ Periodenweise Betrachtung anstatt Betrachtung der Gesamtprojektdauer ▪ Berücksichtigung des Risikos durch den Kalkulationszinssatz
Nachteile	▪ Relativ hoher Aufwand der Konzeption und Datenbeschaffung ▪ Vergleichbarkeit der Ergebnisse nur bei einheitlichem Betrachtungszeitraum gegeben
Quellen	Kruschwitz (2011, S. 70 ff.); Wöhe (2010, S. 544 ff.); Vahs und Brem (2013, S.335)

Methode	Break-Even-Analyse
Kategorie	Statische Verfahren der Investitionsrechnung
Ausrichtung	☐ qualitativ ☒ quantitativ ☐ dual — **Vergleich** ☒ absolut ☐ relativ
Zielsetzung	Ermittlung des Kostendeckungspunktes
Ablauf	▪ Ermittlung der Kosten- und Erlösgrößen ▪ Bestimmung des vollkostendeckenden Umsatzvolumens
Vorteile	▪ Geringer Konzeptions- und Anwendungsaufwand ▪ Gute Interpretierbarkeit und Kommunizierbarkeit der Ergebnisse
Nachteile	▪ Eindimensionale Zielsetzung (Gewinnschwelle) ▪ Annahme statischer Preisniveaus und Produktionsmengen über den Zeitverlauf
Quellen	Haag et al. (2011, S. 348); Schweitzer und Troßmann (1998)

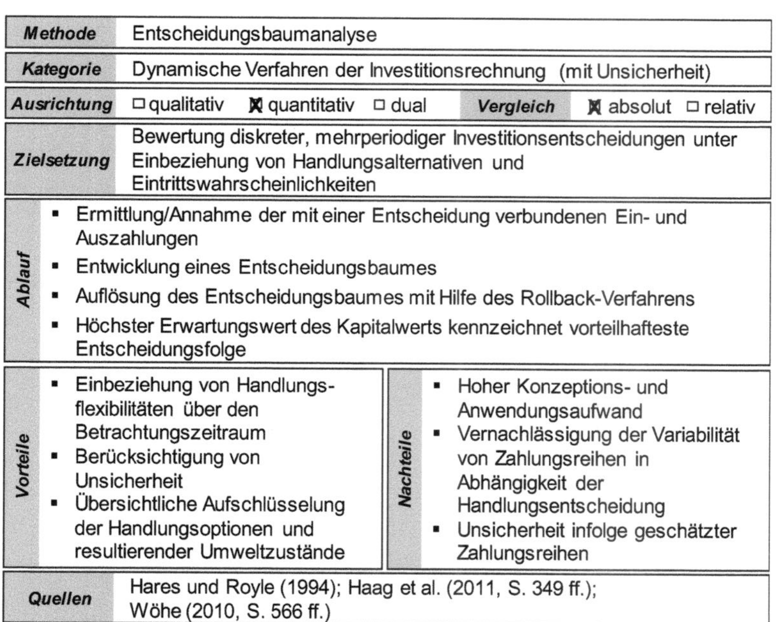

Methode	Entscheidungsbaumanalyse
Kategorie	Dynamische Verfahren der Investitionsrechnung (mit Unsicherheit)
Ausrichtung	☐ qualitativ ☒ quantitativ ☐ dual — **Vergleich** ☒ absolut ☐ relativ
Zielsetzung	Bewertung diskreter, mehrperiodiger Investitionsentscheidungen unter Einbeziehung von Handlungsalternativen und Eintrittswahrscheinlichkeiten
Ablauf	▪ Ermittlung/Annahme der mit einer Entscheidung verbundenen Ein- und Auszahlungen ▪ Entwicklung eines Entscheidungsbaumes ▪ Auflösung des Entscheidungsbaumes mit Hilfe des Rollback-Verfahrens ▪ Höchster Erwartungswert des Kapitalwerts kennzeichnet vorteilhafteste Entscheidungsfolge
Vorteile	▪ Einbeziehung von Handlungsflexibilitäten über den Betrachtungszeitraum ▪ Berücksichtigung von Unsicherheit ▪ Übersichtliche Aufschlüsselung der Handlungsoptionen und resultierender Umweltzustände
Nachteile	▪ Hoher Konzeptions- und Anwendungsaufwand ▪ Vernachlässigung der Variabilität von Zahlungsreihen in Abhängigkeit der Handlungsentscheidung ▪ Unsicherheit infolge geschätzter Zahlungsreihen
Quellen	Hares und Royle (1994); Haag et al. (2011, S. 349 ff.); Wöhe (2010, S. 566 ff.)

Methode	Gewinn-/Kostenvergleichsrechnung
Kategorie	Statische Verfahren der Investitionsrechnung
Ausrichtung	☐ qualitativ ☒ quantitativ ☐ dual — **Vergleich** ☐ absolut ☒ relativ
Zielsetzung	Vergleich von Ersatz- oder Erweiterungsinvestitionen anhand eines Kostenvergleichs
Ablauf	▪ Erfassung der mit einer Entscheidung verbundenen Kosten und Erlöse ▪ Annahme konstanter Erlöse und Entscheidung für Handlungsalternative mit den geringsten Kosten ▪ Bestimmung des Gewinns ▪ Auswahl des Projekts mit einem positiven bzw. dem höchsten Gewinn
Vorteile	▪ Geringer Konzeptions- und Anwendungsaufwand ▪ Einfache Interpretierbarkeit der Ergebnisse
Nachteile	▪ Geringe Aussagekraft der Ergebnisse ▪ Einperiodige Betrachtungsweise
Quellen	Kruschwitz (2009, S. 32); Warnecke et al. (1996, S. 32); Wöhe (2010, S. 530)

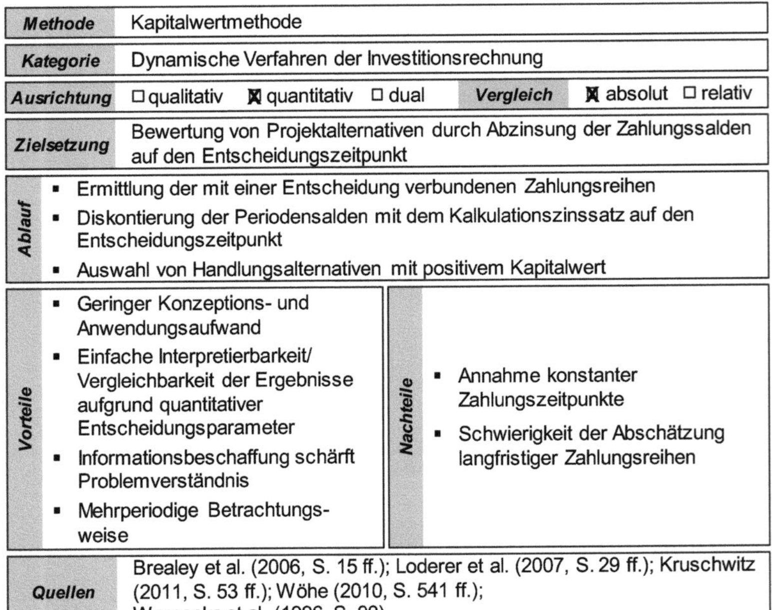

Methode	Kapitalwertmethode
Kategorie	Dynamische Verfahren der Investitionsrechnung
Ausrichtung	☐ qualitativ ☒ quantitativ ☐ dual — **Vergleich** ☒ absolut ☐ relativ
Zielsetzung	Bewertung von Projektalternativen durch Abzinsung der Zahlungssalden auf den Entscheidungszeitpunkt
Ablauf	▪ Ermittlung der mit einer Entscheidung verbundenen Zahlungsreihen ▪ Diskontierung der Periodensalden mit dem Kalkulationszinssatz auf den Entscheidungszeitpunkt ▪ Auswahl von Handlungsalternativen mit positivem Kapitalwert
Vorteile	▪ Geringer Konzeptions- und Anwendungsaufwand ▪ Einfache Interpretierbarkeit/ Vergleichbarkeit der Ergebnisse aufgrund quantitativer Entscheidungsparameter ▪ Informationsbeschaffung schärft Problemverständnis ▪ Mehrperiodige Betrachtungsweise
Nachteile	▪ Annahme konstanter Zahlungszeitpunkte ▪ Schwierigkeit der Abschätzung langfristiger Zahlungsreihen
Quellen	Brealey et al. (2006, S. 15 ff.); Loderer et al. (2007, S. 29 ff.); Kruschwitz (2011, S. 53 ff.); Wöhe (2010, S. 541 ff.); Warnecke et al. (1996, S. 90)

Methode	Interne Zinsfußmethode		
Kategorie	Dynamische Verfahren der Investitionsrechnung		
Ausrichtung	☐ qualitativ ☒ quantitativ ☐ dual	**Vergleich**	☒ absolut ☒ relativ
Zielsetzung	Bewertung von Projekten anhand der Verzinsung des im Projekt gebundenen Kapitals		
Ablauf	▪ Erfassung des mit einer Entscheidung verbundenen Kosten- und Erlösprofils ▪ Bestimmung des internen Zinsfußes ▪ Auswahl des Projekts mit dem höchsten positiven internen Zinsfuß, der über dem Kalkulationszinssatz liegt		
Vorteile	▪ Ansatz liefert einen ersten Eindruck über mögliche Kapitalverzinsung im frühen Projektstadium ▪ Berücksichtigung von Unsicherheit ▪ Periodenübergreifende Betrachtung	**Nachteile**	▪ Je nach Struktur der Zahlungsreihe aufwendige Berechnung ▪ Fehlerhafte Aussage in Bezug auf Handlungsentscheidung; Kapitalwert ist stets zur Rate zu ziehen ▪ Investition mit höherem internen Zinsfuß kann geringeren Kapitalwert aufweisen ▪ Berechnung des internen Zinsfußes für Zahlungsreihen mit mehrfachem Vorzeichenwechsel problematisch ➔ kein Ergebnis ➔ Mehrdeutige Ergebnisse möglich ▪ Ansatz basiert auf Wiederanlageprämisse und nicht auf Marktzinsprinzip
Quellen	Warnecke et al. (1996, S. 99); Wöhe (2010, S. 546 ff.); Vahs und Brem (2013, S. 336 f.); Kruschwitz (2011, S. 92 ff.)		

Methode	Lebenszykluskostenrechung (Total Cost of Ownership)		
Kategorie	Strategische Kostenrechnung		
Ausrichtung	☐ qualitativ ☒ quantitativ ☐ dual	**Vergleich**	☒ absolut ☒ relativ
Zielsetzung	Langfristig orientierte Produkterfolgsrechnung		
Ablauf	▪ Ermittlung der Lebenszyklusphasen ▪ Ermittlung des Anfangsinvests ▪ Erfassung der phasenspezifischen Kostenpositionen ▪ Auswahl der Handlungsalternative mit den geringsten Lebenszykluskosten		
Vorteile	▪ Mehrperiodige Betrachtungsweise	**Nachteile**	▪ Vernachlässigung qualitativer Entscheidungskriterien ▪ Eindimensionale Zielsetzung ▪ Vernachlässigung von Unsicherheit
Quellen	Ellram (1995); Haag et al. (2011, S. 342 f.); Wöhe (2010, S. 1014 f.)		

Methode	Prozesskostenrechnung
Kategorie	Strategische Kostenrechnung
Ausrichtung	☐ qualitativ ☒ quantitativ ☐ dual — **Vergleich** ☐ absolut ☒ relativ
Zielsetzung	Verursachungsgerechte Gemeinkostenkalkulation
Ablauf	▪ Bestimmung der bewertungsrelevanten Prozesse/Prozessbausteine ▪ Ermittlung der Prozess(einzel)kosten und Bestimmung der Prozesskostensätze ▪ Bestimmung von Kostentreibern und Aufteilung der Gemeinkosten nach einem Prozesskostensatz
Vorteile	▪ Verursachungsgerechte Umlage der Fixkosten ▪ Informationsbeschaffung schärft Problemverständnis ▪ Prozessorientierte Sichtweise ermöglicht Identifikation von Prozessoptimierungspotentialen
Nachteile	▪ Hoher Konzeptions- und Anwendungsaufwand ▪ Nur eingeschränkt für Anwendung auf mehrperiodige Problemfälle geeignet
Quellen	Cooper und Kaplan (1991); Horsch (2010, S. 245 f.); Wöhe (2010, S. 1010 f.)

Methode	Realoptionen
Kategorie	Dynamische Verfahren der Investitionsrechnung
Ausrichtung	☐ qualitativ ☒ quantitativ ☐ dual — **Vergleich** ☒ absolut ☒ relativ
Zielsetzung	Einbeziehung des Werts von Handlungsoptionen in die Projektbewertung
Ablauf	▪ Ermittlung bzw. Schätzung der mit einer Entscheidung verbundenen Ein- und Auszahlungen ▪ Bestimmung des Kapitalwerts ▪ Identifikation der Handlungsoptionen ▪ Erstellung eines Replikationsportfolios ▪ Berechnung des Projektwerts inkl. Optionen
Vorteile	▪ Einbeziehung von Handlungsflexibilitäten über den Betrachtungszeitraum ▪ Mehrperiodige Betrachtungsweise ▪ Berücksichtigung von Unsicherheit ▪ Übersichtliche Aufschlüsselung der Handlungsoptionen und resultierender Umweltzustände
Nachteile	▪ Konzeptions- und Anwendungsaufwand hoch ▪ Vernachlässigung der Variabilität von Zahlungsreihen in Abhängigkeit der Handlungsentscheidung ▪ Unsicherheit infolge geschätzter Zahlungsreihen ▪ Zugrunde liegende Annahmen sind Gegenstand von Kritik (*Vorhandensein eines Duplikationsportfolios, Teilbarkeit bzw. Handelbarkeit des underlying asset*)
Quellen	Copeland und Antikarov (2002); Hommel und Pritsch (1999); Loderer et al. (2007, S. 891)

Methode	Renditekennzahlen, Renditevergleichsrechnung		
Kategorie	Statische Verfahren der Investitionsrechnung		
Ausrichtung	☐ qualitativ ☒ quantitativ ☐ dual	Vergleich	☒ absolut ☒ relativ
Zielsetzung	Bewertung von Projekten durch Abgleich von Ergebnis- und Kapital-/ Vermögensgrößen		
Ablauf	▪ Ermittlung der erforderlichen Anfangsinvestition und der resultierenden Gewinne für eine repräsentative Periode ▪ Berechnung der Umsatz-/Eigenkapital-/Kapitalrendite ▪ Auswahl der Entscheidung mit der höchsten Rendite		
Vorteile	▪ Geringer Konzeptions- und Anwendungsaufwand gering ▪ Einfache Interpretierbarkeit und Kommunizierbarkeit der Ergebnisse	Nachteile	▪ Einperiodige Betrachtungsweise ▪ Eindimensionale Zielsetzung
Quellen	Vahs und Brem (2013, S. 334 f.); Wöhe (2010, S. 532 ff.)		

Methode	Teil-/Vollkostenrechnung		
Kategorie	Kostenrechnung		
Ausrichtung	☐ qualitativ ☒ quantitativ ☐ dual	Vergleich	☒ absolut ☒ relativ
Zielsetzung	Ermittlung von Kosten		
Ablauf	▪ Erfassung der Kostenpositionen ▪ Differenzierung nach Einzel- und Gemeinkosten ▪ Ermittlung der Kostenstellen ▪ Bestimmung von Verrechnungssätzen und Verteilung der Kosten auf Kostenträger		
Vorteile	▪ Geringer Konzeptions- und Anwendungsaufwand	Nachteile	▪ Vernachlässigung der Prämisse verursachungsgerechten Zuschlags ▪ Eindimensionale Zielsetzung
Quellen	Wöhe (2010, S. 921)		

<table>
<tr><td>Methode</td><td colspan="3">Target Costing Ansatz</td></tr>
<tr><td>Kategorie</td><td colspan="3">Strategische Kostenrechnung</td></tr>
<tr><td>Ausrichtung</td><td>☐ qualitativ ☒ quantitativ ☐ dual</td><td>Vergleich</td><td>☐ absolut ☒ relativ</td></tr>
<tr><td>Zielsetzung</td><td colspan="3">Kostenmanagement durch Berücksichtigung des erzielbaren Marktpreises und der nachgefragten Produkteigenschaften</td></tr>
<tr><td>Ablauf</td><td colspan="3">▪ Ermittlung des strategischen Marktpreises
▪ Ermittlung der von den Kunden gewünschten Produktmerkmale
▪ Schätzung der langfristigen Selbstkosten
▪ Positive Entscheidung falls der erzielbare Marktpreis die langfristigen Zielkosten übersteigt</td></tr>
<tr><td>Vorteile</td><td>▪ Konzeptions- und Anwendungsaufwand gering
▪ Mehrperiodige Betrachtungsweise</td><td>Nachteile</td><td>▪ Eindimensionale Zielsetzung
▪ Gefahr von Unschärfen bei der strategischen Marktpreis-bestimmung, besonders im Falle von innovativen Leistungen</td></tr>
<tr><td>Quellen</td><td colspan="3">Wöhe (2010, S. 1016); Horváth (1993)</td></tr>
</table>

Anhang IX: Analyse Kriterienkataloge

Dimension	Bewertungskriterium	Brose und Corsten (1983, S. 349 ff.)	Cooper et al. (2001, S. 369)	Harris et al. (1983, S. 32 f.)	Kröll (2007, S. 94 ff.)	Krubasik (1982, S. 29 f.)	Metze (2008, S. 337)	Pelzer (1999, S. 56 ff.)	Pfeiffer et al. (1982, S. 85 ff.)	Pfeiffer und Dögl (1997, S. 412 ff.)	Reinhart et al. (2011, S. 180)	Schöning (2006, S. 62 f.)	Specht und Michel (1988, S. 508 ff.)	Vahs und Brem (2013, S. 338 ff.)	VDI 2899 (1996, S. 8)	Westkämper und Warnecke (2010, S. 42)	Wildemann (1987, S. 48 ff.)	Summe	Kriteriencluster
Leistungs-/Technologiebezogene Dimension (1/2)	Marktattraktivität			x														1	Marktattraktivität
	Marktwachstum						x							x				2	
	Marktgrößenentwicklung					x												1	
	Relative Wettbewerbsstärke		x				x							x				3	
	Wettbewerbsintensität					x												1	
	Steigerung des Wettbewerbspotentials																x	1	
	Diffusionsverlauf								x									1	
	Marktentwicklung	x																1	
	Potentielle Märkte		x	x														2	Marktgröße
	Marktgröße	x																1	
	Marktvolumen													x				1	
	Anwendungsbreite								x	x				x				3	
	Weiterentwicklungspotential		x			x	x	x	x	x			x					7	Weiterentwicklungs-potential
	Multiplikationspotential				x			x										2	
	Reifegrad	x	x								x	x		x				5	
	Lebenszyklusphase							x									x	2	
	Lebensdauer		x									x		x				3	
	Verbreitung	x																1	
	Verfügbarkeit				x													1	
	Stand des Wissens	x																1	
	Kostenführerschaftspotential							x										1	Potential zur Erlangung eines Wettbewerbs-vorteils durch Kostensenkung
	Kostenreduzierung																x	1	
	Prozessgeschwindigkeit				x			x			x							3	
	Minimierung der Stillstandszeiten														x			1	
	Kosten der Anwendung				x			x			x	x						4	
	Kosten der Beschaffung				x													1	
	Realisierungsaufwand											x						1	
	Rationalisierungspotential											x		x				2	
	Grad der Arbeitsteilung													x				1	
	Automatisierbarkeit							x									x	2	
	Anwendungsflexibilität							x										1	
	Wandlungsfähigkeit				x													1	
	Kosten-/Nutzen-Verbesserung der Marktleistung												x					1	
	Umsatz- und/oder Kostenhebelwirkung						x											1	
	Ökonomischer Reifegrad	x																1	
	Grad der Bedürfnisbefriedigung	x																1	
	Zeitlicher Aufwand bis zur Anwendungsreife								x				x					2	Entwicklungs-anforderungen
	Höhe der Investitionen in Technologie (aktuell/zukünftig)					x												1	
	Zugangsbarrieren		x															1	Zugangsbarrieren
	Patent-Situation						x											1	
	Koordinative Anforderungen														x			1	Organisatorische Anforderungen
	Aufgabenspezialisierung														x			1	
	Zentralisation der Kompetenzen														x			1	

Dimension	Bewertungskriterium	Brose und Corsten (1983, S. 349 ff.)	Cooper et al. (2001, S. 369)	Harris et al. (1983, S. 32 f.)	Kröll (2007, S. 94 ff.)	Krubasik (1982, S. 29 f.)	Metze (2008, S. 337)	Pelzer (1999, S. 56 ff.)	Pfeiffer et al. (1982, S. 85 ff.)	Pfeifer und Dögl (1997, S. 412 ff.)	Reinhart et al. (2011, S. 180)	Schöning (2006, S. 62 f.)	Specht und Michel (1988, S. 508 ff.)	Vahs und Brem (2013, S. 338 ff.)	VDI 2899 (1996, S. 8)	Westkämper und Warnecke (2010, S. 42)	Wildemann (1987, S. 48 f.)	Summe	Kriteriencluster
Leistungs-/Technologiebezogene Dimension (2/2)	Differenzierungspotential							x										1	Potential zur Erlangung eines Wettbewerbsvorteils durch Differenzierung
	Flexibilität				x			x						x	x	x	x	6	
	Geometrieflexibilität							x										1	
	Werkstoffflexibilität							x										1	
	Mengenflexibilität							x										1	
	Differenzierungsmerkmale							x										1	
	Geometriemerkmale				x			x										2	
	Werkstoffmerkmale							x										1	
	Mengenmerkmale							x										1	
	Technologiediffusion							x										1	
	Termintreue														x			1	
	Qualität				x			x				x		x	x	x		6	
	Qualitätsverbesserung																x	1	
	Wertschöpfung		x	x														2	Wertschöpfung
	Alternativen						x											1	Entwicklungsrisiko
	Dynamik bzw. Kontinuität technischer Trends			x			x							x			x	4	
	Technisches Risiko				x							x						2	
	Risiko der Entwicklung										x	x	x					3	
	Anzahl der Konkurrenz- und Substitutionstechnologien												x				x	2	
	Anzahl konkurrierender Schutzrechte												x					1	
	Erfolgswahrscheinlichkeit der F&E-Anstrengungen												x					1	
	Zuverlässigkeit der Zeit- und Kostenschätzungen												x					1	
	Gefahr einer wenig zukunftsweisenden Konzeption												x					1	
	Gefahr technologischer Diskontinuität												x					1	
	Gefahr regulatorischer Eingriffe		x															1	
	Langfristige Unterstützung durch OEM																x	1	
	Risiko						x								x		x	3	
	Innovationsspezifische Akzeptanz												x					1	Akzeptanz
	Teilbarkeit und Mitteilbarkeit												x					1	
	Komplexität												x					1	
	Demonstrierbarkeit												x					1	
	Kompatibilität mit anderen angewandten Technologien									x				x				2	
	Imagepotential							x										1	
	Imagewirkung							x										1	
	Umweltverträglichkeit							x						x	x	x		4	
	Ressourceneffizienz											x						1	
	Emissionen							x										1	
	Materialverlust							x								x		2	
	Energieeinsatz				x			x								x		3	
	Hilfsstoffeinsatz							x										1	
	Arbeitssicherheit													x	x	x		3	
	Ergonomie													x				1	
	Motivation													x	x			2	
	Attraktivität der Arbeitsplätze																x	1	

Unternehmensbezogene Dimension (1/2)

Bewertungskriterium	Brose und Corsten (1983, S. 349 ff.)	Cooper et al. (2001, S. 369)	Harris et al. (1983, S. 32 f.)	Kröll (2007, S. 94 ff.)	Krubasik (1982, S. 29 f.)	Metze (2008, S. 337)	Pelzer (1999, S. 56 ff.)	Pfeiffer et al. (1982, S. 85 ff.)	Pfeiffer und Dögl (1997, S. 412 ff.)	Reinhart et al. (2011, S. 180)	Schöning (2006, S. 62 f.)	Specht und Michel (1988, S. 508 ff.)	Vahs und Brem (2013, S. 338 ff.)	VDI 2899 (1996, S. 8)	Westkämper und Warnecke (2010, S. 42)	Wildemann (1987, S. 48 ff.)	Summe	Kriteriencluster
Technisch-qualitativer Beherrschungsgrad									x								1	Beherrschungsgrad
Anwendungsperformance							x										1	
Technische Kompetenz													x				1	
Prozesskosten				x			x			x							3	
Prozessqualität/-sicherheit				x			x						x				3	
Anzahl Patente			x														1	
Humanressourcen-Stärken			x														1	Know-how-Stand
Technologiespezifisches Know-how		x						x				x					3	
Know-how Basis im Vergleich zum Wettbewerb					x												1	
Weiterentwicklungs-Know-how							x										1	
Technologieerfahrung							x										1	
Kontakte zu externen Technologieexperten							x										1	
Anzahl der Technologieexperten							x							x			2	
Know-how der Technologie-experten							x							x			2	
Existentes Know-how	x																1	
Personengebundenes Know-how	x																1	
Patentiertes Know-how	x																1	
Inkorporiertes oder dokumentiertes Know-how	x																1	
Verfügbarkeit von Entwicklungs-Know-how		x											x				2	
Stabilität des Know-how								x									1	
Informationsstand/-qualität														x			1	
Zeitlicher Vorsprung/ Rückstand in der Entwicklung						x						x					2	Zeit-Faktoren
(Re-)Aktionsgeschwindigkeit									x								1	
Führer- /Folgerpotential												x					1	
Zeitliche Entwicklungskapazitäten													x				1	
Schützbarkeit des Know-how												x					1	
Potential bezüglich finanzieller Ressourcen									x								1	Finanzielle Kriterien
Finanzmittel	x																1	
Eigenkapital	x																1	
Fremdkapital	x																1	
Entwicklung und Kosten (des Produkts)			x														1	
Entwicklungskosten				x							x						2	
Technologieausgaben (aktuell und erwartet)			x														1	
relative Kosten für Fortschritt					x												1	
Budgethöhe						x		x									2	
Kontinuität bzw. Sicherheit des Budgets								x									1	

Dimension	Bewertungskriterium	Brose und Corsten (1983, S. 349 ff.)	Cooper et al. (2001, S. 369)	Harris et al. (1983, S. 32 f.)	Kröll (2007, S. 94 ff.)	Krubasik (1982, S. 29 f.)	Metze (2008, S. 337)	Pelzer (1999, S. 56 ff.)	Pfeiffer et al. (1982, S. 85 ff.)	Pfeiffer und Dögl (1997, S. 412 ff.)	Reinhart et al. (2011, S. 180)	Schöning (2006, S. 62 f.)	Specht und Michel (1988, S. 508 ff.)	Vahs und Brem (2013, S. 338 ff.)	VDI 2899 (1996, S. 8)	Westkämper und Warnecke (2010, S. 42)	Wildemann (1987, S. 48 ff.)	Summe	Kriteriencluster
Unternehmensbezogene Dimension (2/2)	Sachmittelpotential							x		x								2	Verfügbarkeit materieller Ressourcen
	Leistungsvermögen				x			x				x		x				4	
	Flexibilität							x										1	
	Automatisierungsgrad				x			x								x		3	
	Verfügbarkeit														x			1	
	Ersatzteile														x			1	
	Apparaturen	x																1	
	Qualität (Modernität & Flexibilität)	x																1	
	Quantität	x																1	
	Potential bezüglich personeller Ressourcen									x								1	Verfügbarkeit personeller Ressourcen
	Qualität der Mitarbeiter	x	x															2	
	Quantität	x	x															2	
	Zusammensetzung	x																1	
	Kompetenzaufbau											x						1	
	Potential bezüglich rechtlicher Ressourcen									x								1	Verfügbarkeit nicht-materieller Ressourcen
	Konsistenz mit Wettbewerbs-strategie		x										x					2	Fit der Technologie im Unternehmens-kontext
	Verfügbarkeit komplementärer Technologien												x					1	
	Synergieeffekte im Unternehmenskontext		x														x	2	
	Erfüllung des Unternehmungsziels	x																1	
	Erfolgswahrscheinlichkeit der F&E-Anstrengungen		x															1	

Anhang X: Fallstudie 1 - Teilergebnisse Modul A1

Fallstudie 1	Kriterienbezeichnung Indikatorenbezeichnung	Gewichtung		Ergebnis	K.O.
C	Potentialattraktivität		100%	6,60	
C1	**Marktattraktivität**	**5**	**20,8%**	**0,81**	
C1.1	Erwartetes Marktwachstum	3	37,5%	*7*	
C1.2	Konkurrenzsituation	5	62,5%		
C1.2.1	Instandhaltungsdienstleister	5	33,3%	*2*	
C1.2.2	Hersteller	5	33,3%	*2*	
C1.2.3	Sonstige (z.B. Ersatzteilhändler)	5	33,3%	*2*	
C2	**Marktgröße**	**5**	**20,8%**	**1,51**	
C2.1	Relative Marktgröße	3	50,0%	*5*	
C2.2	Anwendungsspektrum	3	50,0%		
C2.2.1	Geografische Märkte	3	50,0%	*9*	
C2.2.2	Alternative Anwendungsfelder	3	50,0%	*10*	
C3	**Weiterentwicklungspotential**	**0**	**0%**	**0,00**	
C3.1	Entwicklungsstand	0	0%	*5*	
C3.2	Entwicklungsvorrat	0	0%	*8*	
C4	**Kosteneffekt**	**5**	**20,8%**	**0,63**	
	Kosteneffekt	5	100%	*3*	
C5	**Differenzierungseffekt**	**0**	**0%**	**0,00**	
	Differenzierungseffekt	0	0%	*9*	
C6	**Risiko**	**4**	**16,7%**	**1,67**	
C6.1	Rechtliches Risiko	5	50,0%	*10*	≥7
C6.2	Umfeldrisiko	5	50,0%	*10*	
C7	**Nachhaltigkeit**	**5**	**20,8%**	**1,98**	
C7.1	Ökologische Effekte	0	0%		
C7.1.1	Emissionen	0	0%	*10*	
C7.1.2	Materialverlust	0	0%	*10*	
C7.1.3	Energieeinsatz	0	0%	*4*	
C7.1.4	Hilfsstoffeinsatz	0	0%	*10*	
C7.2	Soziale Effekte	5	100%		
C7.2.1	Gefahrfreie Gestaltung von Arbeitsprozessen	5	50,0%	*10*	≥7
C7.2.2	Schutz der dauerhaften Leistungsbereitschaft der MA	5	50,0%	*9*	≥7
U	Internes Leistungsvermögen		100%	7,05	
U1	**Materielle Ressourcen**	**5**	**23,8%**	**1,67**	
U1.1	Betriebsmittel	3	33,3%		
U1.1.1	Kapazität	5	55,6%	*10*	
U1.1.2	Nutzung des Leistungsspektrums	0	0%	*10*	
U1.1.3	Produktivität	4	44,4%	*10*	
U1.2	Raum/Infrastruktur	3	33,3%	*1*	
U1.3	Ersatzteile/Vormaterial	3	33,3%	*10*	
U2	**Know-how-Stand**	**2**	**9,5%**	**0,74**	
U2.1	Anwendungs- Know-how	4	44,4%	*10*	
U2.2	Weiterentwicklungs- Know-how	5	55,6%	*6*	
U3	**Kapitalbindung**	**4**	**19,0%**	***0,95***	
	Kapitalbindung	4	100%	*5*	
U4	**Operative Konformität**	**5**	**23,8%**	***1,31***	
U4.1	Komplementäre Leistungspotentiale	3	50,0%	*1*	
U4.1	Substitutionspotential	3	50,0%	*10*	
U5	**Strategische Konformität**	**5**	**23,8%**	**2,38**	
U5.1	Rahmenverträge	5	50,0%	*10*	≥7
U5.2	Unternehmensstrategie	5	50,0%	*10*	≥7

Anhang XI: Fallstudie 1 - Sensitivitätsanalyse Modul B1

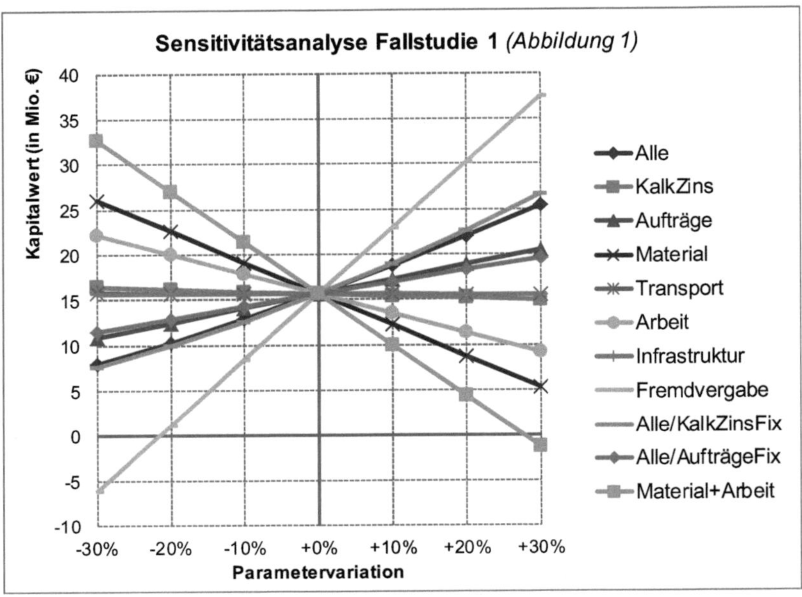

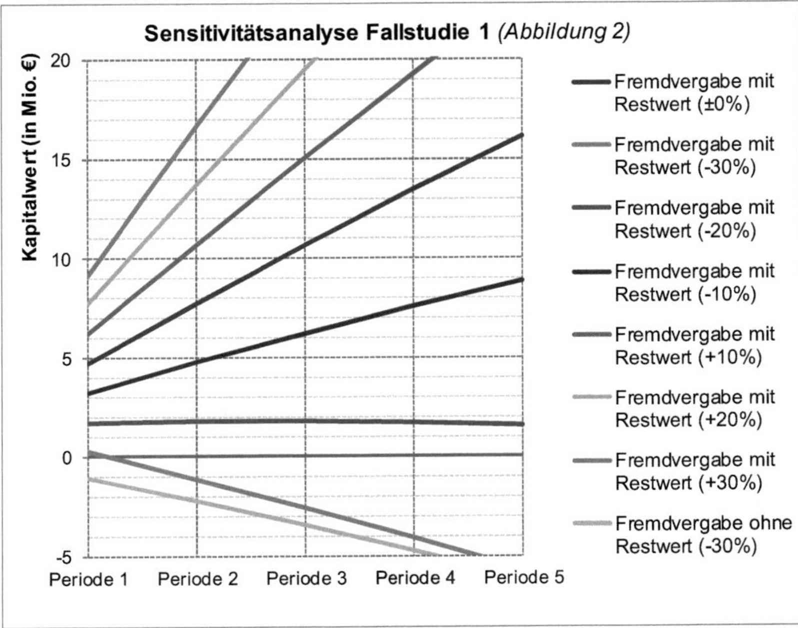

Anhang XII: Fallstudie 2 - Teilergebnisse Modul A2

Fallstudie 2	Kriterienbezeichnung Indikatorenbezeichnung	Gewichtung		Ergebnis	K.O.
C	**Potentialattraktivität**		**100%**	**7,83**	
C1	**Marktattraktivität**	**5**	**15,6%**	**1,35**	
C1.1	Erwartetes Marktwachstum	5	62,5%	*9*	
C1.2	Konkurrenzsituation	3	37,5%		
C1.2.1	Instandhaltungsdienstleister	3	33,3%	*10*	
C1.2.2	Hersteller	3	33,3%	*4*	
C1.2.3	Sonstige (z.B. Ersatzteilhändler)	3	33,3%	*10*	
C2	**Marktgröße**	**5**	**15,6%**	**0,86**	
C2.1	Relative Marktgröße	3	50,0%	*5*	
C2.2	Anwendungsspektrum	3	50,0%		
C2.2.1	Geografische Märkte	5	62,5%	*9*	
C2.2.2	Alternative Anwendungsfelder	3	37,5%	*1*	
C3	**Weiterentwicklungspotential**	2	6,3%	**0,44**	
C3.1	Entwicklungsstand	3	50,0%	*8*	
C3.2	Entwicklungsgeschwindigkeit	3	50,0%	*6*	
C4	**Kostensenkungspotential**	**5**	**15,6%**	**1,30**	
C4.1	Durchlaufzeiten	5	26,3%	*10*	
C4.2	Arbeitskosten	4	21,1%	*7*	
C4.3	Materialkosten	5	26,3%	*8*	
C4.4	Qualitätskosten	5	26,3%	*8*	
C5	**Differenzierungspotential**	**2**	**6,3%**	**0,47**	
C5.1	Differenzierungsmerkmale	5	83,3%		
C5.1.1	Instandhaltungsqualität	5	38,5%	*5*	
C5.1.2	Individualisierung der Leistung	3	23,1%	*8*	
C5.1.3	Dauer der Leistungserstellung	5	38,5%	*10*	
C5.2	Diffusionsneigung	1	16,7%	*7*	
C6	**Risiko**	**3**	**9,4%**	**0,39**	
C6.1	Technologisches Risiko	1	9,1%		
C6.1.1	Technologische Alternativen	1	50,0%	*10*	
C6.1.2	Gefahr technologischer Diskontinuitäten	1	50,0%	*8*	
C6.2	Umfeldrisiko	2	18,2%		
C6.2.1	Konjunkturbedingtes Risiko	1	50,0%	*10*	
C6.2.2	Rechtliches Risiko	1	50,0%	*8*	
C6.3	Aufbauaufwand	3	27,3%		
C6.3.1	Betriebsmittel	1	20,0%	*1*	
C6.3.2	Infrastruktur	1	20,0%	*1*	
C6.3.3	Qualifikation	1	20,0%	*3*	
C6.3.4	Lizenzen	1	20,0%	*8*	
C6.3.5	Zertifizierung	1	20,0%	*1*	
C6.4	Dauer	5	45,5%	*2*	
C7	**Nachhaltigkeit**	**5**	**15,6%**	**1,56**	
C7.1	Ökologische Effekte	0	0%		
C7.1.1	Emissionen	0	0%	*10*	
C7.1.2	Materialverlust	0	0%	*10*	
C7.1.3	Energieeinsatz	0	0%	*10*	
C7.1.4	Hilfsstoffeinsatz	0	0%	*10*	
C7.2	Soziale Effekte	5			
C7.2.1	Gefahrfreie Gestaltung von Arbeitsprozessen	5	50,0%	*10*	≥7
C7.2.2	Schutz der dauerhaften Leistungsbereitschaft der MA	5	50,0%	*10*	≥7
C8	**Zugangsbarrieren**	**5**	**15,6%**	**1,46**	
C8.1	Instandhaltungsrelevante Informationen	5	33,3%	*8*	≥3
C8.2	Zertifizierung	5	33,3%	*10*	≥7
C8.3	Lizenzen/IP	5	33,3%	*10*	≥7

Fallstudie 2	Kriterienbezeichnung Indikatorenbezeichnung	Gewichtung		Ergebnis	K.O.
U	Internes Leistungsvermögen		100%	7,67	
U1	**Materielle Ressourcen**	**5**	**15,2%**	**0,68**	
U1.1	Betriebsmittel	4	30,8%	*1*	
U1.2	Infrastruktur/Raum	4	30,8%	*1*	
U1.3	Ersatzteile/Vormaterial	5	38,5%	*10*	
U2	**Immaterielle Ressourcen**	**5**	**15,2%**	**1,29**	
U2.1	Lizenzkosten	5	50,0%	*9*	≥7
U2.2	Zertifizierungen	5	50,0%	*8*	≥7
U3	**Know-how-Stand**	**3**	**9,1%**	**0,64**	
U3.1	Explizites Know-how	5	50,0%		
U3.1.1	Instandhaltungsrelevante Dokumentation	5	50,0%	*10*	
U3.1.2	Stabilität des Informationszugangs	0	0%	*10*	
U3.1.3	Qualifikation	5	50,0%	*9*	
U3.2	Implizites Know-how	5	50,0%		
U3.2.1	Erfahrungs-Know-how	5	50,0%	3	
U3.2.2	Konzentration des Know-hows	5	50,0%	6	
U4	**Organisationale Fähigkeiten**	**4**	**12,1%**	**1,15**	
U4.1	Interdisziplinarität	5	50,0%	*10*	
U4.2	Organisationale Routinen	5	50,0%	*9*	
U5	**Zeitkriterien**	**1**	**3,0%**	**0,26**	
U5.1	Relativer Entwicklungsstand	3	50,0%	*9*	
U5.2	Reaktionszeit	3	50,0%	*8*	
U6	**Budgetstabilität**	**5**	**15,2%**	**1,52**	
U6	Budgetstabilität	5	100%	*10*	≥7
U7	**Operative Konformität**	**5**	**15,2%**	**0,61**	
U7.1	Komplementarität	3	37,5%	*9*	
U7.2	Substitutionseffekt	5	62,5%	*1*	
U8	**Strategische Konformität**	**5**	**15,2%**	**1,52**	
U8.1	Compliance-Richtlinien	5	50,0%	*10*	≥7
U8.2	Unternehmensstrategie	5	50,0%	*10*	≥7

Anhang XIII: Fallstudie 2 - Sensitivitätsanalyse Modul B2

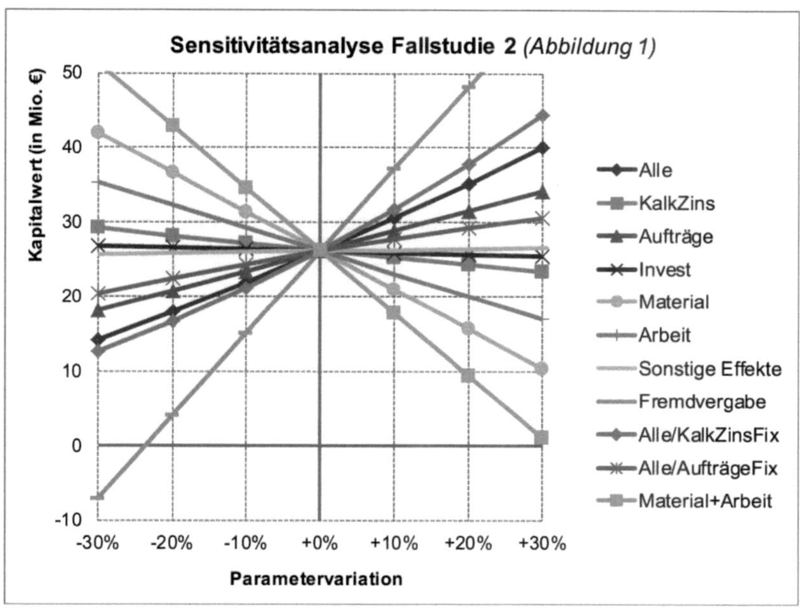

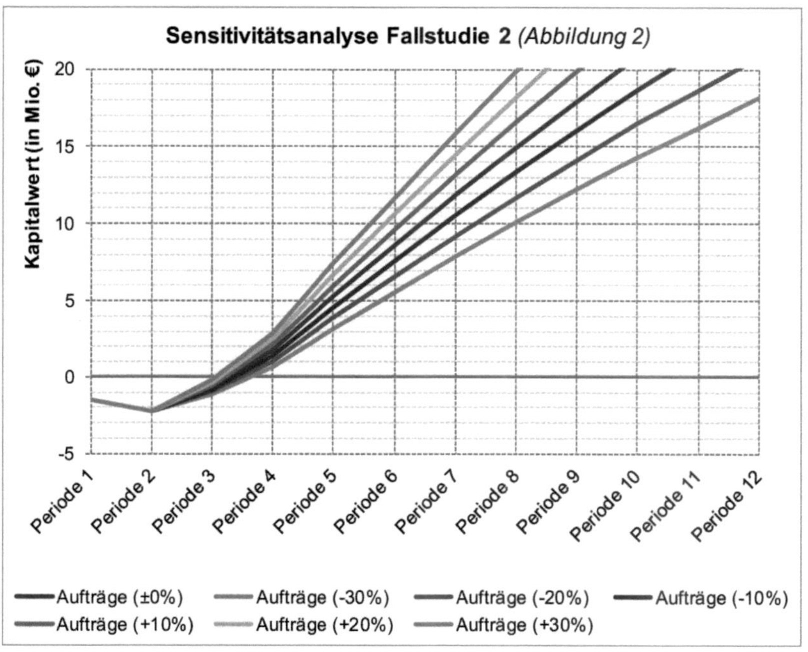

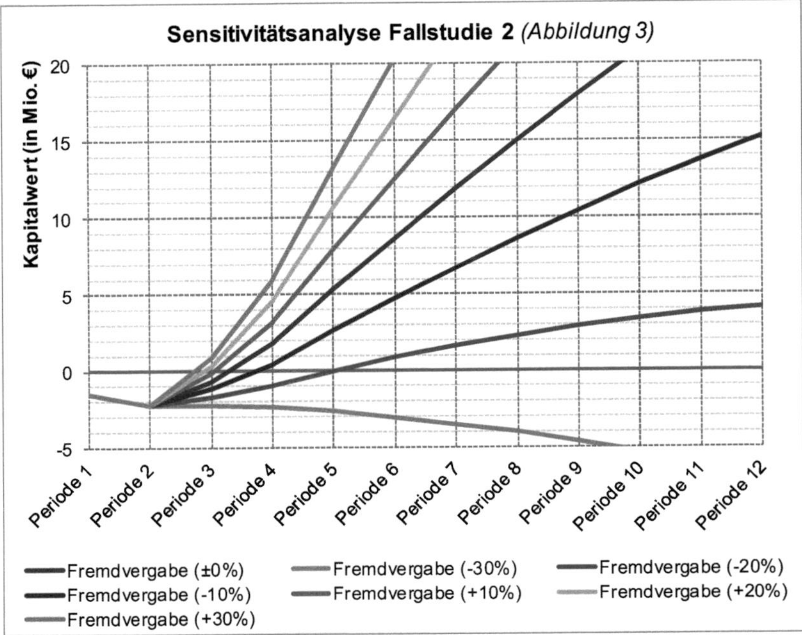
Sensitivitätsanalyse Fallstudie 2 (Abbildung 3)
Kapitalwert (in Mio. €)
20
15
10
5
0
-5
Periode 1
Periode 2
Periode 3
Periode 4
Periode 5
Periode 6
Periode 7
Periode 8
Periode 9
Periode 10
Periode 11
Periode 12
Fremdvergabe (±0%)
Fremdvergabe (-30%)
Fremdvergabe (-20%)
Fremdvergabe (-10%)
Fremdvergabe (+10%)
Fremdvergabe (+20%)
Fremdvergabe (+30%)

Anhang XIV: Fallstudie 3 - Teilergebnisse Modul A2

Fallstudie 3	Kriterienbezeichnung Indikatorenbezeichnung	Gewichtung		Ergebnis	K.O.
C	**Potentialattraktivität**		**100%**	**7,24**	
C1	**Marktattraktivität**	**5**	**15,6%**	**1,13**	
C1.1	Erwartetes Marktwachstum	5	62,5%	*6*	
C1.2	Konkurrenzsituation	3	37,5%		
C1.2.1	Instandhaltungsdienstleister	3	33,3%	*10*	
C1.2.2	Hersteller	3	33,3%	*8*	
C1.2.3	Sonstige (z. B. Ersatzteilhändler)	3	33,3%	*10*	
C2	**Marktgröße**	**5**	**15,6%**	**1,24**	
C2.1	Relative Marktgröße	3	50,0%	*7*	
C2.2	Anwendungsspektrum	3	50,0%		
C2.2.1	Geografische Märkte	5	62,5%	*10*	
C2.2.2	Alternative Anwendungsfelder	3	37,5%	*7*	
C3	**Weiterentwicklungspotential**	2	6,3%	**0,44**	
C3.1	Entwicklungsstand	3	50,0%	*9*	
C3.2	Entwicklungsgeschwindigkeit	3	50,0%	*5*	
C4	**Kostensenkungspotential**	**5**	**15,6%**	**1,06**	
C4.1	Durchlaufzeiten	5	26,3%	*9*	
C4.2	Arbeitskosten	4	21,1%	*6*	
C4.3	Materialkosten	5	26,3%	*7*	
C4.4	Qualitätskosten	5	26,3%	*5*	
C5	**Differenzierungspotential**	**2**	**6,3%**	**0,50**	
C5.1	Differenzierungsmerkmale	5	83,3%		
C5.1.1	Instandhaltungsqualität	5	38,5%	*7*	
C5.1.2	Individualisierung der Leistung	3	23,1%	*9*	
C5.1.3	Dauer der Leistungserstellung	5	38,5%	*8*	
C5.2	Diffusionsneigung	1	16,7%	*9*	
C6	**Risiko**	**3**	**9,4%**	**0,42**	
C6.1	Technologisches Risiko	1	9,1%		
C6.1.1	Technologische Alternativen	1	50,0%	*3*	
C6.1.2	Gefahr technologischer Diskontinuitäten	1	50,0%	*6*	
C6.2	Umfeldrisiko	2	18,2%		
C6.2.1	Konjunkturbedingtes Risiko	1	50,0%	*10*	
C6.2.2	Rechtliches Risiko	1	50,0%	*10*	
C6.3	Aufbauaufwand	3	27,3%		
C6.3.1	Betriebsmittel	1	20,0%	*2*	
C6.3.2	Infrastruktur	1	20,0%	*4*	
C6.3.3	Qualifikation	1	20,0%	*7*	
C6.3.4	Lizenzen	1	20,0%	*10*	
C6.3.5	Zertifizierung	1	20,0%	*10*	
C6.4	Dauer	5	45,5%	*1*	
C7	**Nachhaltigkeit**	**5**	**15,6%**	**1,56**	
C7.1	Ökologische Effekte	0	0%		
C7.1.1	Emissionen	0	0%	*10*	
C7.1.2	Materialverlust	0	0%	*10*	
C7.1.3	Energieeinsatz	0	0%	*10*	
C7.1.4	Hilfsstoffeinsatz	0	0%	*10*	
C7.2	Soziale Effekte	5	100%		
C7.2.1	Gefahrfreie Gestaltung von Arbeitsprozessen	5	50,0%	*10*	≥7
C7.2.2	Schutz der dauerhaften Leistungsbereitschaft der MA	5	50,0%	*10*	≥7
C8	**Zugangsbarrieren**	**5**	**15,6%**	**0,89**	
C8.1	Instandhaltungsrelevante Informationen	5	33,3%	*3*	≥3
C8.2	Zertifizierung	5	33,3%	*10*	
C8.3	Lizenzen/IP	5	33,3%	*4*	

Fallstudie 3	Kriterienbezeichnung Indikatorenbezeichnung	Gewichtung		Ergebnis	K.O.
U	**Internes Leistungsvermögen**		**100%**	**7,42**	
U1	**Materielle Ressourcen**	5	15,2%	0,82	
U1.1	Betriebsmittel	4	30,8%	*1*	
U1.2	Infrastruktur/Raum	4	30,8%	*4*	
U1.3	Ersatzteile/Vormaterial	5	38,5%	*10*	
U2	**Immaterielle Ressourcen**	**5**	**15,2%**	**1,36**	
U2.1	Lizenzkosten	5	50,0%	*8*	≥7
U2.2	Zertifizierungen	5	50,0%	*10*	≥7
U3	**Know-how-Stand**	**3**	**9,1%**	**0,43**	
U3.1	Explizites Know-how	5	50,0%		
U3.1.1	Instandhaltungsrelevante Dokumentation	5	50,0%	*1*	
U3.1.2	Stabilität des Informationszugangs	0	0%	*10*	
U3.1.3	Qualifikation	5	50,0%	*10*	
U3.2	Implizites Know-how	5	50,0%		
U3.2.1	Erfahrungs-Know-how	5	50,0%	4	
U3.2.2	Konzentration des Know-hows	5	50,0%	4	
U4	**Organisationale Fähigkeiten**	**4**	**12,1%**	**1,21**	
U4.1	Interdisziplinarität	5	50,0%	*10*	
U4.2	Organisationale Routinen	5	50,0%	*10*	
U5	**Zeitkriterien**	**1**	**3,0%**	**0,24**	
U5.1	Relativer Entwicklungsstand	3	50,0%	7	
U5.2	Reaktionszeit	3	50,0%	9	
U6	**Budgetstabilität**	**5**	**15,2%**	**1,52**	
U6	Budgetstabilität	5		*10*	≥7
U7	**Operative Konformität**	**5**	**15,2%**	**0,32**	
U7.1	Komplementarität	3	37,5%	*4*	
U7.2	Substitutionseffekt	5	62,5%	*1*	
U8	**Strategische Konformität**	**5**	**15,2%**	**1,52**	
U8.1	Compliance-Richtlinien	5	50,0%	*10*	
U8.2	Unternehmensstrategie	5	50,0%	*10*	≥7

Anhang XV: Fallstudie 3 - Sensitivitätsanalyse Modul B2

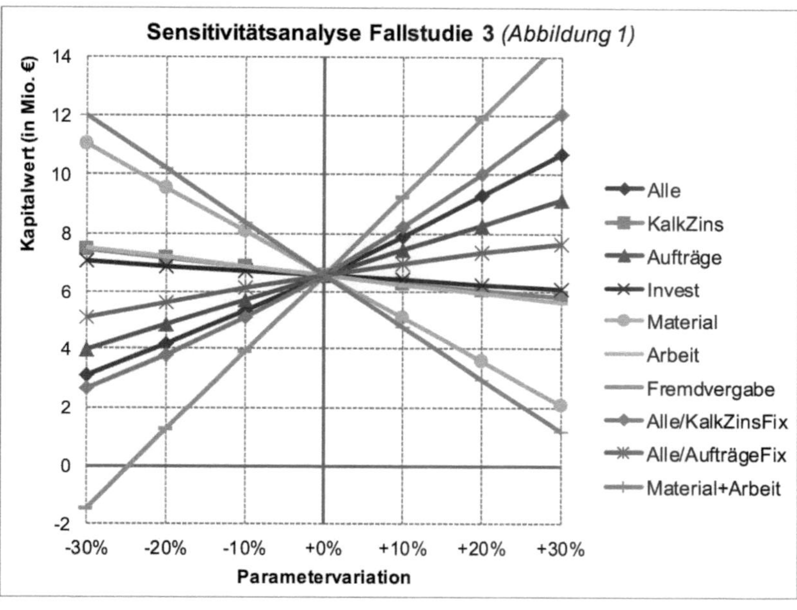

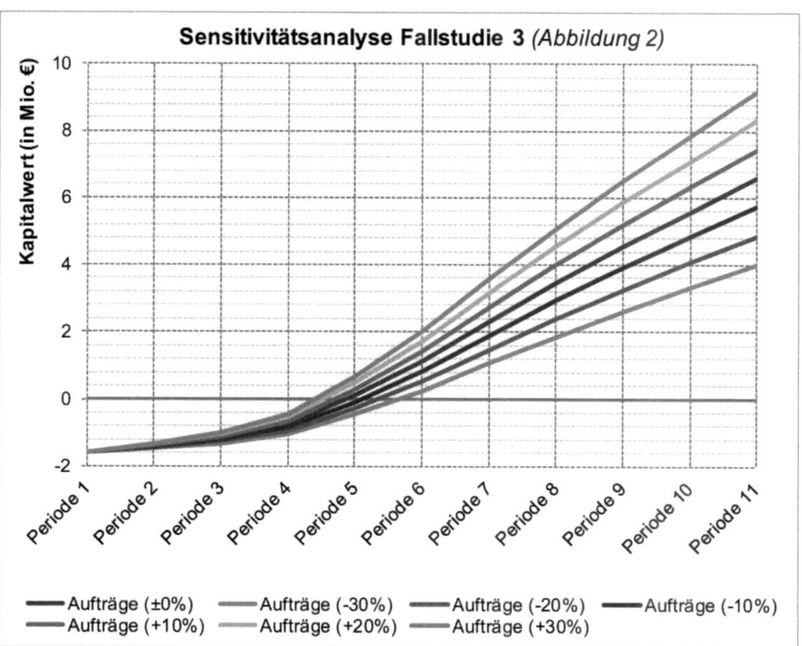

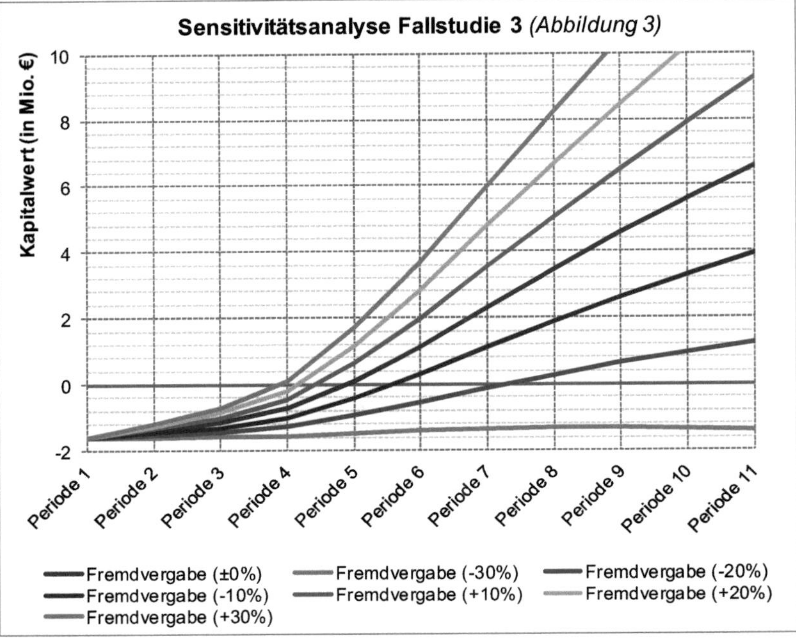
Sensitivitätsanalyse Fallstudie 3 (Abbildung 3)
Kapitalwert (in Mio. €)
10
8
6
4
2
0
-2
Periode 1
Periode 2
Periode 3
Periode 4
Periode 5
Periode 6
Periode 7
Periode 8
Periode 9
Periode 10
Periode 11
Fremdvergabe (±0%)
Fremdvergabe (-30%)
Fremdvergabe (-20%)
Fremdvergabe (-10%)
Fremdvergabe (+10%)
Fremdvergabe (+20%)
Fremdvergabe (+30%)

LITERATURVERZEICHNIS

Al-kaabi, H.; Potter, A.; Naim, M. (2007): *An outsourcing decision model for airlines' MRO activities.* In: *Journal of Quality in Maintenance Engineering*, Vol. 13, No. 3, pp. 217–227.

Alcalde Rasch, A. (2000): *Erfolgspotential Instandhaltung: theoretische Untersuchung und Entwurf eines ganzheitlichen Instandhaltungsmanagements.* Berlin: Erich Schmidt Verlag.

Alfares, H. K. (1999): *Aircraft maintenance workforce scheduling: A case study.* In: *Journal of Quality in Maintenance Engineering*, Vol. 5, No. 2, pp. 78-88.

Amit, R.; Shoemaker, P. J. (1993): *Strategic assets and organizational rent.* In: *Strategic Management Journal*, Vol. 14, No. 1, pp. 33-46.

Andreas, D.; Reichle, W. (1988): *Selbst fertigen oder kaufen?: Strategische Überlegungen ; Rechen- und Entscheidungsschema.* 3. Auflage, Frankfurt a.M.: Maschinenbau-Verlag.

Andrich, B.; Kirschfink, F. J.; Sachs, H.; Peitz, C.; Rübbelke, R. (2012): *Markt- und Wettbewerbsstrategien für das MRO-Geschäft der zivilen Luftfahrtindustrie.* In: *Gausemeier, J. (Hrsg.): Vorausschau und Technologieplanung - 8. Symposium für Vorausschau und Technologieplanung*, Paderborn: HNI-Verlagsschriftenreihe, S. 471–489.

Ansoff, H. I. (1987): *Strategic management of technology.* In: *Journal of Business Strategy*, Vol. 7, No. 3, pp. 28-39.

Arthur D. Little International (1988): *Innovation als Führungsaufgabe.* Frankfurt a.M., New York: Campus-Verlag.

Assenmacher, W. (2010): *Deskriptive Statistik.* 4. Auflage, Berlin: Springer.

Auch, M.; Bullinger, H. J. (1985): *Menschengerechte Arbeitsplätze sind wirtschaftlich - Wirtschaftlichkeitsvergleich und Arbeitssystemwertermittlung.* Stuttgart (u.a.): Schriftenreihe Wirtschaftlichkeitsrechnung.

Bain, J. S. (1956): *Barriers to new competition, their character and consequences in manufacturing industries.* Cambridge, MA: Harvard University Press.

Bamberger, I.; Wrona, T. (1996): *Der Ressourcenansatz im Rahmen des strategischen Managements.* In: *Wirtschaftswissenschaftliches Studium : WiSt - Zeitschrift für Studium und Forschung*, Jg. 25, Nr. 8, S. 386–391.

Bamberg, G.; Coenenberg, A. G.; Krapp, M. (2012): *Betriebswirtschaftliche Entscheidungslehre.* 15. Auflage, München: Vahlen.

Barney, J. (1991): *Firm Resources and Sustained Competitive Advantage.* In: *Journal of Management*, Vol. 17, No. 1, pp. 99–120.

Bartussek, S. (2013): *Konzeptionelle Überlegungen zur Erbringung produktbegleitender Dienstleistungen: make, buy or cooperate?*. Berlin: Wissenschaftlicher Verlag.

Baumbach, M. (1998): *After-Sales-Management im Maschinen- und Anlagenbau*. Regensburg: Transfer Verlag.

Bea, F. X.; Haas, J. (2009): *Strategisches Management*. 5. Auflage, Stuttgart: Lucius & Lucius.

Behrbohm, P. (1985): *Vier-Ebenen-Modell der Wirtschaftlichkeitsbeurteilung*. Eschborn: RKW.

Benölken, H.; Greipel, P. (1990): *Dienstleistungsmanagement: Service als strategische Erfolgsposition*. Wiesbaden: Gabler.

Berekoven, L. (1974): *Der Dienstleistungsbetrieb: Wesen - Struktur - Bedeutung*. Wiesbaden: Gabler.

Berlien, O. (1993): *Controlling von Make-or-Buy: Konzepte und Möglichkeiten der strategischen Unternehmensführung*. Ludwigsburg: Verlag Wissenschaft & Praxis.

Biedermann, H. (2008): *Ersatzteilmanagement: effiziente Ersatzteillogistik für Industrieunternehmen*. 2. Auflage, Berlin: Springer.

Binder, V. A.; Kantowsky, J. (1996): *Technologiepotentiale: Neuausrichtung der Gestaltungsfelder des strategischen Technologiemanagements*. Wiesbaden: Deutscher Universitäts-Verlag.

Bloß, C. (1995): *Organisation der Instandhaltung*. Wiesbaden: Deutscher Universitäts-Verlag.

BMW (2012): *Ersatzteilhändler reichen Beschwerde gegen BMW ein*. URL: http://www.handelsblatt.com/unternehmen/handel-dienstleister/vorwurf-der-behinderung-ersatzteilhaendler-reichen-beschwerde-gegen-bmw-ein/6092868.html, zuletzt abgerufen am: 20.05.2014, Düsseldorf: Handelsblatt Verlagsgesellschaft.

Boehm, B. (1979): *Guidelines for Verifying and Validating Software Requirements and Design Specifications*. In: *Proceedings Euro IFIP 1979*, pp. 711-719.

Boeing (2012): *Integrated Services GoldCare*. Marketing Brochure, URL: http://www.boeing.com/assets/pdf/commercial/aviationservices/brochures/GoldCare.pdf, zuletzt abgerufen am 14.10.2013, Seattle, WA: Boeing Commercial Airplanes.

Book, M.; Ellul, E.; Ernst, C.; u. a. (2012): *The European Automotive Aftermarket Landscape - Customer Perspective, Market Dynamics and the Outlook to 2020*. Marktstudie, Toronto (u.a.): The Boston Consulting Group.

Borchardt, A.; Göthlich, S. E. (2007): *Erkenntnisgewinnung durch Fallstudien.* In: *Albers, S.; Klapper, D.; Konradt, U.; Walter, A.; Wolf, J. (Hrsg.): Methodik der empirischen Forschung*, 2. Auflage, Wiesbaden: GWV Fachverlage GmbH, S. 1–16.

Bortz, J.; Döring, N. (2006): *Forschungsmethoden und Evaluation: für Human- und Sozialwissenschaftler.* 4. Auflage, Heidelberg: Springer-Medizin-Verlag.

Bortz, J.; Döring, N. (2009): *Forschungsmethoden und Evaluation: für Human- und Sozialwissenschaftler.* 4. Auflage (Nachdruck), Heidelberg: Springer-Medizin-Verlag.

Brauchlin, E.; Heene, R. (1995): *Problemlösungs- und Entscheidungsmethodik: eine Einführung.* 4. Auflage, Bern: Haupt.

Brealey, R. A.; Myers, S. C.; Allen, F. (2006): *Corporate finance.* 8th edition, Boston (u.a.): McGraw-Hill.

Brockhoff, K. (1999): *Forschung und Entwicklung: Planung und Kontrolle.* 5. Auflage, München (u.a.): Oldenbourg.

Brose, P.; Corsten, H. (1983): *Technologie-Portfolio als Grundlage von Innovations- und Wettbewerbsstrategien.* In: *Jahrbuch der Absatz- und Verbrauchsforschung*, Jg. 29, Nr. 4, S. 344-369.

Brumby, L. (2010): *Modelle strukturellen Wissens für industrielle Dienstleistungen.* Aachen: Shaker.

Bullinger, H.-J. (1994): *Einführung in das Technologiemanagement: Modelle, Methoden, Praxisbeispiele.* Wiesbaden: Vieweg Teubner Verlag.

Bullinger, H.-J. (1999): *Technologiemanagement.* In: *Eversheim, W.; Schuh, G. (Hrsg.): Integriertes Management*, Berlin (u.a.): Springer, S. 26-54.

Bullinger, H.-J.; Scheer, A.-W. (2006): *Service engineering: Entwicklung und Gestaltung innovativer Dienstleistungen.* 2. Auflage, Berlin: Springer.

Burr, W. (2002): *Service-Engineering bei technischen Dienstleistungen: eine ökonomische Analyse der Modularisierung, Leistungstiefengestaltung und Systembündelung.* 1. Auflage, Wiesbaden: Deutscher Universitäts-Verlag.

Burr, W.; Stephan, M. (2006): *Dienstleistungsmanagement: innovative Wertschöpfungskonzepte im Dienstleistungssektor.* Stuttgart: Kohlhammer.

Burr, W. (2008): *Zur Anwendung des resource based view of the firm auf Dienstleistungsunternehmen: Versuch einer Präzisierung des resource based view.* In: *Eisenkopf, A.; Opitz, C.; Proff, H. (Hrsg.): Strategisches Kompetenz-Management in der Betriebswirtschaftslehre: eine Standortbestimmung*, 1. Auflage, Wiesbaden: Gabler, S. 183-194.

Busse, D. (2005): *Innovationsmanagement industrieller Dienstleistungen - Theoretische Grundlagen und praktische Gestaltungsmöglichkeiten.* Wiesbaden: Deutscher Universitäts-Verlag.

Butz, H. (2007): *The Airbus approach to open Integrated Modular Avionics (IMA): technology, functions, industrial processes and future development road map.* In: *International Workshop on Aircraft System Technologies*, Hamburg, S. 1–11.

Camp, R. C. (2007): *Benchmarking: the search for industry best practices that lead to superior performance.* University Park, IL: Productivity Press.

Carter, C. R.; Rogers, D. S. (2008): *A framework of sustainable supply chain management: moving toward new theory.* In: *International Journal of Physical Distribution & Logistics Management*, Vol. 38, No. 5, pp. 360–387.

Casagranda, M. (1994): *Industrielles Service-Management: Grundlagen - Instrumente - Perspektiven.* Wiesbaden: Gabler.

Chmielewicz, K. (1994): *Forschungskonzeptionen der Wirtschaftswissenschaft.* 3. Auflage, Stuttgart: Schäffer-Pöschel.

Clark, P. (2007): *Buying the big jets: fleet planning for airlines.* 2nd edition, Aldershot: Ashgate.

Cooper, R.; Kaplan, R. S. (1991): *Profit Priorities from Activity-Based Costing.* In: *Harvard Business Review*, Vol. 69, No. 3, pp. 130-135.

Cooper, R.; Edgett, S.; Kleinschmidt, E. (2001): *Portfolio management for new product development: results of an industry practices study.* In: *R&D Management*, Vol. 31, No. 4, pp. 361–380.

Cooper, R. (2003): *Maximizing the value of your new product portfolio: methods, metrics & scorecards.* In: *SATM - Stevens Alliance for Technology Management*, Vol. 7, No. 1, pp. 1-7.

Copeland, T.; Antikarov, V. (2002): *Realoptionen: das Handbuch für Finanz-Praktiker.* Weinheim: Wiley.

Corsten, H. (1984): *Zum Problem der Mehrstufigkeit in der Dienstleistungsproduktion.* In: *Jahrbuch der Absatz- und Verbrauchsforschung*, Jg. 30, Nr. 3, S. 253-272.

Corsten, H.; Gössinger, R. (2007): *Dienstleistungsmanagement.* München: Oldenbourg.

Däumler, K.-D.; Grabe, J. (2003): *Grundlagen der Investitions- und Wirtschaftlichkeitsrechnung.* 11. Auflage, Herne: Verlag Neue Wirtschafts-Briefe.

Day, G. S. (1994): *The Capabilities of Market-Driven Organizations.* In: *Journal of Marketing*, Vol. 58, No. 4, pp. 37-52.

Destatis (2013): *Inlandsproduktsberechnung, Lange Reihen ab 1970.* In: *Statistisches Bundesamt (Hrsg.): Volkswirtschaftliche Gesamtrechnungen 2012*, Fachserie 18, Reihe 1.5, Wiesbaden.

Dierickx, I.; Cool, K. (1989): *Asset Stock Accumulation and Sustainability of Competitive Advantage.* In: *Management Science*, Vol. 35, No. 12, pp. 1504–1511.

Edvinsson, L.; Malone, M. S. (1997): *Intellectual capital: realizing your company's true value by finding its hidden brainpower.* 1st edition, New York, NY: Harper Business.

Ehrlenspiel, K.; Kiewert, A.; Lindemann, U.; Mörtl, M. (2014): *Kostengünstig Entwickeln und Konstruieren: Kostenmanagement bei der integrierten Produktentwicklung.* 7. Auflage, Berlin, Heidelberg: Springer.

Eick, C.; Reichel, J.; Schmidt, P. (2011): *Instandhaltung des Kapitalstocks in Deutschland - Rolle und volkswirtschaftliche Bedeutung.* Fokus Instandhaltung/Frankfurt School of Finance & Management.

Eisenführ, F.; Weber, M.; Langer, T. (2010): *Rationales Entscheiden.* 5. Auflage, Berlin: Springer.

Eisenhardt, K. M.; Martin, J. A. (2000): *Dynamic capabilities: what are they?.* In: *Strategic Management Journal*, Vol. 21, No. 10-11, pp. 1105–1121.

Ellram, L. M. (1995): *Total cost of ownership: an analysis approach for purchasing.* In: *International Journal of Physical Distribution & Logistics Management*, Vol. 25, No. 8, pp. 4–23.

Engelhardt, W.; Kleinaltenkamp, M.; Reckenfelderbäumer, M. (1993): *Leistungsbündel als Absatzobjekte: ein Ansatz zur Überwindung der Dichotomie von Sach- und Dienstleistungen.* In: *Schmalenbachs Zeitschrift für betriebswirtschaftliche Forschung*, Jg. 45, Nr. 5, S. 395-426.

Engelhardt, W.; Reckenfelderbäumer, M. (2006): *Industrielles Service-Management.* In: *Kleinaltenkamp, M. (Hrsg.): Markt- und Produktmanagement: die Instrumente des Business-to-Business-Marketing*, 2. Auflage, Wiesbaden: Gabler, S. 209-318.

Engmann, K. (2013): *Technologie des Flugzeuges.* 6. Auflage, Würzburg: Vogel.

Ewald, A. (1989): *Organisation des Strategischen Technologie-Managements: Stufenkonzept zur Implementierung einer integrierten Technologie- und Marktplanung.* Berlin: E. Schmidt.

Ford, D.; Ryan, C. (1981): *Taking technology to market.* In: *Harvard Business Review*, Vol. 59, No. 2, pp. 117-126.

Forschner, G. (1989): *Investitionsgüter-Marketing mit funktionellen Dienstleistungen: die Gestaltung immaterieller Produktbestandteile im Leistungsangebot industrieller Unternehmen.* Berlin: Duncker & Humblot.

Forster, C. (2013): *Referenzmodell zur Gestaltung der Serviceorganisation in Unternehmen der Raumfahrtbranche zum Betrieb bemannter Raumfahrtsysteme.* Stuttgart: Fraunhofer-Verlag.

Freiling, J. (2004): *Competence-Based View der Unternehmung.* In: *Die Unternehmung : Swiss journal of business research and practice ; Organ der Schweizerischen Gesellschaft für Betriebswirtschaft (SGB)*, Jg. 58, Nr. 1, S. 5–25.

Freiling, J., Gersch, M.; Goeke, C. (2006): *Eine "Competence-based Theory of the Firm" als marktprozesstheoretischer Ansatz: erste disziplinäre Basisentscheidungen eines evolutorischen Forschungsprogramms.* In: *Schreyögg, G.; Conrad, P. (Hrsg.): Management von Kompetenz*, 1. Auflage, Wiesbaden: Gabler, S. 37-82.

Freiling, J. (2009): *Resource-based view und ökonomische Theorie: Grundlagen und Positionierung des Ressourcenansatzes.* 1. Auflage, Wiesbaden: Gabler.

Freund, C. (2010): *Die Instandhaltung im Wandel.* In: *Schenk, M. (Hrsg.): Instandhaltung technischer Systeme : Methoden und Werkzeuge zur Gewährleistung eines sicheren und wirtschaftlichen Anlagenbetriebs*, 1. Auflage, Berlin, Heidelberg: Springer, S. 1–22.

Fröhner, K.-D.; Boothby, S.; Schulze, T. (2002): *Bilanzierung von Verfahren der erweiterten Wirtschaftlichkeit für die betriebliche Praxis.* Bremerhaven: Wirtschaftsverlag NW.

Frowein, B.; Lang, N.; Schmieg, F.; Sticher, G. (2014): *Returning to Growth: A Look at the European Automotive Aftermarket.* Marktstudie, Berlin München: The Boston Consulting Group.

Garbe, B. (1998): *Industrielle Dienstleistungen: Einfluß- und Erfolgsfaktoren.* Wiesbaden: Gabler.

Garside, R.; Pighetti, F. (2009): *Integrating modular avionics: A new role emerges.* In: *IEEE Aerospace and Electronic Systems Magazine*, Vol. 24, No. 3, pp. 31–34.

Gassmann, O. (1999): *Praxisnähe mit Fallstudienforschung.* In: *Wissenschaftsmanagement*, Jg. 5, Nr. 3, S. 11-16.

Gassner, S. (2013): *Instandhaltungsdienstleistungen in Produktionsnetzwerken: Mehrzielentscheidung zwischen Make, Buy, Concurrent Sourcing und Cooperate.* Wiesbaden: Springer Gabler.

Gebauer, H. (2004): *Die Transformation vom Produzenten zum produzierenden Dienstleister.* Dissertation, Universität St. Gallen.

Gerpott, T. J. (2005): *Strategisches Technologie- und Innovationsmanagement.* 2. Auflage, Stuttgart: Schäffer-Poeschel.

Gläser, J.; Laudel, G. (2010): *Experteninterviews und qualitative Inhaltsanalyse als Instrumente rekonstruierender Untersuchungen.* 4. Auflage, Wiesbaden: VS.

Glenn, P. A. (2011): *Strategisches Management industrieller Dienstleistungen aus systemdynamischer Sicht.* 1. Auflage, Göttingen: Sierke.

Gollnick, V. (2012): *The Evolution of Aeronautical Research - from Principles to Operations.* Vortragsdokumentation, *AirTec - 7th International Conference „Supply on the Wings“*, Frankfurt.

Götze, U. (2008): *Investitionsrechnung: Modelle und Analysen zur Beurteilung von Investitionsvorhaben.* 6. Auflage, Berlin, Heidelberg: Springer.

Grant, R. M. (1991): *The Resource-Based Theory of Competitive Advantage: Implications for Strategy Formulation.* In: *California Management Review*, Vol. 33, No. 3, pp. 114–135.

Grant, R. M. (1996): *Toward a knowledge-based theory of the firm.* In: *Strategic Management Journal*, Vol. 17, No. S2, pp. 109-122.

Grant, R. M.; Nippa, M. (2006): *Strategisches Management : Analyse, Entwicklung und Implementierung von Unternehmensstrategien.* 5. Auflage, München: Pearson.

Graßy, O. (1993): *Industrielle Dienstleistungen: Diversifikationspotentiale für Industrieunternehmen.* München: FGM-Verlag.

Grosse Kleimann, P.; Posdorf, D.; Brenner, A.; u. a. (2013): *Masskonfektion im Aftersales - Servicedifferenzierung entlang der Kundenwünsche.* Marktstudie, München: Roland Berger Strategy Consultants.

Guide, V. D. R.; Srivastava, R.; Kraus, M. E. (2000): *Priority scheduling policies for repair shops.* In: *International Journal of Production Research*, Vol. 38, No. 4, pp. 929-950.

Gutsche, K. (2010): *Integrierte Bewertung von Investitions- und Instandhaltungsstrategien für die Bahnsicherungstechnik.* Braunschweig: Berichte aus dem DLR-Institut für Verkehrssystemtechnik.

Haag, C.; Schuh, G.; Kreysa, J.; Schmelter, K. (2011): *Technologiebewertung.* In: *Schuh, G.; Klappert, S. (Hrsg.): Technologiemanagement - Handbuch Produktion und Management 2*, 2. Auflage, Berlin, Heidelberg: Springer, S. 309–366.

Hahn, D. (2006): *Zweck und Entwicklung der Portfolio-Konzepte in der strategischen Unternehmensplanung.* In: *Hahn, D.; Taylor, B. (Hrsg.): Strategische Unternehmungsplanung - strategische Unternehmungsführung: Stand und Entwicklungstendenzen*, Berlin: Springer, S. 215–248.

Haller, M. (1999): *Bewertung der Flexibilität automatisierter Materialflußsysteme der variantenreichen Großserienproduktion.* München: Utz.

Haller, S. (2012): *Dienstleistungsmanagement: Grundlagen - Konzepte - Instrumente.* 5. Auflage, Wiesbaden: Springer Gabler.

Hall, R. (1993): *A framework linking intangible resources and capabilities to sustainable competitive advantage.* In: *Strategic Management Journal*, Vol. 14, No. 8, pp. 607–618.

Hamel, G.; Prahalad, C. K. (1994): *Competing for the future.* Boston, MA: Harvard Business School Press.

Hares, J. S.; Royle, D. (1994): *Measuring the value of information technology.* Chichester (u.a.): Wiley.

Harris, J. M.; Shaw, R.; Sommers, W. (1983): *The strategic management of technology.* In: *Planning Review*, Vol. 11, No. 1, pp. 28-35.

Heesen, B. (2012): *Investitionsrechnung für Praktiker: Fallorientierte Darstellung der Verfahren und Berechnungen.* 2. Auflage, Wiesbaden: Gabler.

Helfat, C. E.; Peteraf, M.A. (2003): *The dynamic resource-based view: capability lifecycles.* In: *Strategic Management Journal*, Vol. 24, No. 10, pp. 997–1010.

Helfat, C. E.; Finkelstein, S.; Mitchell, W.; Peteraf, M. A.; Singh, H.; Teece, D. J.; Winter, S. G. (2007): *Dynamic capabilities. Understanding Strategic Change in Organizations.* Malden, MA (u.a.): Blackwell.

Hentschel, B. (1992): *Dienstleistungsqualität aus Kundensicht: vom merkmals- zum ereignisorientierten Ansatz.* Wiesbaden: Deutscher Universitäts-Verlag.

Hilke, W. (1984): *Dienstleistungs-Marketing aus der Sicht der Wissenschaft.* Diskussionsbeiträge, Freiburg: Betriebswirtschaftliches Seminar der Universität Freiburg im Breisgau.

Hilke, W. (1989): *Dienstleistungs-Marketing: Banken und Versicherungen - freie Berufe - Handel und Transport - nicht-erwerbswirtschaftlich orientierte Organisationen.* Wiesbaden: Gabler.

Hinsch, M. (2010): *Industrielles Luftfahrtmanagement : Technik und Organisation lufttahrttechnischer Betriebe.* Berlin (u.a.): Springer.

Hinterhuber, H. (2011): *Strategische Unternehmensführung - I. Strategisches Denken.* 8. Auflage, Berlin: Erich Schmidt Verlag.

Hoeck, H. (2005): *Produktlebenszyklusorientierte Planung und Kontrolle industrieller Dienstleistungen im Maschinenbau.* Aachen: Shaker.

Hoffmeister, W. (2008): *Investitionsrechnung und Nutzwertanalyse: eine entscheidungsorientierte Darstellung mit vielen Beispielen und Übungen.* 2. Auflage, Berlin: BWV.

Homburg, C.; Garbe, B. (1996a): *Industrielle Dienstleistungen - lukrativ, aber schwer zu meistern.* In: *Harvard-Business-Manager*, Jg. 18, Nr. 1, S. 68-75.

Homburg, C.; Garbe, B. (1996b): *Industrielle Dienstleistungen: Bestandsaufnahme und Entwicklungsrichtungen.* In: *Zeitschrift für Betriebswirtschaft*, Jg. 66, Nr. 3, S. 253-282.

Hommel, U.; Pritsch, G. (1999): *Marktorientierte Investitionsbewertung mit dem Realoptionsansatz: Ein Implementierungsleitfaden für die Praxis.* In: *Finanzmarkt und Portfolio Management*, Jg. 13, Nr. 2, S. 121-144.

Horn, W. (2009): *Dienstleistung Instandhaltung*. In: *Reichel, J.; Müller, G.; Mandelartz, J. (Hrsg.): Betriebliche Instandhaltung*, Berlin (u.a.): Springer, S. 253–269.

Horsch, J. (2010): *Kostenrechnung: Klassische und neue Methoden in der Unternehmenspraxis*. Wiesbaden: Gabler.

Horváth, P. (1993): *Target Costing: marktorientierte Zielkosten in der deutschen Praxis*. Stuttgart: Schäffer-Poeschel.

Irle, C. (2011): *Rationalität von Make-or-buy-Entscheidungen in der Produktion*. Wiesbaden: Gabler.

Itami, H.; Roehl, T. (1987): *Mobilizing Invisible Assets*. Cambridge, MA: Harvard University Press.

Javidan, M. (1998): *Core competence: What does it mean in practice?*. In: *Long Range Planning*, Vol. 31, No. 1, pp. 60-71.

Jolly, D. (2003): *The issue of weightings in technology portfolio management*. In: *Technovation*, Vol. 23, No. 5, pp. 383-391.

Kalaitzis, D.; Kneip, H. (1997): *Outsourcing in der Instandhaltung*. Köln: Verlag TÜV Rheinland.

Kersten, W.; Klotzbach, M.; Petersen, M. (2013a): *Entwicklung zukunftsfähiger Make-or-Buy-Strukturen für technische Servicebetriebe*. In: *Gausemeier, J. (Hrsg.): Vorausschau und Technologieplanung*, Berlin: Heinz Nixdorf Institut Paderborn (HNI-Verlagsschriftenreihe), S. 219–240.

Kersten, W.; Klotzbach, M.; Petersen, M. (2013b): *Steuerung strategischer Leistungspotentiale in technischen Dienstleistungsunternehmen*. In: *Biedermann, H. (Hrsg.): Corporate Capability Management - Wie wird kollektive Intelligenz im Unternehmen genutzt?,* Berlin: GITO mbH Verlag, S. 51–75.

Kersten, W.; Klotzbach, M.; Petersen, M. (2014): *Kennzahlen-basierte Entwicklung exzellenter Prozessstrukturen für technische Instandhaltungsbetriebe*. In: *Gössinger, R.; Zäpfel, G. (Hrsg.): Management integrativer Leistungserstellung,* Berlin: Duncker & Humblot, S. 619–644.

Kinnison, H. A. (2004): *Aviation maintenance management*. New York, NY: McGraw-Hill.

Klein, R.; Scholl, A. (2011): *Planung und Entscheidung: Konzepte, Modelle und Methoden einer modernen betriebswirtschaftlichen Entscheidungsanalyse*. 2. Auflage, München: Vahlen.

Kleinaltenkamp, M.; Plötner, O.; Zedler, C. (2004): *Industrielles Servicemanagement*. In: *Backhaus, K.; Voeth, M. (Hrsg.): Handbuch Industriegüter-Marketing*, Wiesbaden: Gabler, S. 627-648.

Kleinaltenkamp, M.; Frauendorf, J. (2006): *Wissensmanagement im Service Engineering.* In: *Bullinger, J.; Scheer, A.-W. (Hrsg.): Service engineering: Entwicklung und Gestaltung innovativer Dienstleistungen*, 2. Auflage, Berlin: Springer, S. 359-376.

Klooß, K. (2013): *Airbus und Boeing - Flugzeugbauer wollen Werkstätten der Lüfte werden.* URL: http://www.manager-magazin.de/unternehmen/industrie/mro-geschaefte-von-airbus-und-boeing-und-luftfahrtmesse-in-le-bourget-a-905779.html, zuletzt abgerufen am: 15.12.2014, Hamburg: manager magazin new media.

Knoll, A. (2012): *WEA-Service - vom Hersteller oder vom Dienstleister? - Herstellerunabhängige WEA-Dienstleister können offen mit technischen Problemen umgehen.* Haar: WEKA Fachmedien

Kolakowski, M.; Reh, D.; Sallaba, G. (2005): *Erweiterte Wirtschaftlichkeitsrechnung (EWR) - Ganzheitliche Bewertung von Varianten und Ergebnissen in der Fabrikplanung.* In: *wt Werkstattstechnik online*, Jg. 95, Nr. 4, S. 210–215.

Kolakowski, M.; Schady, R.; Sauer, K. (2007): *Grundlagen für die „Erweiterte Wirtschaftlichkeitsrechnung (EWR)" - Ganzheitliche Systematik zur Integration qualitativer Kriterien in der Fabrikplanung.* In: *wt Werkstattstechnik online*, Jg. 97, Nr. 4, S. 226–231.

Krallmann, H.; Hoffrichter, M. (1998): *Service Engineering - wie entsteht eine neue Dienstleistung?.* In: *Bullinger, J., Zahn, E. (Hrsg.): Dienstleistungsoffensive - Wachstumschancen intelligent nutzen*, Stuttgart: Schäffer-Poeschel, S. 231–261.

Kreilkamp, E. (1987): *Strategisches Management und Marketing: Markt- und Wettbewerbsanalyse, strategische Frühaufklärung, Portfolio-Management.* Berlin (u.a.): de Gruyter.

Kremeyer, H. (1982): *Eigenfertigung und Fremdbezug unter finanzwirtschaftlichen Aspekten.* Wiesbaden: Gabler.

Krimm, F. O. (1995): *Beitrag zur Produktionsplanung und -steuerung von technischen Dienstleistungen.* Dortmund: Verlag Praxiswissen.

Kröll, M. (2007): *Methode zur Technologiebewertung für eine ergebnisorientierte Produktentwicklung.* Heimsheim: Jost-Jetter-Verlag.

Krubasik, E. (1982): *Technologie: Strategische Waffe.* In: *Wirtschaftswoche*, Jg. 36, Nr. 24, S. 28-33.

Krüger, W.; Homp, C. (1997): *Kernkompetenz-Management: Steigerung von Flexibilität und Schlagkraft im Wettbewerb.* Wiesbaden: Gabler.

Kruschwitz, L. (2009): *Investitionsrechnung.* 12. Auflage, München: Oldenbourg.

Kruschwitz, L. (2011): *Investitionsrechnung.* 13. Auflage, München: Oldenbourg.

Kubicek, H. (1977): *Heuristische Bezugsrahmen und heuristisch angelegte Forschungsdesigns als Elemente einer Konstruktionsstrategie empirischer Forschung.* In: *Köhler, R. (Hrsg.): Empirische und handlungstheoretische Forschungskonzeptionen in der Betriebswirtschaftslehre,* Stuttgart: Poeschel, S. 3–36.

Kuckartz, U. (2014): *Qualitative Inhaltsanalyse: Methoden, Praxis, Computerunterstützung.* 2. Auflage, Weinheim: Beltz Juventa.

Kuhn, A.; Schuh, G.; Stahl, B. (2006): *Nachhaltige Instandhaltung: Trends, Potenziale und Handlungsfelder nachhaltiger Instandhaltung.* Frankfurt a.M.: VDMA-Verlag.

Kuster, J. (2004): *Systembündelung technischer Dienstleistungen.* Aachen: Shaker.

Lay, G.; Radermacher, E. (2005): *Life-Cycle-Costing-Tool als Instrument zur Kosten-/Nutzen-Betrachtung produktbegleitender Dienstleistungen.* In: *Lay, G.; Nippa, M. (Hrsg.): Management produktbegleitender Dienstleistungen: Konzepte und Praxisbeispiele für Technik, Organisation und Personal in serviceorientierten Industriebetrieben*, Heidelberg: Physica-Verlag, S. 85-97.

Lay, G.; Schneider, R. (2005): *Technik für produktbegleitende Dienstleistungen.* In: *Lay, G.; Nippa, M. (Hrsg.): Management produktbegleitender Dienstleistungen: Konzepte und Praxisbeispiele für Technik, Organisation und Personal in serviceorientierten Industriebetrieben*, Heidelberg: Physica-Verlag, S. 19-44.

Layer, A.; Brinke, E. T.; van Houten, F.; Kals, H.; Haasis, S. (2002): *Recent and future trends in cost estimation.* In: *International Journal of Computer Integrated Manufacturing*, Vol. 15, No. 6, pp. 499-510.

Lee, S. G.; Ma, Y.-S.; Thimm, G. L., Verstraeten, J. (2008): *Product lifecycle management in aviation maintenance, repair and overhaul.* In: *Computers in Industry*, Vol. 59, No. 2-3, pp. 296-303.

Leonard-Barton, D. (1992): *Core capabilities and core rigidities: A paradox in managing new product development.* In: *Strategic Management Journal*, Vol. 13, No. 1, pp. 111–125.

Loderer, C.; Jörg Perrin, P.; Pichler, K.; Roth, L. (2007): *Handbuch der Bewertung: praktische Methoden und Modelle zur Bewertung von Projekten, Unternehmen und Strategien.* 4. Auflage, Zürich: Verlag Neue Zürcher Zeitung.

Loth, J. (2011): *Wertschöpfungsmanagement für die Dienstleistung Instandhaltung: Probleme, Methoden, Lösungs- und Gestaltungsansätze beim Aufbau eines Wertschöpfungsmodells für die Dienstleistung Instandhaltung am Beispiel eines konzerngebundenen Dienstleistungsunternehmens.* Dortmund: Verlag Praxiswissen.

Lowe, P. (1995): *The management of technology: perception and opportunities.* 1st edition, London: Chapman & Hall.

Luczak, H.; Hoeck, H. (2004): *Planung von Dienstleistungsprogrammen anhand des Produktlebenszyklus.* In: *Bruhn, M.; Stauss, B. (Hrsg.): Dienstleistungsinnovationen*, Wiesbaden: Gabler, S. 73–96.

Luczak, H.; Sontow, K. (1998): *Dienstleistungspotentiale im Maschinen- und Anlagenbau: Grundlage für ein innovatives Dienstleistungsangebot.* In: *Bullinger, J., Zahn, E. (Hrsg.): Dienstleistungsoffensive - Wachstumschancen intelligent nutzen*, Stuttgart: Schäffer-Poeschel, S. 263–290.

Luczak, H.; Sontow, K.; Kuster, J.; Reddemann, A.; Scherrer, U. (2000): *Service Engineering: der systematische Weg von der Idee zum Leistungsangebot.* München: Verlag TCW Transfer-Centrum.

Lüring, A. (2001): *Qualitative Aspekte und quantitative Modelle der Instandhaltung: dargestellt am Beispiel der Salzgitter AG - Stahl und Technologie.* Lohmar (u.a.): Eul Verlag.

Lytron (2012): *Flüssigkeitskühlsysteme für Flugzeuge.* URL: http://www.lytron.de/tools-technical/anwendungshinweise/ fluessigkeitskuehlsysteme-fuer-flugzeuge, zuletzt abgerufen am 12.11.2014, Lytron Inc., Woburn, MA.

Maaser, F. (2014): *Organisationsformen der Instandhaltung: theoretische Grundlagen, Organisationsprinzipien und Gestaltungsansätze.* Aachen: Shaker.

Mag, W. (1977): *Entscheidung und Information.* 1. Auflage, München: Vahlen.

Mahoney, J. T.; Pandian, J. R. (1992): *The resource-based view within the conversation of strategic management.* In: *Strategic Management Journal*, Vol. 13, No. 5, pp. 363–380.

Maier, T. (1976): *Strategisches F+E Management: Methodik zur zielorientierten Bewertung von F+E-Vorhaben.* In: *Moll, H.; Warnecke, H.-J. (Hrsg.): RKW-Handbuch Forschung, Entwicklung, Konstruktion (FuE).* Berlin: Schmidt, S. 1–25.

Maleri, R. (1973): *Grundzüge der Dienstleistungsproduktion.* Berlin (u.a.): Springer.

Maleri, R.; Frietzsche, U. (2008): *Grundlagen der Dienstleistungsproduktion.* 5. Auflage, Berlin (u.a.): Springer.

Mankins, J. C. (1995): *Technology Readiness Levels.* White Paper, Washington DC: Advanced Concepts Office, Office of Space Access and Technology NASA.

Männel, W. (1981): *Die Wahl zwischen Eigenfertigung und Fremdbezug : theoretische Grundlagen - praktische Fälle.* 2. Auflage, Stuttgart: Poeschel.

March, J. G.; Shapira, Z. B. (1987): *Managerial perspectives on risk and risk taking.* In: *Management science : Journal of the Institute for Operations Research and the Management Sciences*, Vol. 33, No. 11, pp. 1404–1418.

Markowitz, H. (1952): *Portfolio selection.* In: *The journal of finance: the journal of the American Finance Association*, Vol. 7, No. 1, pp. 77-91.

Marquardt, G. (2003): *Kernkompetenzen als Basis der strategischen und organisationalen Unternehmensentwicklung.* 1. Auflage, Wiesbaden: Deutscher Universitäts-Verlag.

Mason, E. (1939): *Price and Production Policies of Large-Scale Enterprise.* In: *The American Economic Review*, Vol. 29, No. 1, pp. 61–74.

Mathaisel, D. F. X. (2005): *A lean architecture for transforming the aerospace maintenance, repair and overhaul (MRO) enterprise.* In: *International Journal of Productivity and Performance Management*, Vol. 54, No. 8, pp. 623-644.

Mayring, P. (2002): *Einführung in die qualitative Sozialforschung: eine Anleitung zu qualitativem Denken.* 5. Auflage, Weinheim: Beltz.

Mayring, P. (2008): *Qualitative Inhaltsanalyse: Grundlagen und Techniken.* 10. Auflage, Weinheim: Beltz.

McWilliams, A.; Smart, D. L. (1993): *Efficiency vs. Structure-Conduct-Performance: Implications for Strategy Research and Practice.* In: *Journal of Management*, Vol. 19, No. 1, pp. 63–78.

Meckler, P.; von der Fecht, D.; Kurrat, M.; u.a. (2005): *Kontaktverhalten und Schalten.* In: *Schöpf, T. (Hrsg.): Kontaktverhalten und Schalten.* Karlsruhe: VDE.

Meffert, H. (1994): *Marktorientierte Führung von Dienstleistungsunternehmen: neuere Entwicklungen in Theorie und Praxis.* In: *Die Betriebswirtschaft*, Jg. 54, Nr. 4, S. 519-541.

Metze, G. (2008): *Technologie-Portfolio als Methodik der Inventions- und Innovationsbewertung: Prolegomena zu Metriken für Inventionen und Innovationen.* Berlin, Heidelberg: Springer.

Metzger, H. (1977): *Planung und Bewertung von Arbeitssystemen in der Montage.* Mainz: Krausskopf.

Mikkola, J. H. (2001): *Portfolio management of R&D projects: implications for innovation management.* In: *Technovation*, Vol. 21, No. 7, pp. 423–435.

Mikus, B. (2009): *Make-or-buy-Entscheidungen: Führungsprozesse, Risikomanagement und Modellanalysen.* 3. Auflage, Chemnitz: GUC.

Mishan, E. J. (1994): *Cost-benefit analysis: an informal introduction.* 4. Auflage, London: Routledge.

Moldaschl, M.; Fischer, D. (2004): *Beyond the management view: a resource-centered socio-economic perspective.* In: *Management revue: the international review of management studies*, Vol. 15, No. 1, pp. 122-151.

Moldaschl, M. (2012): *Ressourcenkulturen messen, bewerten und verstehen : ein Analyseansatz der Evolutorischen Theorie der Unternehmung.* Chemnitz: Professur für Innovationsforschung und Nachhaltiges Ressourcenmanagement.

Mühlenkamp, H. (1994): *Kosten-Nutzen-Analyse.* München (u.a.): Oldenbourg.

Müller, S. (2008): *Methodik für die entwicklungs- und planungsbegleitende Generierung und Bewertung von Produktionsalternativen.* München: Utz.

Myers, M. D. (2009): *Qualitative research in business & management.* Los Angeles (u.a.): Sage.

Oliva, R.; Kallenberg, R. (2003): *Managing the transition from products to services.* In: *International Journal of Service Industry Management*, Vol. 14, No. 2, pp. 160–172.

Oltrogge, J. (1993): *Informationslogistik in Flugzeugüberholungsbetrieben.* Düsseldorf: VDI-Verlag.

Oppermann, R. (1998): *Marktorientierte Dienstleistungsinnovation: Besonderheiten von Dienstleistungen und ihre Auswirkungen auf eine abnehmerorientierte Innovationsgestaltung.* Göttingen: GHS.

Otten, W.; Vogelsang, U. (2009): *Neue Servicekonzepte in der Instandhaltung am Beispiel der Prozessindustrie.* In: *Reichel, J.; Müller, G.; Mandelartz, J. (Hrsg.): Betriebliche Instandhaltung*, Berlin (u.a.): Springer, S. 271–282.

Patton, M. Q. (1990): *Qualitative evaluation and research methods.* 2nd edition, Thousand Oaks, CA: Sage.

Pellerin, R.; Gharbi, A. (2009): *Production control of hybrid repair and remanufacturing systems under general conditions.* In: *Journal of Quality in Maintenance Engineering*, Vol. 15, No. 4, pp. 383-396.

Pelzer, W. (1999): *Methodik zur Identifizierung und Nutzung strategischer Technologiepotentiale.* Aachen: Shaker.

Penrose, E. (1959): *The Theory of the Growth of the Firm.* 3rd edition, Oxford, New York: Oxford University Press.

Peteraf, M. A. (1993): *The cornerstones of competitive advantage: A resource-based view.* In: *Strategic Management Journal,* Vol. 14, No. 3, pp. 179–191.

Peters, M. L.; Zelewski, S. (2004): *Möglichkeiten und Grenzen des „Analytic Hierarchy Process" (AHP) als Verfahren zur Wirtschaftlichkeitsanalyse.* In: *Zeitschrift für Planung & Unternehmenssteuerung*, Jg. 15, Nr. 3, S. 295–324.

Pfeiffer, W.; Metze, G. (1989): *Technologische Analyse.* In: *Szyperski, N. (Hrsg.): Handwörterbuch der Planung,* Stuttgart: Schäffer-Poeschel, S. 2402 Sp.

Pfeiffer, W.; Metze, G.; Schneider, W.; Amler, R. (1982): *Technologie-Portfolio zum Management strategischer Zukunftsgeschäftsfelder.* 2. Auflage, Göttingen: Vandenhoeck & Ruprecht.

Pfeiffer, W.; Dögl, R. (1997): *Das Technologie-Portfolio-Konzept zur Beherrschung der Schnittstelle Technik und Unternehmensstrategie.* In: *Hahn, D.; Taylor, B. (Hrsg.): Strategische Unternehmungsplanung - Strategische Unternehmungsführung. Stand und Entwicklungstendenzen*, 7. Auflage, S. 407-435.

Picot, A. (1992): *Marktorientierte Gestaltung der Leistungstiefe.* In: *Reichwald, R. (Hrsg.): Marktnahe Produktion: lean production - Leistungstiefe - time to market - Vernetzung - Qualifikation*, Wiesbaden: Gabler, S. 103–124.

Picot, A.; Reichwald, R.; Wigand, R. T. (2008): *Information, organization and management*, Berlin: Springer.

Plötner, O.; Sieben, B.; Kummer, T.-F. (2010): *Kosten- und Erlösrechnung.* 2. Auflage, Berlin (u.a.): Springer.

Porter, M. E. (1979): *How Competitive Forces Shape Strategy.* In: *Harvard Business Review*, Vol. 57, No. 2, S. 137–145.

Porter, M. E. (1980): *Competitive Strategy: Techniques for Analyzing Industries and Competitors.* New York, NY: The Free Press.

Porter, M. E. (1985): *Competitive Advantage: Creating and Sustaining Superior Performance.* 1st edition, New York, NY: The Free Press.

Prahalad, C. K.; Hamel, G. (1990): *The Core Competence of the Corporation.* In: *Harvard Business Review*, Vol. 68, No. 3, pp. 79-91.

Pratt, M. G. (2008): *Fitting Oval Pegs Into Round Holes - Tensions in Evaluating and Publishing Qualitative Research in Top-Tier North American Journals.* In: *Organizational Research Methods*, Vol. 11, No. 3, pp. 481-509.

Priem, R.; Butler, J. E. (2001): *Tautology in the Resource-Based View and the Implications of Externally Determined Resource Value: Further Comments.* In: *Academy of Management Review*, Vol. 26, No. 1, pp. 55-66.

Probert, D. (1997): *Developing a make or buy strategy for manufacturing business.* London: Institution of Electrical Engineers.

Raab-Steiner, E.; Benesch, M. (2010): *Der Fragebogen: von der Forschungsidee zur SPSS/PASW-Auswertung.* 2. Auflage, Wien: Facultas-Verlag.

Rainfurth, C. (2003): *Der Einfluss der Organisationsgestaltung produktbegleitender Dienstleistungen auf die Arbeitswelt der Dienstleistungsakteure: am Beispiel von KMU des Maschinenbaus.* URL: *http://tuprints.ulb.tu-darmstadt.de/epda/000310/rainfurth.pdf*, zuletzt abgerufen am: 15.09.2014, Darmstadt: Online Ressource.

Reckenfelderbäumer, M.; Busse, D. (2006): *Kundenmitwirkung bei der Entwicklung von industriellen Dienstleistungen - eine phasenbezogene Analyse.* In: *Bullinger, H. J.; Scheer, A.-W. (Hrsg.): Service engineering : Entwicklung und Gestaltung innovativer Dienstleistungen*, Berlin: Springer, S. 141–166.

Reichwald, R.; Goecke, R.; Stein, S. (2000): *Dienstleistungsengineering: Dienstleistungsvernetzung in Zukunftsmärkten*. München: Verlag TCW Transfer-Centrum.

Reinhart, G.; Schindler, S.; Krebs, P. (2011): *Bewertung von Produktionstechnologien aus strategischer Sicht*. In: *Gausemeier, J. (Hrsg.): Vorausschau und Technologieplanung*, Berlin: Heinz Nixdorf Institut Paderborn (HNI-Verlagsschriftenreihe), S. 103–119.

Roboam, X.; Sareni, B.; Andrade, A. (2012): *More Electricity in the Air: Toward Optimized Electrical Networks Embedded in More-Electrical Aircraft*. In: *IEEE Industrial Electronics Magazine*, Vol. 6, No. 4, pp. 6–17.

Röhrle, C. (1997): *Ein entscheidungsunterstützendes System zur Bewertung von Forschungs- und Entwicklungsprojekten: ein PC-gestützter Prototyp*. Lohmar (u.a.): Eul Verlag.

Rost, J. (2004): *Lehrbuch Testtheorie - Testkonstruktion*. 2. Auflage, Bern: Huber.

Royce, W. (1970): *Managing the development of large software systems*. In: *Proceedings of IEEE WESCON*, Vol. 26, No. 8, pp. 328-338.

Rühli, E. (1995): *Ressourcenmanagement: strategischer Erfolg dank Kernkompetenzen*. In: *Die Unternehmung : Swiss journal of business research and practice ; Organ der Schweizerischen Gesellschaft für Betriebswirtschaft (SGB)*, Jg. 49, Nr. 2, S. 91–105.

Rumelt, R.; Petrov, B. (1982): *The Advent of the Technology Portfolio*. In: *Journal of Business Strategy*, Vol. 3, No. 2, pp. 70–75.

Ryan, C. G. (1984): *The marketing of technology*. London: Peregrinus.

Ryll, F.; Götze, J. (2010): *Methoden und Werkzeuge zur Instandhaltung technischer Systeme*. In: *Schenk, M. (Hrsg.): Instandhaltung technischer Systeme : Methoden und Werkzeuge zur Gewährleistung eines sicheren und wirtschaftlichen Anlagenbetriebs,* Berlin (u.a.): Springer, S. 103–232.

Saaty, T. L. (1980): *The analytic hierarchy process: planning, priority setting, resource allocation*. New York, NY: McGraw-Hill.

Saaty, T. L. (1990): *How to make a decision: The analytic hierarchy process*. In: *European Journal of Operational Research*, Vol. 48, No. 1, pp. 9-26.

Sanchez, R.; Heene, A. (1997): *Reinventing strategic management: New theory and practice for competence-based competition*. In: *European Management Journal*, Vol. 15, No. 3, pp. 303-317.

Schawalder, M.; Lenz, V.; Röllin, H. (2013): *Industrielle Services strategisch optimieren: Service Excellence*. Berlin: Springer.

Schenk, M. (Hrsg.) (2010): *Instandhaltung Technischer Systeme: Methoden und Werkzeuge zur Gewährleistung eines sicheren und wirtschaftlichen Anlagenbetriebs*. 1. Auflage, Berlin, Heidelberg: Springer.

Schmitz, G. (2005): *Kooperationen im industriellen Service.* In: *Zentes, J.; Swoboda, B.; Morschett, D. (Hrsg.): Kooperationen, Allianzen und Netzwerke: Grundlagen - Ansätze - Perspektiven*, 2. Auflage, Wiesbaden: Gabler, S. 867-887.

Schöning, S. (2006): *Potenzialbasierte Bewertung neuer Technologien.* Aachen: Shaker.

Schröder, W. (2010): *Ganzheitliches Instandhaltungsmanagement: Aufbau, Ausgestaltung und Bewertung.* Wiesbaden: Gabler.

Schuh, G.; Klappert, S.; Schubert, J.; Nollau, S. (2011): *Grundlagen zum Technologiemanagement.* In: *Schuh, G.; Klappert, S. (Hrsg.): Technologiemanagement Handbuch Produktion und Management 2*, 2. Auflage, Berlin, Heidelberg: Springer, S. 33-54.

Schuh, G.; Klappert, S. (2011): *Technologiemanagement Handbuch Produktion und Management 2.* 2. Auflage, Berlin, Heidelberg: Springer.

Schweitzer, M. (2004): *Gegenstand und Methoden der Betriebswirtschaftslehre.* In: *Bea, F. X.; Friedl, B.; Schweitzer, M. (Hrsg.): Allgemeine Betriebswirtschaftslehre; Bd. 1: Grundfragen : mit zahlreichen Übersichten*, 9. Auflage, Stuttgart: Lucius & Lucius, S. 23–80.

Schweitzer, M.; Troßmann, E. (1998): *Break-even-Analysen: Methodik und Einsatz.* 2. Auflage, Berlin: Duncker & Humblot.

SCI Verkehr (2014): *Rail Vehicle Maintenance - Global Trends in the After-Sales Market.* Studienteaser, Hamburg: SCI Verkehr GmbH.

Seiter, M. (2013): *Industrielle Dienstleistungen: wie produzierende Unternehmen ihr Dienstleistungsgeschäft aufbauen und steuern.* Wiesbaden: Springer Gabler.

Servatius, H.-G. (1986): *Methodik des strategischen Technologie-Managements: Grundlage für erfolgreiche Innovationen.* 2. Auflage, Berlin (u.a.): Schmidt.

Siebiera, G. (2004): *Strukturierungssystematik für technische Dienstleistungen in der strategischen Planung.* Aachen: Shaker.

Siggelkow, N. (2007): *Persuasion with case studies.* In: *Academy of Management Journal*, Vol. 50, No. 1, pp. 20-24.

Sinnett, M. (2007): *787 No-bleed systems: saving fuel and enhancing operational efficiencies.* In: *Aero Quarterly*, Vol. Q4/2007, pp. 6–11.

Sommerlatte; T.; Deschamps, J. P. (1985): *Der strategische Einsatz von Technologien.* In: *Arthur D. Little International (Hrsg.): Management im Zeitalter der strategischen Führung*, 2. Auflage, Wiesbaden: Gabler, S. 39-76.

Sontow, K. (2000): *Dienstleistungsplanung in Unternehmen des Maschinen- und Anlagenbaus.* Aachen: Shaker.

Spafford, C.; Rose, D. (2013): *MRO Survey 2013: Thrive Rather Than Survive.* Marktstudie, New York, NY: Oliver Wyman.

Specht, G.; Beckmann, C.; Amelingmeyer, J. (2002): *F&E-Management: Kompetenz im Innovationsmanagement.* 2. Auflage, Stuttgart: Schäffer-Poeschel.

Specht, G.; Michel, K. (1988): *Integrierte Technologie- und Marktplanung mit Innovationsportfolios.* In: *Zeitschrift für Betriebswirtschaft*, Jg. 58, Nr. 4, S. 502–520.

Spur, G. (1998): *Technologie und Management: zum Selbstverständnis der Technikwissenschaften.* München: Hanser.

Stalk, G.; Evans, P.; Shulman, L. E. (1992): *Competing on Capabilities: The New Rules of Corporate Strategy.* In: *Harvard Business Review*, Vol. 63, No. 2, pp. 57-61.

Staehelin, E.; Suter, R.; Siegwart, N. (2007): *Investitionsrechnung.* 10. Auflage, Zürich: Rüegger.

Strunz, Matthias (2012): *Instandhaltung: Grundlagen - Strategien - Werkstätten.* Berlin (u.a.): Springer.

Teece, D. J.; Pisano, G. (1994): *The Dynamic Capabilities of Firms: an Introduction.* In: *Industrial and Corporate Change*, Vol. 3, No. 3, pp. 537-556.

Teece, D. J.; Pisano, G.; Shuen, A. (1997): *Dynamic capabilities and strategic management.* In: *Strategic Management Journal*, Vol. 18, No. 7, pp. 509-533.

Teichmann, H. (1975): *Der optimale Planungshorizont.* In: *Zeitschrift für Betriebswirtschaft*, Jg. 45, Nr. 5, S. 295-312.

Teichmann, J. (1994): *Kundendienstmanagement im Investitionsgüterbereich: vom notwendigen Übel zum strategischen Erfolgsfaktor.* Frankfurt a.M.: Lang.

Termath, W.; Studetz, S. (2010): *Aus- und Weiterbildung des Instandhaltungspersonals.* In: *Schenk, M. (Hrsg.): Instandhaltung technischer Systeme: Methoden und Werkzeuge zur Gewährleistung eines sicheren und wirtschaftlichen Anlagenbetriebs,* Berlin (u.a.): Springer, S. 289-312.

Tsang, A. H. C. (2002): *Strategic dimensions of maintenance management.* In: *Journal of Quality in Maintenance Engineering*, Vol. 8, No. 1, pp. 7-39.

Töpfer, A. (1996): *Grundsätze industrieller Dienstleistungen.* In: *Töpfer, A.; Mehdorn, H. (Hrsg.): Industrielle Dienstleistungen: Servicestrategien oder Outsourcing*, Neuwied: Luchterhand, S. 23-46.

Ulrich, H. (1981): *Die Betriebswirtschaftslehre als anwendungsorientierte Sozialwissenschaft.* In: *Die Führung des Betriebes : Curt Sandig zu seinem 80. Geburtstag gewidmet.* Stuttgart: Poeschel, S. 1–25.

Ulrich (1984): *Die Betriebswirtschaftslehre als anwendungsorientierte Sozialwissenschaft.* In: *Dyllick, T.; Probst, J. B. (Hrsg.): Management*, Bern: Haupt Verlag, S. 168-199.

Ulrich, K. T.; Ellison, D. J. (2005): *Beyond Make-Buy: Internalization and Integration of Design and Production.* In: *Production and Operations Management*, Vol. 14, No. 3, pp. 315–330.

Ulrich, P.; Hill, W. (1976): *Wissenschaftstheoretische Grundlagen der Betriebswirtschaftslehre.* In: *Wirtschaftswissenschaftliches Studium: Zeitschrift für Studium und Forschung*, Jg. 5, Nr. 7, S. 304–309.

Vahs, D.; Brem, A. (2013): *Innovationsmanagement: von der Idee zur erfolgreichen Vermarktung.* 4. Auflage, Stuttgart: Schäffer-Poeschel.

Vahs, D.; Burmester, R. (2005): *Innovationsmanagement: von der Produktidee zur erfolgreichen Vermarktung.* 3. Auflage, Stuttgart: Schäffer-Poeschel.

Wald, G. (2003): *Prozessorientiertes Instandhaltungsmanagement.* Aachen: Shaker.

Wallentowitz, H.; Freialdenhoven, A.; Olschewski, I. (2009): *Strategien in der Automobilindustrie: Technologietrends und Marktentwicklungen.* 1. Auflage, Wiesbaden: Vieweg Teubner Verlag.

Warnecke, H.-J.; Bullinger, H.-J.; Hichert, R.; Voegele, A. (1996): *Wirtschaftlichkeitsrechnung für Ingenieure: mit 3 ausführl. Fallstudien.* 3. Auflage, München: Hanser.

Wellensiek, M.; Schuh, G.; Hacker, P. A.; Saxler, J. (2011): *Technologiefrüherkennung.* In: *Schuh, G.; Klappert, S. (Hrsg.): Handbuch Produktion und Management 2: Technologiemanagement*, Berlin (u.a.): Springer, S. 89–169.

Wernerfelt, B. (1984): *A Resource-Based View of the Firm.* In: *Strategic Management Journal*, Vol. 5, No. 2, pp. 171–180.

Westkämper, E.; Warnecke, H.-J. (2010): *Einführung in die Fertigungstechnik.* 8. Auflage, Wiesbaden: Vieweg Teubner.

Wildemann, H. (1987): *Strategische Investitionsplanung: Methoden zur Bewertung neuer Produktionstechnologien.* Wiesbaden: Gabler.

Wildemann, H. (2013): *Integratives Instandhaltungsmanagement: Leitfaden zur Steigerung der Instandhaltungseffizienz.* München: TCW-Verlag.

Wilkens, K. (2004): *Kosten- und Leistungsrechnung Lern- und Arbeitsbuch.* 9. Auflage, München (u.a.): Oldenbourg.

Winter, S. G. (2003): *Understanding dynamic capabilities.* In: *Strategic Management Journal*, Vol. 24, No. 10, pp. 991-995.

Wöhe, G. (2010): *Einführung in die allgemeine Betriebswirtschaftslehre.* 24. Auflage, München: Vahlen.

Wolfrum, B. (1991): *Strategisches Technologiemanagement.* Wiesbaden: Gabler.

Wolfrum, B. (1994): *Strategisches Technologiemanagement.* 2. Auflage, Wiesbaden: Gabler.

Wrona, T. (2005): *Die Fallstudienanalyse als wissenschaftliche Forschungsmethode.* Working Paper, Berlin: ESCP-EAP.

Yin, R. K. (2003): *Case study research: design and methods.* 3rd edition, Thousand Oaks, CA: Sage.

Yin, R. K. (2012): *Applications of case study research.* 3rd edition, Los Angeles, CA: Sage.

Zahn, E. (1995): *Gegenstand und Zweck des Technologiemanagements.* In: *Zahn, E. (Hrsg.): Handbuch Technologiemanagement*, Stuttgart: Schäffer-Poeschel, S. 3-32.

Zahn, E.; Schmid, U. (1996): *Grundlagen und operatives Produktionsmanagement.* Stuttgart: Lucius & Lucius.

Zangemeister, C. (1971): *Nutzwertanalyse von Projektalternativen.* Hamburg: Scientific Control Systems.

Zangemeister, C. (1976): *Nutzwertanalyse in der Systemtechnik: eine Methodik zur multidimensionalen Bewertung und Auswahl von Projektalternativen.* 4. Auflage, München: Wittemann.

Zangemeister, C. (1993): *Erweiterte Wirtschaftlichkeits-Analyse (EWA): Grundlagen und Leitfaden für ein „3-Stufen-Verfahren" zur Arbeitssystembewertung.* Bremerhaven: Wirtschaftsverlag NW.

Zangemeister, C. (2000): *Erweiterte Wirtschaftlichkeitsanalyse (EWA): Grundlagen, Leitfaden und PC-gestützte Arbeitshilfen für ein „3-Stufen-Verfahren" zur Arbeitssystembewertung.* 2. Auflage, Bremerhaven: Wirtschaftsverlag NW.

Zangemeister, C. (2010): Grundlagen und Leitfaden zur Internationalisierung von industriellen Dienstleistungen. In: *Zangemeister, C. (Hrsg.): Internationalisierung industrieller Dienstleistungen: Leitfaden und Instrumente zur Planung des Internationalisierungserfolges*, Köln: TÜV-Media, S. 63–96.

Zäpfel, G. (1982): *Produktionswirtschaft: operatives Produktions-Management.* Berlin (u.a.): de Gruyter.

Zörgiebel, W. (1983): *Technologie in der Wettbewerbsstrategie: strategische Auswirkungen technologischer Entscheidungen untersucht am Beispiel der Werkzeugmaschinenindustrie.* Berlin: Schmidt Verlag.

Zäpfel, G. (1982): *Produktionswirtschaft: operatives Produktions-Management.* Berlin (u.a.): de Gruyter.

GESETZE/ NORMEN/ RICHTLINIEN

ATA iSpec 2200 (2009): *ATA Specification 2200: Information Standards for Aviation Maintenance - Chapter 3-3-3.* Washington D.C.: Air Transport Association of America.

DIN 31051 (2003): *Grundlagen der Instandhaltung.* Deutsches Institut für Normung, Berlin: Beuth-Verlag.

DIN EN 13306 (2010): *Instandhaltung - Begriffe der Instandhaltung.* Deutsches Institut für Normung, Berlin: Beuth-Verlag.

DIN (1998): *Service Engineering: entwicklungsbegleitende Normung (EBN) für Dienstleistungen.* DIN-Fachbericht, Deutsches Institut für Normung, Berlin: Beuth-Verlag.

DIN EN ISO 9001 (2008): *Qualitätsmanagementsysteme – Erfolg durch Qualität.* Berlin: Beuth-Verlag.

EASA Part M (2012): *Continuing Airworthiness Requirements.* In: *Commission Regulation (EU) No. 1321/2014*, European Aviation Safety Agency, Köln.

EASA Part 21J (2012): *Design Organisation Approval Essentials.* In: *Commission Regulation(EU) No. 748/2012*, European Aviation Safety Agency, Köln.

EASA Part 66 (2014): *Certifying Staff.* In: *Commission Regulation (EU) No. 1321/2014,* European Aviation Safety Agency, Köln.

EASA Part 145 (2014): *Maintenance Organisation Approvals.* In: *Commission Regulation (EU) No. 1321/2014*, European Aviation Safety Agency, Köln.

EBA (2014): *Leitfaden zur ECM-Zertifizierung.* URL: http://www.eba.bund.de/DE/HauptNavi/FahrzeugeBetrieb/Fahrzeuge/Instandhaltung/ECM_Downloads/ecmdownloads_node.html, zuletzt abgerufen am: 03.12.2014, Bonn: Eisenbahn-Bundesamt.

EU (2011): *Verordnung (EU) Nr. 566/2011 der Kommission vom 8. Juni 2011 zur Änderung der Verordnung (EG) Nr. 715/2007 des Europäischen Parlaments und des Rates und der Verordnung (EG) Nr. 692/2008 der Kommission über den Zugang zu Reparatur- und Wartungsinformationen für Fahrzeuge.* In: *Amtsblatt der Europäischen Union.*

VDI 2220 (1980): *Produktplanung: Ablauf, Begriffe und Organisation.* Düsseldorf: VDI-Verlag.

VDI 2895 (2012): *Organisation der Instandhaltung - Instandhalten als Unternehmensaufgabe.* Berlin: Beuth-Verlag.

VDI 2899 (1996): *Entscheidungsfindung für Eigenleistung oder Fremdvergabe von Instandhaltungsleistungen.* Berlin: Beuth-Verlag.

Curriculum Vitae

Persönliche Daten

Name	Markus Klotzbach
Geburtsdatum	29. Juli 1983
Geburtsort	Düsseldorf

Beruflicher Werdegang

2015 - heute	**Program Manager** Lufthansa Technik AG
2009 - 2014	**Wissenschaftlicher Mitarbeiter** Technische Universität Hamburg
2005 - 2009	**Praktika in verschiedenen Unternehmen, u.a.** ZF Powertrain Modules S.A. de C.V., Saltillo, Mexiko ThyssenKrupp Steel AG, Duisburg/Essen HKM Hüttenwerke KruppMannesmann, Duisburg Lenze AC Tech, Uxbridge, Massachusetts, USA

Akademischer Werdegang

2009 - 2014	**Doktorand** Institut für Logistik und Unternehmensführung Technische Universität Hamburg
2003 - 2009	**Studium des Wirtschaftsingenieurwesens (Abschluss: Diplom-Wirtschaftsingenieur)** Technische Universität Karlsruhe (KIT) Eidgenössische Technische Hochschule Zürich (ETH)
2002	**Allgemeine Hochschulreife** Erzbischöfliches Suitbertus-Gymnasium, Düsseldorf

SUPPLY CHAIN, LOGISTICS AND OPERATIONS MANAGEMENT

Herausgegeben von Prof. Dr. Dr. h. c. Wolfgang Kersten, Hamburg

Band 18
Insa Mareen Wente
Supply Chain Risikomanagement: Umsetzung, Ausrichtung und Produktpriorisierung – Eine explorative Analyse am Beispiel der Automobilindustrie
Lohmar – Köln 2013 • 240 S. • € 56,- (D) • ISBN 978-3-8441-0271-0

Band 19
Nikolaus Christian Wagenstetter
Nutzung von Analogien für die Entwicklung von Logistikinnovationen – Konzeption eines Vorgehens zur Anwendung von Analogien in der Logistik
Lohmar – Köln 2015 • 304 S. • € 59,- (D) • ISBN 978-3-8441-0414-1

Band 20
Henning Skirde
Kostenorientierte Bewertung modularer Produktarchitekturen
Lohmar – Köln 2015 • 256 S. • € 57,- (D) • ISBN 978-3-8441-0424-0

Band 21
Max Feser
Entwicklung eines Modells zur situationsadäquaten Implementierung von Supply Chain Risikomanagement
Lohmar – Köln 2015 • 252 S. • € 57,- (D) • ISBN 978-3-8441-0432-5

Band 22
Lars Werner Dentgen
Entscheidungslogische Gestaltung selbststeuernder Logistiksysteme – Am Beispiel der Luftfracht
Lohmar – Köln 2016 • 248 S. • € 56,- (D) • ISBN 978-3-8441-0446-2

Band 23
Markus Klotzbach
Analyse und Gestaltung technischer Leistungspotentiale herstellerunabhängiger Instandhaltungsdienstleister
Lohmar – Köln 2016 • 272 S. • € 58,- (D) • ISBN 978-3-8441-0458-5

JOSEF EUL VERLAG